WILD VERTEBRATE IN
DIAOLUOSHAN, HAINAN, CHINA

海南吊罗山

常见脊椎动物彩色图鉴

汪继超　　主编

中国林业出版社
·北京·

内容简介

本书系统介绍了343种海南吊罗山常见脊椎动物，图文并茂。全书按动物类群分为鱼类、两栖类、爬行类、鸟类和兽类5个部分，分别简要介绍该动物类群在海南岛和吊罗山的物种多样性概况以及常见分类学术语。物种简介按中文名称、英文名、学名、别名、濒危等级、形态特征、识别要点、生境及分布和生活习性等条目进行论述。每种附有不同角度的彩色图片。

本书适于野生动物保护管理人员、高等院校相关专业师生和广大动物爱好者使用和参考。

图书在版编目 (CIP) 数据

海南吊罗山常见脊椎动物彩色图鉴 / 汪继超等主编. -- 北京：中国林业出版社, 2014.5 (2022.12重印)

ISBN 978-7-5038-7492-5

Ⅰ.①海… Ⅱ.①汪… Ⅲ.①自然保护区−脊椎动物门−海南省−图集 Ⅳ.①Q959.3-64

中国版本图书馆CIP数据核字 (2014) 第099562号

中国林业出版社·自然保护分社（国家公园分社）

策划编辑　刘家玲

责任编辑　刘家玲　田　红　葛宝庆

出版发行　中国林业出版社（100009　北京市西城区刘海胡同7号）
　　　　　　电话：(010) 83143612
　　　　　　http://www.forestry.gov.cn/lycb.html

制　　版　北京美光设计制版有限公司

印　　刷　河北京平诚乾印刷有限公司

版　　次　2014年12月第1版

印　　次　2022年12月第2次

开　　本　889mm×1194mm　1/16

印　　张　24.5

字　　数　706千字

定　　价　280.00元

编委会

　　海南岛地处热带北缘，属热带季风气候，热量充足，雨量充沛，具有中国唯一的热带海岛生态系统，是全国乃至全球生物多样性最丰富的地区之一。吊罗山位于海南岛的东南部，分布有热带天然林17756hm^2，其中热带原始林面积7449hm^2，森林覆盖率达98.8%。分为热带低地雨林、热带山地雨林、热带山地常绿阔叶林、热带山地常绿阔叶矮林、热带山地竹林、热带常绿灌丛和热带山地草丛7个植被类型，物种资源丰富独特。据不完全统计，林区现有记录的植物2100余种，脊椎动物360余种，其中列入国家Ⅰ、Ⅱ级重点保护的野生动植物种类达89种，海南特有动植种250余种，被誉为"天然物种基因库"。

　　作者自2003年开始连续10余年在吊罗山开展淡水龟类生态学研究，进行两栖爬行动物资源调查与种群动态监测工作，每年带领本科生和研究生120余人在此开展动植物学野外实习，在培养学生的同时积累了大量的物种分布和图片资料，先后发现了越南指沟蛙、玉斑锦蛇和乌梢蛇等多个海南新记录，为本书的编著积累了丰富的资料。

　　本书的野外调研和编著出版得到财政部2013年林业国家级自然保护区补助资金、国家自然科学基金项目（31260518）、海南省教育厅项目资金、国家基础科学人才培养基金项目（J1210074）、热带野生动植物生态学省部共建教育部重点实验室、海南省生态学重点学科的资助。部分种类的鉴定得到了四川省农业科学院刘绍英研究员、华南濒危动物研究所张礼标研究员和香港嘉道理农场暨植物园陈辈乐博士的大力支持，海南省林业厅、海南吊罗山国家级自然保护区和海南省吊罗山林业局等单位和个人对野外调研工作给予多方帮助，在此一并表示衷心的感谢！

　　本书力求完整收录海南吊罗山自然保护区有分布记录的所有种类，由于编者水平有限，部分种类照片质量不甚理想，错漏之处敬请读者批评指正。

汪继超

2014年12月

CONTENTS

第五章　兽类

第一章

鱼类

海南岛淡水鱼类资源丰富，有关海南淡水鱼类资源的调查研究较多，其中《海南岛淡水及河口鱼类志》（中国水产科学研究院珠江水产研究所等，1986）系统记录海南岛淡水鱼类106种。海南吊罗山自然保护区位于海南岛南部，区内水系分属于陵水水系和万泉河水系，江海声等（2006）报道吊罗山自然保护区内淡水鱼类43种（亚种），隶属于6目16科41属，本图鉴收录保护区淡水鱼类22种，约占已有文献报道种类的51.2%。

常用鱼类分类检索名词术语

全长：自吻端至尾鳍末端的直线长度。

体长：自吻端至尾鳍基部最后一椎骨为止。

叉长：自吻端至尾鳍中央分叉处的长度。

头长：自吻端至鳃盖骨后缘。

头高：自头最高点至头腹面的垂直距离。

吻长：自吻端至眼前缘的长度。

眼径：眼眶的前缘至后缘的直线距离。

眼间距：自鱼体一侧眼眶的背缘正中到另一侧眼眶的背缘正中。

眼后头长：自眼眶后缘至鳃盖骨后缘。

体高：身体的最大高度。

尾柄长：自臀部基部后端至尾鳍基部的直线距离。

尾柄高：尾柄部分最低处的垂直高度。

头和躯干长：自吻端至肛门后缘的直线长度。

侧线鳞：由鳃孔上角上方向后到尾柄有一纵行具细管或小孔的鳞片，叫侧线鳞。由背鳍起点外的鳞片向下方斜数到紧邻侧线的一个鳞片为止的鳞片数目，称为侧线上鳞。由紧邻侧线下方的一个鳞片向下方斜数到腹鳍起点的鳞片数目，称为侧线下鳞。

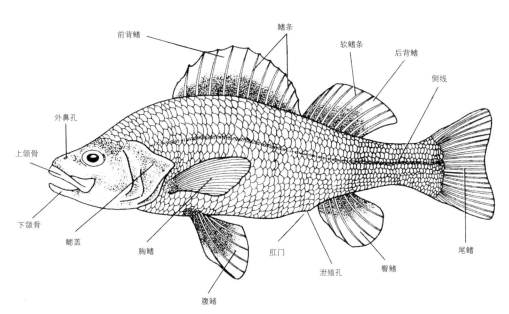

鱼类外部形态特征示意图

花鳗鲡 | 英文名：Mottled Eel
学名：*Anguilla marmorata*

别名： 雪鳗、芦鳗

濒危等级： 无危（LC）*、国家Ⅱ级

形态特征： 体长245～725mm，体重一般约250g，最重可达30kg。头较长，呈圆锥形。口较宽，吻较短，尖而呈平扁形，位于头的前端，下颌突出较为明显。舌长而尖，前端游离。口裂稍微倾斜，后延可以到达眼后缘的下方。上下颌及犁骨上均具细齿。唇较厚，上、下唇两侧有肉质的褶膜。眼睛较小，位于头的侧上方，为透明的被膜所覆盖，距吻端较近。鼻孔有两对，前、后分离，前鼻孔呈管状，位于吻端的两侧；后鼻孔呈椭圆形，位于眼睛的前缘。鳃发达，鳃孔较小而平直，沿体侧向后延伸至尾基的正中。体表极为光滑，有丰富的黏液。背鳍、臀鳍均低而延长，并与尾鳍相连。胸鳍较短，近圆形，紧贴于鳃孔之后。没有腹鳍。肛门靠近臀鳍的起点。尾鳍的鳍条较短，末端较尖。鳞较为细小，各鳞互相垂直交叉，呈席纹

状，埋藏于皮肤的下面。身体背部为灰褐色，侧面为灰黄色，腹面为灰白色。胸鳍的边缘呈黄色，全身及各个鳍上均有不规则的灰黑色或蓝绿色的块状斑点。

识别要点： 体长粗壮，圆筒状，尾部稍侧扁。头粗圆。吻短扁。眼小，覆盖皮层。前鼻孔管状。口端位，口裂深。鳞极细小、埋于皮下。体表富黏液。背、臀鳍低长，与尾鳍相连；无腹鳍。体布有灰黑色等不规则斑块。

生境及分布： 河口、沼泽、河溪、湖塘、水库等内。

生活习性： 性情凶猛，体壮而有力。白昼隐伏于洞穴及石隙中，夜间外出活动，捕食鱼、虾、蟹、蛙及其他小动物，也食落入水中的大动物尸体。能到水外湿草地和雨后的竹林及灌木丛内觅食。

---

* 本书IUCN红色名录等级参考www.iucnredlist.org。下同。

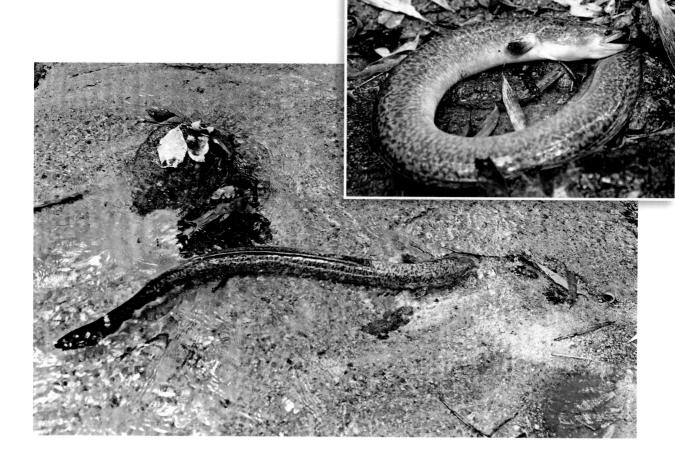

马口鱼

英文名： Hooksnout Carp
学名： *Opsariichthys bidens*

别名： 桃花鱼、南方马口鱼、大嘴鱼

濒危等级： 无危（LC）

形态特征： 小型鱼类，成鱼体长100～200mm，体重一般约50g。体延长，侧扁，口大，下颌前端有一突起，两侧凹陷，恰与上颌相吻合；性成熟的雄性个体臀鳍条显著延长，吻部、胸鳍和臀鳍上具有发达的粒状角质突起。体长而侧扁，腹部圆。吻长，口大；口裂向上倾斜，下颌后端延长达眼前缘，其前端凸起，两侧各有一凹陷，恰与上颌前端和两侧的凹凸处相嵌合。眼中等大。侧线完全，前段弯向体侧腹方，后段向上延至尾柄正中。体背部灰黑色，腹部银白色，体侧有浅蓝色垂直条纹，胸鳍、腹鳍和臀鳍为橙黄色。口角具1对短须，眼较小。鳞细密，侧线在胸鳍上方显著下弯，沿体侧下部向后延伸，于臀鳍之后逐渐回升到尾柄中部。背鳍短小，起点位于体中央稍后，且后于腹鳍起点；胸鳍长；腹鳍短小；臀鳍发达，可伸达尾鳍基；尾鳍深叉。

识别要点： 体背部灰黑色，腹部银白色，体侧有浅蓝色垂直条纹，胸鳍、腹鳍和臀鳍为橙黄色。

生境及分布： 多生活于山涧溪流中，尤其是在水流较急的浅滩，底质为砂石的小溪或江河支流中；在静水湖泊及江河深水处皆少见。栖息于水域上层，喜低温的水流。

生活习性： 为肉食性鱼类。通常集群活动，常同鱲鱼一起游泳、生活。性凶猛，以小鱼和水生昆虫为食。

海南拟鲚 | 英文名：Hainan Minow
学名：*Pseudohemiculter dispar*

别名：南方拟鲚

濒危等级：易危（VU）

形态特征：小型鱼类，体长55～99mm。体延长，侧扁。背缘平直，腹缘广弧形隆起，腹面自腹鳍部至肛门具一肉棱。眼大，上侧位，位于头得前半部。眼间隔较平坦。鼻孔每侧2个，位于眼前缘至吻端的中点。口中大，前位，斜裂。下颌前端具一小凸起，上颌前端凹入。体被中大圆鳞。侧线在胸鳍上方显著下斜，后折，沿腹侧至臀鳍基部末端上弯，向后伸达尾柄中央。背鳍基部短，起点在腹鳍起点后上方，距吻端的距离大于距尾鳍基的距离，末根硬棘状鳍鳍条后缘光滑，短于头长。臀鳍基部长，起点位于背鳍起点稍后方。胸鳍下侧位，不伸达或几伸达腹鳍起点。体背侧暗灰色，腹侧银白色。尾鳍灰黑色，其他鳍淡灰色。

识别要点：体背侧暗灰色，腹侧银白色。侧线在胸鳍上方显著下斜，后折。

生境及分布：江河岸边的浅水处。

生活习性：摄食水生昆虫、小虾、植物碎屑等。

海南异鱲 | 英文名：Predaceous Chub
学名：*Parazacco spilurus fascialus*

别名：海南鱲、斑尾赤梢鱼、棱鱲、什墨翻

濒危等级：数据缺乏（DD）

形态特征：小型鱼类，体长45～78mm。体延长，侧扁，腹面自胸部至腹鳍基部圆形，自腹鳍至肛门具明显肉棱；尾柄较短。头尖，侧扁。眼较大，上侧位。口大，前位，斜裂。无须。下颌两侧，眼下及鳃盖骨下缘具大而尖的粒状角质突起，鳃孔宽大。背鳍较短，起点稍后于腹鳍起点，距尾鳍基部较距吻端为近，无硬棘状鳍条。臀鳍起点约位于背鳍最后分枝鳍条下方。体色艳丽，体侧棕褐色带银绿色，腹鳍和臀鳍呈橙黄色。体侧自头后至尾鳍具一墨绿色纵带，后部显著，尾鳍基部具一大斑。

识别要点：下颌两侧，眼下及鳃盖骨下缘具大而尖的粒状角质突起，鳃孔宽大。

生境及分布：低海拔水流湍急的溪流有分布。

生活习性：小型凶猛鱼类。食小鱼、虾。

拟细鲫 | 英文名：Venus Fish
学名：*Nicholsicypris normalis*

别名：海南细鲫、什*浩、什莫、什奋

濒危等级：未评估（NE）

形态特征：小型鱼类，体长32～72mm。体延长，侧扁，腹面自胸部至腹鳍圆形，腹鳍至肛门具不发达肉棱。头稍侧扁，头顶颇宽。吻宽短，圆钝。眼大，上侧位。口颇大，前位，斜裂。上下颌等长，上颌骨后端几伸达眼前缘下方。无须。鳃盖膜与峡部稍连。体被较大圆鳞。侧线完全，广弧形下弯，后部行于尾柄稍下侧。背鳍起点位于腹鳍与臀鳍中点上方，距尾鳍基部较距吻端为近。臀鳍起点位于背鳍基部稍后下方，距腹鳍基部较距尾鳍为近。胸鳍下侧位，不伸达腹鳍，腹鳍起点位于背鳍起点前下方，距胸鳍基部较

距臀鳍为近，末端不伸达肛门。尾鳍分叉。体背灰黑色，腹部银白色，背部和体侧每一鳞片后缘黑色，各鳍浅灰色。

识别要点：体背灰黑色，腹部银白色，侧线完全，广弧形下弯，后部行于尾柄稍下侧。

生境及分布：山区小型鱼类，遍布水库、池塘、沟渠、小河。

生活习性：摄食水生昆虫和浮游生物。5～7月为生殖期。

---

* "什"为海南方言，音"扎"（zhā）。

鲫

英文名：Common Goldfish
学名：*Carassius auratus*

别名： 什巴拉、喜头、鲫拐子、河鲫鱼、月鲫仔
濒危等级： 未评估（NE）
形态特征： 体长48～197mm。体侧扁而高，腹部圆；头较小，吻钝，口端位，眼较大，无须，下咽齿侧扁。背鳍1个，基部较大，上缘凹入，起点位于腹鳍起点上方，背鳍和臀鳍均具1根粗壮且后缘有锯齿的硬刺。鳞较大，整个身体呈银灰色，背部较暗，鳍灰。因生存的环境不同，形体与颜色也有所差异。背部深灰色，腹部灰白色。鳃盖具棕黄色斑点。体被中大圆鳞。侧线微下弯，后部行于尾柄中央。

识别要点： 体侧扁而高，腹部圆，头较小，吻钝，口端位，眼大，无须。

生境及分布： 底栖性鱼类，在杂草丛生的水域栖息于水的下层。

生活习性： 食性杂，四季寻食，游弋到有腐殖质的水底觅食。卵粒小，产后附着水草上。

鲤 | 英文名: Common Carp
学名: *Cyprinus carpio*

别名: 鲤拐子

濒危等级: 易危 (VU)

形态特征: 体长111~350mm。略侧扁而肥厚。背缘、腹缘浅弧形。头中大,头顶额宽,吻圆钝,吻长大于眼径。眼中大,上侧位,眼间隔宽凸,口小,亚前位,斜裂,半圆形,下咽齿呈臼齿形。触须2对,后对为前对的2倍长。身体背部颜色较深,侧线下方近金黄色。背鳍基部较长。背鳍、臀鳍均具有粗壮的、带锯齿的硬刺。尾鳍分叉。侧线鳞34~40,鳃耙外侧18~24。

识别要点: 略侧扁而肥厚。身体背部颜色较深,侧线下方近金黄色。背鳍起点位于腹鳍基部上方。

生境及分布: 为广布性底层鱼类,适应性很强可在各种水域中生活,多栖息于底质松软、水草丛生的水体。

生活习性: 个体大,生长较快,为淡水鱼中总产最高的一种。冬季游动迟缓,在深水底层越冬。以食底栖动物为主的杂食性鱼类,多食螺、蚌、蚬和水生昆虫的幼虫等底栖动物,也食相当数量的高等植物和丝状藻类。

罗非鱼

英文名： Mozambique Tilapia
学名： *Tilapia mossambica*

别名： 非洲鲫鱼

濒危等级： 未评估（NE）

形态特征： 体延长呈椭圆形，侧扁，背缘隆起，背鳍第五至第六鳍棘处体最高，腹部弧形，尾柄短。头中大，短而高，背缘稍凹。吻圆钝，突出。眼中大，上侧位。鼻孔每侧1个，圆形，位于眼的前缘。口中大，前位，斜裂。下颌稍长于上颌。上颌骨蔽于眶前骨下，后端伸达鼻孔略后的下方。上下颌具3～4行圆锥状牙，排列呈带状。唇发达，颇厚。鳃孔大，前鳃盖骨边缘无锯齿。侧线平直，中断为2条，上侧线后部与下侧线之间有鳞2行。背鳍1个，基部颇长，起点在胸鳍基部上方，鳍条部后缘尖突，伸越尾鳍基。臀鳍与背鳍鳍条同形，相对，起点在背鳍最后鳍棘的下方，后缘尖突，伸越尾鳍基。胸鳍颇长，下侧位。体灰褐色，鳞片边缘暗色。

识别要点： 侧线平直，中断为2条，上侧线后部与下侧线之间有鳞2行。

生境及分布： 广盐性鱼类，海水、淡水中皆可生存。

生活习性： 一般栖息于水的下层，以植物为主的杂食性鱼类。摄食量大；生长迅速，繁殖力强，每年可产卵4～5次。

细尾白甲鱼

英文名：Leptura Sharp-jaw Barbel
学名：*Onychostoma leptura*

别名：石鲮鱼、白鲮、什尤姆

濒危等级：数据缺乏（DD）

形态特征：体长51～260mm，体延长，稍侧扁，腹部圆，背鳍起点处隆起，向后渐次降低；尾柄细长。头额宽短。吻圆突，吻褶伸达口前，盖于上唇，边缘光滑。成鱼吻背具许多粒状角质凸起，顶端有一行锥形凸起；吻侧在眶前骨前缘具一斜沟，通向口角。眼中大，上侧位。眼间隔圆突，鼻孔每侧2个，互相靠近。口宽横，下位，浅弧形。下颌平横，铲状，边缘具锐利角质突起。上唇光滑，下唇前缘不与下颌分离，在口角处具一短小唇褶，唇后沟短小；无须，鳃孔中大，鳃盖膜伸达前鳃盖后缘下方，与峡部相连。鳞中大，侧线完全，稍下弯。背鳍起点在腹鳍起点前上方，距吻端比距尾鳍为近，上缘稍内凹。臀鳍起点距腹鳍起点约等于距尾鳍基，后端不伸达尾鳍。胸鳍尖，下侧位，不伸达腹鳍。背部深绿色，腹部灰白色，体侧中部具一黑色纵带，各鳞基部具一暗斑，鳃盖骨具一黑色斑块。

识别要点：体延长，稍侧扁，背部深绿色，腹部灰白色，体侧中部具一黑色纵带，各鳞基部具一暗斑，鳃盖骨具一黑色斑块。

生境及分布：水流湍急的溪流均有分布。

生活习性：喜在湍急的溪流中逆水觅食。

虹彩光唇鱼 | 英文名：Iris Chiselmouth
学名：*Acrossocheilus irdescens*

别名：花连、火鲮、灰鲮、什开依、什央

濒危等级：未评估（NE）

形态特征：体长67~191mm。体延长，侧扁，腹部圆，稍平直；头中大，侧扁。吻突出，吻褶伸达上唇基部，不与上唇相连，边缘光滑完整，吻长稍短于或等于眼后头长。眼中大，上侧位，距吻端约等于距鳃盖后缘。眶前骨伸达眼前缘，后下方与第一眶下骨相连。眼间隔圆凸，宽为眼径1.5倍。鼻孔每侧2个，互相靠近，上侧位，近于眼前方，前鼻孔具短管，后缘具半圆形皮瓣。口小，下位，马蹄形，口宽小于眼径。下颌较上颌短，前端圆，具锐利角质缘。唇厚，光滑，上下唇在口角相连，下唇分左右两叶，唇后沟不连续。须2对，吻须1对，短于颌须，等于或稍短于眼径。鳞中大，胸部鳞较小，背鳍和臀鳍基部具鳞鞘，腹鳍基部具长形腋鳞。侧线完全，平直，后部行于尾柄中央。背鳍起点位于腹鳍起点前上方，距吻端约等于距尾鳍基，或略近吻端，上缘斜直或稍内凹。臀鳍起点距腹鳍约等于基底后端距尾鳍，下缘斜直，后端不伸达或几伸达尾鳍。胸鳍后部尖圆，稍短于或等于头长，不伸达腹鳍。腹鳍起点位于背鳍末根不分枝鳍条下方，不伸达臀鳍。尾鳍深叉形，上下叶约等长。肛门位于臀鳍前方。背侧灰黑色，腹部灰白色，体侧具5条黑色宽大横纹，背鳍鳍条间膜具黑色条纹。尾鳍后缘黑色，其余各鳍灰色。

识别要点：体延长，侧扁，腹部圆，背侧灰黑色，腹部灰白色，体侧具5黑色宽大横纹，背鳍鳍条间膜具黑色条纹。

生境及分布：山区溪流中均有分布。

生活习性：不详。

条纹小鲃 | 英文名：Chinese Barb
学名：*Puntius semifasciolatus*

别名：五线小鲃、半间鲫、南瓜子、五线无须鲃、七星鱼、红眼圈

濒危等级：未评估（NE）

形态特征：体长26～62.5mm，侧扁，呈纺锤形，颌须1对，眼上方具红色光泽，鳞片大。鱼体呈银青色，背部颜色较深，腹部金黄，体侧具4条黑色横纹及若干不规则小黑点。尾鳍叉形，雄鱼的背鳍边缘及尾鳍带橘红色。雌鱼体侧有4～6块明显横斑，雄鱼腹部则为鲜红色，体侧同样具数块横斑。此外，雌雄鱼的各鱼鳍末端为淡橘红色，眼睛周围同为红色。

识别要点：体侧扁，呈纺锤形，颌须1对，眼上方具红色光泽。

生境及分布：溪流小型鱼类。

生活习性：不详。

花鲢鱼

英文名： Silver Carp
学名： *Hypophthalmichthys molitrix*

别名： 鲢鱼、扁鱼

濒危等级： 未评估（NE）

形态特征： 体长188～336mm，侧扁稍高，腹部狭窄，自胸鳍基部至肛门具肉棱。头颇大，吻宽短，圆钝。眼小，下侧位。眼间隔宽凸。鼻孔每侧2个，上侧位，后鼻孔距吻端与距眼缘约相等。口宽大，亚上位。下颌稍向上突出。无须。体被较小圆鳞。侧线完全，广弧形下弯，后部伸达尾柄中央。背鳍1个，起点距尾鳍基较距吻端为近，具3不分枝鳍条，无硬棘状鳍条。臀鳍基部较长，起点距腹鳍基较距尾鳍基稍近。胸鳍较长，下侧位，后端伸达腹鳍基部，腹鳍不伸达肛门，尾鳍分叉。体背侧灰暗色，腹侧银白色。

识别要点： 体被较小圆鳞，臀鳍具12～13分枝鳍条。

生境及分布： 淡水经济鱼类。栖息于江河、水库、池塘的中上层。

生活习性： 主要摄食浮游植物和动物，4～7月为生殖期，卵漂浮性，生长快，成体个体大，为淡水养殖的主要对象。

斑鳢
英文名：Blotched Snakehead
学名：*Ophiocephalus maculatus*

别名： 黑鱼

濒危等级： 无危（LC）

形态特征： 体长11～24cm，体延长，头长大，宽钝。口裂大，口腔齿尖锐丛生，前部亚圆筒形，后部渐侧扁，背腹缘较平直，背鳍和臀鳍特长，背鳍有软条40～46条，臀鳍有软条28～30条，侧浅鳞41～55枚，尾柄较高。体黑，头部及体被披圆鳞，头顶具大鳞，头侧具较大鳞。腹部呈白色或灰白色，体侧有斑状黑色条纹，尾鳍有2～3条弧形横斑。有鳍无棘。

识别要点： 体前部亚圆筒形，体侧散具黑色小点，胸鳍略带黄色，近基部具3条黑色横纹。尾鳍具多条黑色波纹。

生境及分布： 栖息于水草茂盛的江、河、湖、池塘、沟渠、小溪中。常潜伏在浅水水草多的水底。

生活习性： 凶猛的肉食性鱼类，主要以小鱼、虾、蝌蚪、小生昆虫及其他水生动物为食。产卵期为4～7月。

宽额鳢

英文名：Snakehead
学名：*Channa gachua*

别名： 南鳢、白边鳢、大头鱼、马鬃鱼

濒危等级： 无危（LC）

形态特征： 个体不大，体长一般不超过200mm，体延长，头背宽平，前端楔形。背、腹缘轮廓线浅弧形。口大、端围或次上位，下颌较上颌稍突出。胯骨、犁骨各具犬齿1行，尤以犁骨齿更尖。背鳍无硬刺，后端超过臀鳍基后端垂直线。胸鳍后伸几达臀鳍起点的垂鱼线，扇圆形。腹鳍短，为胸鳍长的1/2或稍长。尾鳍圆形。头、体均被圆鳞，头顶和头侧鳞片扩大。侧线自上角向后延伸，至臀鳍起点前上方中断或不中断，下折一行鳞，然后入尾柄中铀。体黑色或墨绿色，腹部灰黑色。奇鳍边缘暗红色或橙红色，其余部分淡黑色。有的背鳍、尾鳍具灰白色条纹。胸鳍略带黄色，具黑色栈纹数条。

识别要点： 腹鳍短，为胸鳍长的1/2或稍长。尾鳍圆形。头、体均被圆鳞，头顶和头侧鳞片扩大。

生境及分布： 喜栖居于泥底多水草的水体中，为常见经济鱼类。

生活习性： 白天隐居，夜间活动。主要摄食小鱼虾、昆虫幼虫等，生长较慢。

琼中拟平鳅 | 英文名：Qiongzhong Loach
学名：*Liniparhomaloptera disparis qiongzhonqensis*

别名：无

濒危等级：数据缺乏（DD）

形态特征：体延长，前部平扁，后部侧扁，体高小于或约等于体宽；尾柄较短，尾柄长约与尾柄高相等。头中大，略宽平，吻圆钝，末端尖，与上唇分离。眼中大，上侧位，位于头的后半部。眼间隔较宽，微突。鼻孔每侧2个，互相接近，距眼较距吻端为近；前鼻孔具鼻瓣。口下位，马蹄形。上唇发达，光滑，游离，下唇中部分裂，具8～10乳突。须3对，吻须2对，颌须1对，腮孔较大，自眼下缘后方至胸鳍基部前下方。鳃盖膜与峡部相连。体被细小圆鳞。头部与胸部腹面无鳞。侧线平直，中侧位，伸大尾鳍基部。背鳍基部短，位于体之中部，上缘斜直。臀鳍短小，起点距尾鳍基较距腹鳍起点为近，后端伸达尾鳍基。胸鳍宽圆，平展，始于背鳍第一或第二分枝鳍条下方，后端伸越肛门，不伸达臀鳍，腹鳍腋部具一长皮瓣。尾鳍凹形，下叶较长，大于头长。体背侧灰褐色，腹面黄白色，背部具5～7褐色马鞍形斑，排列成一纵行，体侧满布细密虫蚀状斑纹，尾鳍基部具一黑斑。

识别要点：体背侧灰褐色，腹面黄白色，背部具5～7条褐色马鞍形斑，排列成一纵行，体侧满布细密虫蚀状斑纹，尾鳍基部具一黑斑。

生境及分布：山溪急流中生活的小型鱼类，吸附在岩石上，刮食附着生物。

生活习性：不详。

美丽条鳅 | 英文名：Goodly Stripe Loach
学名：*Micronemacheilus pulcher*

别名：无

濒危等级：易危（LC）

形态特征：体长28～96mm。身体略呈纺锤形，侧扁，尾柄短。头稍平扁，头宽等于或稍小于头高。吻部较长，吻长等于或稍短于眼后头长。眼较大，侧上位。前鼻孔与后鼻孔紧相邻，前鼻孔在一短的管状突起中，后鼻孔椭圆形。口亚下位，口裂小。唇厚，唇面多乳头状突起，上层乳突有1～4行，前缘的1行较大，呈流苏状；下唇中部有数个较大的乳头状突路；上颌中部有一齿形突起；下颌匙状。须较长，外吻须伸达眼中心和眼后缘之间的下方；颌须伸达眼后续之下或稍超过，少数可伸达主鳃盖骨之下。皮肤光滑，侧线完全。背鳍基部较长，背鳍背缘平截或略呈圆弧形。胸鳍侧位，腹鳍基部有一腋鳞状的鳍瓣。尾鳍后缘浅凹入。生活时基包浅红色，背部和体侧多红褐色斑块，沿侧线有一行呈孔雀绿色的横斑条，并有亮蓝色闪光，各鳍均为橘红色，尾鳍从其基部向两叶方向各有一条褐色包纹，尾鳍基部有一深褐色圆斑。

识别要点：沿侧线有一行呈孔雀绿色的横斑条，并有亮蓝色闪光，各鳍均为橘红色，尾鳍基部有一深褐色圆斑。

生境及分布：山溪急流中生活的小型鱼类。

生活习性：不详。

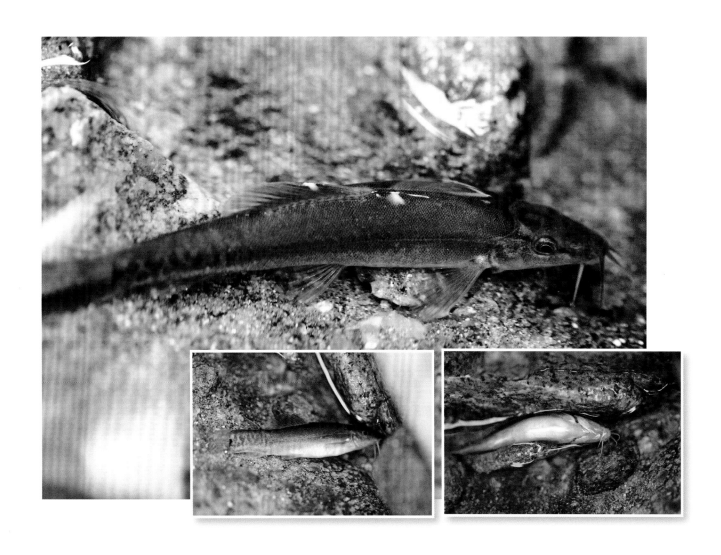

横纹条鳅 | 英文名：Striped Loach
学名：*Nemacheilus fasciolatus*

别名：山鳅、花带条鳅、花纹条鳅、横纹南鳅

濒危等级：数据缺乏（DD）

形态特征：体长58~69mm。体前部略呈圆筒形，在背鳍的下方渐侧扁，头部平扁，吻部三角形，眼上位；眼间隔较宽，口弧形；下颌中央有"V"形缺刻。吻须2对，颌须1对，末端伸达眼后缘，颊部鼓起或正常。背鳍前体鳞稀疏，背鳍后体鳞密集，侧线完全，约在体侧的中线，向后伸达尾鳍基，背鳍起点约在体背缘中部，腹鳍起点与背鳍相对，或在背鳍第一分枝鳍条下方，后端不伸达肛门，尾鳍浅凹，肛门约在腹鳍至臀鳍间距后1/3。体灰黄色或灰绿色，腹部灰白色；体侧有8~19条黑色的横条纹，尾鳍浅红色，其余各鳍黄绿色。

识别要点：背鳍起点约在体背缘中部，腹鳍起点与背鳍相对，或在背鳍第一分枝鳍条下方，后端不伸达肛门，体侧有8~19条黑色的横条纹。

生境及分布：小型底层鱼类，栖息于山涧石底或小溪。

生活习性：摄食水生昆虫、底栖无脊椎动物或石底的苔藓等。

泥鳅 | 英文名：Pond Loach
学名：*Misgurnus anguillicaudatus*

别名： 无

濒危等级： 无危（LC）

形态特征： 体细长，约45.5－180mm，前段略呈圆筒形。后部侧扁，腹部圆，头小、口小、下位，马蹄形。眼小，无眼下刺。须5对。鳞极其细小，圆形，埋于皮下。体背部及两侧灰黑色，全体有许多小的黑斑点，头部和各鳍上亦有许多黑色斑点，背鳍和尾鳍膜上的斑点排列成行，尾柄基部有一明显的黑斑。其他各鳍灰白色。

识别要点： 须5对，最长口须后伸到达或稍超过眼后缘。无眼下刺。鳞小，埋于皮下。尾鳍圆形。肛门靠近臀鳍。

生境及分布： 栖息于静水的底层，常出没于湖泊、池塘、沟渠和水田底部富有植物碎屑的淤泥表层。

生活习性： 多在晚上出来捕食浮游生物、水生昆虫、甲壳动物、水生高等植物碎屑以及藻类等。产卵在水深不足30cm的浅水草丛中，产出的卵粒粘附在水草或被水淹没的旱草上面。孵出的仔鱼，常分散生活，并不结成群体。

大刺鳅 | 英文名：Zig-zag Eel
学名：*Mastacembelus armatus*

别名： 纳锥、石锥、粗麻割、辣椒鱼、刀枪鱼

濒危等级： 未评估（NE）

形态特征： 体长138～353mm，体细长，前部稍侧扁，尾部扁薄。头长而尖，前端有一尖长的吻突。口下位，口裂浅，略成三角形，口角止于后鼻孔下方。上下颌均具绒毛状齿带；眼位于头的前部，被皮膜所覆盖。眼下斜前方有1尖端向后的小刺，埋于皮内。前鳃盖骨后缘一般具3枚短棘。体鳞甚细，侧线完全。背鳍基长，前部由35枚左右游离的短棘组成；臀鳍具棘2枚，第三鳍棘常埋于皮下；背鳍和臀鳍的鳍条部相对，基部均极长，且与尾鳍相连。胸鳍短圆，无腹鳍，尾鳍长圆形。体背侧灰褐色或黑褐色，腹部灰黄色；头背正中多有1条黑色纵带；头侧由吻端经眼至鳃盖上方也有1条黑色纵带，向后常断裂为一纵行黑色斑点，沿背鳍基底伸达尾鳍基底；体侧有淡色斑点，从而呈现黑色网纹或波状纵条纹；大形个体的斑纹不清。胸鳍黄白色，其他各鳍灰黑色，有淡色斑点，鳍缘有一灰白边。

识别要点： 头长而尖，前端有一尖长的吻突。背鳍基长，前部由35枚左右游离的短棘组成。

生境及分布： 栖息于砾石底的江河溪流中，常藏匿于石缝或洞穴中。

生活习性： 以小型无脊椎动物和部分植物为食。

黄鳝
英文名：Ricefield Eel
学名：*Monoplerus albus*

别名： 鳝鱼

濒危等级： 未评估（NE）

形态特征： 体长155～495mm，细长呈蛇形，体前圆后部侧扁，尾尖细。头长而圆。口大，端位，上颌稍突出，唇颇发达。上下颌及口盖骨上都有细齿。眼小，为一薄皮所覆盖。左右鳃孔于腹面合而为一，呈"V"字形。鳃膜连于鳃峡。体表一般有润滑液体，方便逃逸，无鳞。无胸鳍和腹鳍；背鳍和臀鳍退化仅留皮褶，无软刺，都与尾鳍相联合。生活时体呈大多是黄褐色、微黄或橙黄，有深灰色斑点，也有少许鳝鱼是白色。

识别要点： 体细长呈蛇形，体前圆后部侧扁，尾尖细无鳞。无胸鳍和腹鳍；背鳍和臀鳍退化仅留皮褶。

生境及分布： 栖息在池塘、小河、稻田等处，常潜伏在泥洞或石缝中。

生活习性： 为底层生活的鱼类，白天很少活动，夜间出穴觅食。

胡子鲶 | 英文名：Whitespotted Clarias
学名：*Clarias fuscus*

别名：塘鲺、革胡子鲇鱼

濒危等级：无危（LC）

形态特征：体长83～268mm。头部扁平而坚硬，枕骨较宽；体延长形，前半部呈圆筒形，后半部侧扁，头宽扁；体表光滑无鳞。口稍下位，上、下颌及犁骨上密生绒毛状牙齿，形成牙带。触须发达有4对，侧线明显，较平直。眼小。背鳍很长，约占体长的2/3，臀鳍也很长，均无硬刺，并不与尾鳍相连。胸鳍短而圆，棘特别发达，具有御敌和支撑行动的作用，体侧一般呈灰褐色，上有许多灰白色的纹状斑块和黑色斑点，腹部为白色，背鳍、腹鳍特别延长，止于尾鳍基部，尾鳍呈圆扇形。体棕黑色；腹部较浅。

识别要点：头部扁平而坚硬，体表光滑无鳞，口稍下位，触须发达有4对。

生境及分布：生活在江河、湖泊、水库、坑塘的中下层。

生活习性：多在夜间活动和取食，白天则潜入水底或洞穴中，多在沿岸地带活动。

越鲇 | 英文名：Vietnam Catfish
学名：*Silurus coshinchinensis*

别名： 鲶鱼

濒危等级： 未评估（NE）

形态特征： 体长61～208mm，体光滑无鳞，侧线中侧位，平直，伸达尾鳍基部。前躯短圆，后部长而侧扁。头小，平扁。口大，上颌稍突出，颌均具细齿。眼小，眼间甚宽。须3对，少数为2对；上颌须1对，较长，伸达腹鳍；颏须1～2对，短于头长。

识别要点： 须2～3对；背鳍短小，无硬棘，位于腹鳍前上方。

生境及分布： 生活在山涧溪流中，多在砾石缝隙中活动。

生活习性： 以水生昆虫、小虾、鱼为食。个体较小。数量少。

第二章

两栖类

海南岛地处热带北缘，气候温暖湿润，较适宜两栖类的生存，已记录两栖类动物43种，占全国的15.2%（史海涛等，2011）。吊罗山水热条件好，两栖类丰富。华南濒危动物研究所1962～1963年曾调查记录到两栖类28种，江海声等2006年报道记录到两栖类27种。根据本书作者近8年带学生在该地野外实习调查和开展专项调查结果，收录两栖类36种，增加1种海南新记录，占海南岛两栖类种数的83.7%。

两栖类分类检索名词术语

1. 成体量度

体长：自吻端至泄殖腔孔的长度。

头长：自吻端至上、下颌关节后缘的长度。

头宽：头两侧之间的最大距离。

吻长：自吻端至眼前角的长度。

鼻间距：左右鼻孔内缘之间的距离。

眼间距：左右上眼睑内侧缘之间的最窄距离。

上眼睑宽：上眼睑的最大宽度。

眼径：与体轴平行的眼之直径。

鼓膜径：鼓膜最大的直径。

前臂及手长：自肘关节至第三指末端的长度。

前臂宽：前臂最粗的直径。

后肢全长：自体后端正中部位至第四趾末端的长度。

胫长：胫部两端之间的长度。

胫宽：胫部最粗的直径。

跗足长：自胫跗关节至第四趾末端的长度。

足长：自内突的近端至第四趾末端的长度。

弧胸型：主要特征是上喙软骨颇大且呈弧状，其外侧与前喙软骨和喙骨相连，一般是右上喙软骨重叠在左上喙软骨的腹面，肩带可通过上喙软骨在腹面左右交错活动；前胸骨与正胸骨仅部分发达或不发达如蟾蜍科和雨蛙科。

固胸型：主要特征是上喙软骨极小，其外侧与前喙软骨和喙骨相连，左右上喙软骨在腹中线紧密连结而不重叠，有的种类甚至合并成一条窄小上喙骨；肩带不能通过上喙软骨左右交错活动。蛙科、树蛙科和姬蛙科属固胸型。

间介软骨：为指、趾最末两个骨节之间的一小块软骨，有的可能骨化。

"Y"形骨：指、趾最末节骨的远端分叉呈"Y"形。

2. 外部形态特征

吻：自眼前角至吻端称为吻或吻部。

吻棱：吻背面两侧的棱起称为吻棱。

颊部：指鼻眼之间、吻棱下方的部位。

声囊：大多数种类的雄性，在咽喉部由咽壁扩展形成的囊状突起，称为声囊。在鸣叫时从外形上可观察到者为外声囊，否则即为内声囊。

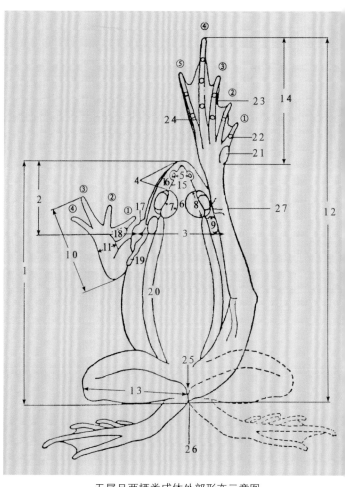

无尾目两栖类成体外部形态示意图

（仿 刘承钊和胡淑琴，1961）

1.体长　2.头长　3.头宽　4.吻长　5.鼻间距　6.眼间距

7.上眼睑宽　8.眼径　9.鼓膜　10.前臂及手长　11.前臂宽

12.后肢全长　13.胫长　14.足长　15.吻棱　16.颊部

17.咽侧外声囊　18.婚垫　19.颞褶　20.背侧褶　21.内蹠突

22.关节下瘤　23.蹼　24.外侧蹠间之蹼　25.肛

26.示左右跟部相遇

27.示胫跗关节前达眼部（手上的①、②、③、④、⑤表示指的顺序；足上的①、②、③、④、表示趾的顺序）

声囊孔：在雄蛙近口角处各有一圆形或裂隙状的孔，称为声囊孔，声囊与口腔之间以此孔相通。

指、趾吸盘：指、趾末端扩大呈圆盘状，其底部增厚成半月形肉垫，可吸附于物体上。

横沟：沿指、趾吸盘游离缘的一条凹沟，将指、趾端分隔成背腹面，腹面厚而富于腺体。该沟多呈马蹄形，故又称马蹄形横沟。

关节下瘤：为指、趾底面的活动关节之间的肉垫状突起。

指基下瘤：位于掌部远端即在指基部的瘤状突起。

掌突或蹠突：系掌或蹠底面基部的明显隆起，内侧者称为内掌突或内蹠突，外侧者则称为外掌突或外蹠突。

缘膜：为指、趾两侧的膜状皮肤褶。

蹼：连接于指与指或趾与趾的皮膜，称为蹼。

雄性线：雄体腹斜肌与腹直肌之间的带状结缔组织。

3. 皮肤表面结构

颞褶：自眼后经颞部背侧鼓膜上方达肩部的皮肤增厚所形成的隆起。

背侧褶：在背部两侧，一般起自眼后伸达胯部的一对纵走皮肤腺隆起。

肤褶或肤棱：皮肤表面略微增厚而形成分散的短褶，称为肤褶或肤棱。

跗褶：在后肢跗部背、腹交界处的纵走皮肤腺隆起，称为跗褶；内侧者为内跗褶，外侧者为外跗褶。

耳后腺：系指位于眼后至枕部两侧由皮肤增厚形成明显的腺体。其大小和形态因种而异。

颌腺：位于两口角后方的成团或上颌缘窄长皮肤腺体。

胸腺：位于雄体胸部的1对扁平皮肤腺体；一般在繁殖季节明显，而且上面多着生棕褐或黑色角质刺团。

腋腺或胁腺：位于腋部或胁内侧的1对扁平腺体；雌雄体均有之，一般色较浅，雄体的腋腺在胸腺之外侧，有的种类在繁殖季节其上还生有深色角质刺。

肩腺：位于雄体体侧肩上后方的扁平皮肤腺体。

肱腺或臂腺：位于雄体前肢或上臂基部前方的扁平皮肤腺。

股腺：位于股部后下方的疣状皮肤腺体。

胫腺：在胫跗部外侧的粗厚皮肤腺体。

瘰粒：系指皮肤上排列不规则、分散或密集而表面较粗糙的大隆起。

疣粒及痣粒：较之瘰粒要小的光滑隆起即称为疣粒；较疣粒更小的隆起则为痣粒，有的呈小刺状。

角质刺：皮肤上局部角质化的衍生物，呈刺或锥状，多为黑褐色；其大小、强弱、疏密和着生的部位因种而异。

婚垫与婚刺：雄体第一指基部背内侧的局部隆起称为婚垫，少数种类的第二、三指内侧亦存在。婚垫上着生的角质刺即称婚刺。

海南瑶螈 | 英文名：Hainan Knobby Newt
学名：*Yaotriton hainanensis*

别名：海南疣螈

濒危等级：濒危（EN）

形态特征：体长125～148mm。头部骨质棱显著。额鳞弧极粗壮。有眼睑，犁骨齿排列成"∧"形。背正中有明显脊棱。皮肤极粗糙，满布瘰粒和疣粒，体侧有纵行排列的瘰粒12～16枚，或连续隆起的瘰疣。尾侧扁而较长，尾基部较宽，尾背鳍褶较高而平直，尾腹鳍褶低而厚，尾末端近钝圆。

识别要点：头躯干略扁平，体背面棕褐色，指、趾端和肛周缘及尾下缘橘红色。

生境及分布：生活在海拔770～950m的常绿阔叶林带山区。所在环境植被繁茂，林下阴湿，地面落叶及腐殖质层甚厚。

生活习性：成螈栖于密林坡地落叶中或植物根部。4～5月到山间凹地水坑配对繁殖，卵产在水塘边坡地潮湿的落叶层下，野外环境中的卵群有卵58～90粒。成螈营陆栖生活，以蚯蚓、蛞蝓及其他小动物为食。

海南拟髭蟾 | 英文名：Hainan Pseudomoustache Toad
学名：*Leptobrachium hainanensis*

别名：无

濒危等级：易危（VU）

形态特征：雄蟾体长50～55mm。体形平扁，头扁而宽，鼓膜清晰。吻端钝圆而不突出于下唇，吻棱明显，通常为黑褐色，眼间距显著大于鼻间距；眼大突出，瞳孔纵置，生活时眼球上半部有浅蓝色，下部黑棕色；颞褶明显，具黑褐色线纹，颞褶至口角关节处及吻端上唇部位疣粒密布；体背面光滑，头体背面具细小疣粒构成的肤棱彼此交织成不规则的网状；生活时背面颜色变异较大，可为灰褐色或棕褐色或黑褐色；体背面及体侧或具不规则的棕褐色或黑褐色斑，个别不具色斑而通体背面和体侧黑褐色。身体腹面浅棕褐色并密布白色痣粒；腋腺明显，白色，位腋基部下方。部分个体有白化现象。

识别要点：弧胸型肩带，体平扁，头扁而宽，鼓膜清晰，眼上半浅蓝色，下半黑棕色。

生境及分布：成体主要生活在原始森林之小溪岸边和森林底部。蝌蚪隐蔽在中、小型溪流内石下或腐叶下。

生活习性：成蟾夜晚栖于小溪旁坡地的草丛或落叶间。鸣声洪亮。

黑眶蟾蜍 | 英文名：Black-spectacled Toad
学名：*Duttaphrynus melanostictus*

别名：无

濒危等级：无危（LC）

形态特征：体较大，体长72～112mm，头部吻至上眼睑内缘有黑色的骨质棱，骨质棱主干部位自吻端沿吻棱和上眼眶至鼓膜上方与耳后腺连接处，鼓膜前和眼前、后也具突出的黑色骨质棱；体背黑褐色或黄褐色，腹部乳黄色。皮肤极粗糙，全身除头顶部外，满布大小不等的疣粒或瘰粒，背部多瘰粒，腹部密布疣粒，疣粒上都有黑棕色的角质刺。耳后腺大，长椭圆形，黑色或棕黑色。生活时，背部颜色有变异，多为黄褐色或棕黄色或棕黑色；腹部及四肢腹面多为黄褐色或稍浅。

识别要点：成体自吻端沿吻棱和上眼眶至鼓膜上方与耳后腺连接处具突出的黑色骨质棱，鼓膜前和眼前、后也具突出的黑色骨质棱。

生境及分布：白天多藏在石下或土洞内，晚上常匍匐在平阔的小河滩上或塘边。

生活习性：鸣声似小鸭。在海南11月开始产卵，卵小，产在深水坑内。

乐东蟾蜍

英文名：Hainan Pseudomoustache Toad
学名：*Bufo ledongensis*

别名：头盔蟾蜍
濒危等级：濒危（EN）
形态特征：体长49~64mm。吻端平切，鼻孔近吻端，颊部垂直；眼与耳后腺之间有骨质隆起，两眼间有不明显的骨质棱，鼓膜显著，长椭圆形。头顶平而无疣；体背面散有大、小刺疣，雄性密集；口角向后至体侧和四肢背腹面白色锥状刺疣特别显著。后肢短，胫跗关节前达肩部。趾侧缘膜窄，趾基部蹼显，无跗褶。雄性内侧2指具婚刺，具单咽下内声囊。头背

面深棕色，体背及四肢背面浅棕或棕色；具深棕色花斑，上唇缘及四肢背面深棕色横斑甚明显；体侧和体腹面蓝灰色，具灰色云斑，体侧有1条深酱色纵带。
识别要点：眼与耳后腺间具骨质隆起，两眼间骨质棱不明显；口角处沿体侧和四肢背腹面具显著的白色锥状刺疣。
生境及分布：生活于海拔350~900m的常绿阔叶林区内，静水池塘内繁殖。
生活习性：幼蟾白天在林间小路上爬行。

鳞皮小蟾 | 英文名：Hainan Little Toad
学名：*Parapelophryne scalpta*

别名： 鳞皮厚蹼蟾

濒危等级： 濒危（EN）

形态特征： 体长19～27mm，扁平而窄长。吻盾形，前端成棱角状，吻棱明显；鼻孔近吻端，位于吻棱下方。鼓膜一般明显，上颌无齿，无犁骨齿，无耳后腺，咽喉部至胸腹部疣粒密集似鳞状。指宽扁，末端浑圆，腹面成吸盘状，但无横沟；胫跗关节超过鼓膜，而前达眼部；左右跟部仅相遇；趾端同于指端；第一、二趾间蹼发达，其余趾间蹼小，蹼以缘膜达趾端，外侧蹠间无蹼；具关节下瘤和内、外蹠突。

识别要点： 背正中有细浅脊线；背部前后有两个宽"∧"形深色斑，色斑汇合处较粗，颜色有变异；眼间有一"W"形斑，或与背部第一个"∧"形斑相连成"X"形斑。

生境及分布： 生活于海拔350～1400m常绿阔叶林区内潮湿的小山溪附近。常栖于林区地上落叶间，偶尔在灌丛上。

生活习性： 白天常发出略带颤抖的鸣叫声。4～6月产卵，卵大，数少，乳白色。

沼蛙

英文名：Guenther's Frog
学名：*Boulengerana guentheri*

别名： 沼水蛙

濒危等级： 无危（LC）

形态特征： 体长59～84mm。头部较扁平，头长大于头宽；瞳孔横椭圆形。鼓膜圆约为眼径的4/5。皮肤光滑，口角后方是颌腺；背侧褶显著，从眼后直达胯部；无颞褶；体侧皮肤有小疣粒；胫部背面有细肤棱；整个腹面皮肤光滑。指端钝圆，无腹侧沟；后肢细长，前伸贴体胫跗关节达鼻眼之间，胫长略超过体长之半，左右跟部相重叠。趾端钝圆有腹侧沟。背部颜色多为棕色或棕黄色，沿背侧褶下缘有黑纵线，体侧、前肢前后和后肢内外侧有不规则黑斑；后肢背面多有深色横纹；体腹面黄白色，四肢腹面肉色。

识别要点： 皮肤光滑，背侧褶显著。指端钝圆，无腹侧沟。

生境及分布： 海拔1100m以下的地区，多栖息在稻田、池塘和静水坑内，常隐藏在水生植物丛间。

生活习性： 繁殖期多在5～6月，繁殖期雄蛙叫声低沉单一，常两只个体叫声相互呼应。

海南琴蛙 | 英文名：Hainan Music Frog
学名：*Rana adenoplura*

别名： 弹琴蛙

濒危等级： 濒危（EN）

形态特征： 体长33～34mm。头长宽几相等，吻端钝圆。吻棱明显，颊部几近垂直。鼻孔略近吻端，鼻孔距大于眼间距；鼓膜几与眼径等大；前肢指端略膨大成吸盘，但无马蹄形横沟；关节下瘤大而明显；趾间半蹼，并以缘膜达趾端；第一、五趾的游离侧亦有缘膜；外侧蹠间具蹼，但不发达；关节下瘤小而显著。生活时背部灰棕色或棕绿色，背侧褶色浅；头侧及沿背侧褶下方为深棕色，体侧为浅灰，略带棕色斑；沿上颌缘有一条明显的浅色纹；背中央常有一条浅色脊线自枕部至背后端；体后端疣上常有黑色小圆斑，四肢棕色，有深色横纹。雄性有1对咽侧下外声囊；具雄性线。

识别要点： 头长宽几相等；雄性体侧臂上方有一肩腺，指端膨大成吸盘，无马蹄形横沟，背中央常有1条浅色脊线自枕部至背后端。

生境及分布： 生活于海拔480～1100m山区梯田、水草地、水塘或其附近。

生活习性： 4～7月为繁殖盛期，卵产于水田、水塘内或水沟之缓流处，卵成团，浮于水面。

脆皮大头蛙

英文名：Fragile Large-headed Frog
学名：*Limnonectes fragilis*

别名：脆皮蛙、大头蛙

濒危等级：易危（VU）

形态特征：体长36～69mm，身体肥胖；头长大于或等于头宽。鼓膜不显。皮肤极易破裂，较光滑，没有纵肤棱；指、趾末端球状，无横沟，趾间具蹼，关节下瘤、掌突及内蹠突均明显，雄性头大，无声囊。生活时背面棕红色，背中央有一个"W"形黑斑。上下唇缘有黑斑；两眼间及四肢背面有黑横斑。

识别要点：皮肤较光滑，没有纵肤棱，极易破裂。

生境及分布：生活在海拔290～900m山区平缓水浅的流溪内。溪内水量较小而多小石块，两岸有高大乔木或灌丛。

生活习性：成蛙白天多在浅水流溪内石头下活动。繁殖期颇长，2～8月均可产卵。

细刺水蛙 | 英文名：Fine-spined Frog
学名：*Hylarana spinulosa*

别名： 细刺蛙

濒危等级： 易危（VU）

形态特征： 体长38～56mm。头长略大于头宽，鼓膜与上眼睑几等宽。背侧褶宽厚，背部及背侧褶下方和后肢背面布满小白刺粒，并有稀疏小疣。体背面浅灰黄色，疣粒部位有褐色斑点，四肢具横纹，背面褐黑色，腹面浅黄白色。

识别要点： 雄性前臂或肩部有臂腺；背侧褶宽厚。

生境及分布： 生活在海拔80～650m的中型流溪或其附近。所在环境林木繁茂，较为潮湿，溪岸落叶较多。成蛙多栖于溪边石头上或落叶间以及草丛中。蝌蚪底栖，多隐蔽在回水荡内腐叶中。

生活习性： 繁殖期约在5～6月。

海南湍蛙

英文名：Hainan Torrent Frog
学名：*Amolops hainanensis*

别名：石蛙

濒危等级：濒危（EN）

形态特征：体长68~93mm，头长宽几相等。吻端钝圆；上唇超出下唇，鼓膜很小，眼后枕部两侧隆起较高，具颞褶，无背侧褶，无跗褶。体背面橄榄色或绿褐色，具不规则褐色或橄榄色斑；腹面肉红色；咽部色深。体背满布大小疣粒，体侧、颞褶、颌角处疣粒集中；肛部疣粒大而多，四肢背面疣粒纵行排列呈肤棱状。指吸盘甚大，均有横沟，趾间全蹼。

识别要点：体较大；体背面具不规则褐色或橄榄色斑。指吸盘较大；跗部有长而宽厚的腺体。

生境及分布：生活在海拔80~850m水流湍急之溪边石上或瀑布直泻的岩壁上。晚上多在溪边石上或灌木枝叶上。

生活习性：4~8月为繁殖期。

小湍蛙 | 英文名：Little Torrent Frog
学名：*Amolops torrentis*

别名：无

濒危等级：易危（VU）

形态特征：体长28～41mm，头长宽几乎相等，鼓膜大而显著。体背面色斑有变异，一般为棕色或黄褐色，并具不规则褐色花斑；体背面皮肤略为粗糙，背部散有小疣，无背侧褶；跗部腹面具厚腺体。指、趾末端形成宽阔的吸盘，其背面有横凹痕，跗部无腺体。趾吸盘较小，趾间全蹼。四肢、指和趾背面具深褐色横纹；腹面近肉色。

识别要点：体小，鼓膜显著，体背面皮肤散布疣粒，指吸盘大而具横沟，胫跗关节略超过吻端，常栖息于流溪石头上。

生境及分布：生活于海拔80～780m的大型或中型山溪内，溪两侧植被繁茂，环境阴湿。

生活习性：成蛙音急而高，稍受惊扰则跃入水中，一般在水中仅停留3～5分钟又浮于水面。

越南指沟蛙

英文名：John's Groove-toed Frog
学名：*Pseudorana johnsi*

别名： 无

濒危等级： 濒危（EN）

形态特征： 体长39～49mm，头长大于头宽；吻端钝圆而略尖，超出于下颌；吻部平扁，吻棱显著，颊部向外侧倾斜而颊面内陷；鼻孔略近吻端，上眼睑之宽大于眼间距。背面皮肤光滑或散有小疣；背侧褶极细，两褶间距宽。后肢背面小痣粒排列成行，细肤褶清晰；腹面完全平滑。指端略膨大，无沟；后肢细长，胫跗关节前伸达吻鼻之间或略超过吻端，左右跟部重叠，胫长超过体长之半。背面及体侧面颜色变异大，多为褐色、棕色或黄褐色。

识别要点： 鼓膜处具三角形黑斑。

生境及分布： 生活于山林植被茂盛、典型的低山常绿阔叶林、覆盖度极高、地表落叶层丰厚、昆虫等低等动物资源丰富的地区。

生活习性： 繁殖期在8月下旬至9月中旬。

泽蛙 | 英文名：Terrestrial Frog
学名：*Fejervarya limnocharis*

别名：泽陆蛙

濒危等级：无危（LC）

形态特征：体长38～49mm，头长宽几相等；吻尖圆，超出下颌；吻棱圆，颊部向外倾斜；眼间距，窄鼓膜明显；具颞褶；前肢较粗壮，指端钝圆，第一、三指几等长，关节下瘤及掌突均发达。后肢较短粗，胫跗关节前达眼部附近，趾端钝圆；关节下瘤小而隆起；内蹠突窄长，外蹠突小。背部有许多不规则、分散排列、长短不一的纵肤棱，其间散有小疣粒；体侧及体后端具圆疣，腿背面有小疣。体色随环境变化有变异，背部多为灰橄榄色、深灰色、灰褐色或草绿色，有时染以赭红色，上下唇缘有6～8条纵纹，两眼之间有深色横斑；背部正中常有乳黄或灰白色脊纹；四肢具横纹；雄性咽部深色，其余为灰白色，咽部黑色，具雄性线。

识别要点：上下唇缘具6～8条深色纵纹，雄性具单咽下外声囊，咽部黑色。

生境及分布：生活于平原、丘陵和2000m以下山区的稻田、沼泽、水塘、水沟等静水域或其附近的旱地草丛。

生活习性：繁殖期长达5～6个月，4月中旬至5月中旬、8月上旬至9月为产卵盛期；卵多产在水深5～15cm的稻田及雨后临时水坑中，卵粒成片漂浮于水面或粘附于植物枝叶上。

台北纤蛙 | 英文名：Taipei Slender Frog
学名：*Hylarana taipehensis*

别名：台北蛙

濒危等级：未评估（NE）

形态特征：体长27~41mm，体小而细长，头平扁而斜尖，头长显著大于头宽；鼓膜大而明显；生活时背部绿色，背侧褶金黄色，四肢浅棕色，股后多有深棕色纵纹2~3条；腹面灰黄色。皮肤较光滑，背侧褶细而清晰，自眼后到跨部。背侧褶间有散布均匀的细小白刺粒。体后端则较大；鼓膜后方到体侧有1条浅色的侧褶或断或续，成行排列，在该侧褶与背侧褶之间有稍大的疣粒；四肢的背腹面腺体较多，胫部外侧有2~5条明显的纵腺褶；股后腺大，长椭圆形，位股后远端；跗部有2跗褶，腹面皮肤光滑；股腹面有颗粒状扁平疣。后肢细长，胫跗关节前达鼻孔或眼鼻间；左右跟部重叠甚多；趾端具吸盘，趾细长，第三趾略短于第五趾，趾间蹼不发达，蹼缘缺刻深，第四趾蹼达近端第二关节下瘤；外侧蹠间蹼达蹠基部，关节下瘤显著，内蹠突卵圆形，外蹠突小而圆。

识别要点：背部有2条细纵浅纹，其间无斑。

生境及分布：生活在海拔80~580m山区的稻田、水塘或溪流附近，所在环境杂草茂密。

生活习性：繁殖期为5~7月，卵产在水塘岸边杂草间。

长趾纤蛙

英文名：Long-toed Slender Frog
学名：*Hylarana macrodactyla*

别名：长趾蛙

濒危等级：近危（NT）

形态特征：体长27～42mm，体小而狭长，吻尖长，头长大于头宽，鼓膜明显。四肢纤细。指、趾端吸盘小，具横沟，胫跗关节前达吻端或略前，左右跟部重叠；趾间蹼不发达，外侧蹠间蹼达蹠基部；第三趾特长。背侧褶细窄，具内外跗褶。生活时体背面鲜绿色或深棕色，体背及体侧共有4～5条黄色纵纹，其间有黑斑纹；体侧色斑深；四肢背面有深棕色横纹，股后具2条深色沿股骨走向的斑纹，股前、胫跗前缘具深色斑。

识别要点：体小，四肢纤细，指、趾端吸盘小，具横沟，体背面鲜绿色或深棕色，体背及体侧共有4～5条黄色纵纹。

生境及分布：生活于海拔250m左右长满杂草的静水洼地、水塘边、稻田边或溪沟边草丛中。

生活习性：夜间主要在静水域附近的杂草间活动或觅食。

海南臭蛙

英文名：Hainan Odorous Frog
学名：*Odorrana hainanensis*

别名： 臭蛙

濒危等级： 易危（VU）

形态特征： 体长49～123mm，吻端尖，超出下颌；鼻间距大于眼间距而小于上眼睑宽；鼓膜大而明显；前肢较粗壮，指端均有吸盘和横沟，指吸盘大小相近；内掌突大于外掌突。后肢长，胫跗关节远超过吻端，左右跟部重叠甚多；胫长超过体长之半；趾吸盘略大于指吸盘，具横沟；趾间全蹼，蹼缘平直，外侧蹠间2/3蹼，关节下瘤明显；内蹠突卵圆形，稍大于关节下瘤，无外蹠突。背部皮肤粗糙，体侧疣粒较背部的大；两眼前缘正中有一个黄色疣；具颌腺。腹面皮肤光滑。生活时体背棕褐色，体背黑斑点不清晰；体侧黑褐色点斑众多。腹面乳黄色，无斑点及斑纹。雄性体较小，第一指基部有乳黄色婚垫，有一对颈侧外声囊；无雄性线。

识别要点： 体色棕褐色，后肢极长，胫跗关节远超过吻端。

生境及分布： 生活于海拔120～600m山区水流湍急的山涧中，所在环境植被丰茂，阴湿。

生活习性： 白昼常栖息于溪流大石头上或岸边枯木上，成蛙在晚上到溪岸边草丛中觅食。7～10月采到的雌体内具卵。

大绿蛙 | 英文名：Large Odorous Frog
学名：*Odorrana graminea*

别名：绿臭蛙

濒危等级：无危（LC）

形态特征：体长43~95mm，雌雄蛙体大小差异大，雄性有外声囊，并显著小于雌性。体背面纯绿色，体侧及四肢腹面浅棕色；腹面白色。头扁平，头长大于头宽，两眼间有1个小白点。瞳孔横椭圆形，鼓膜为眼径的1/2~2/3；皮肤光滑，背侧褶细或略显。指、趾均具吸盘及腹侧沟，吸盘纵径大于横径，第二指吸盘宽度不大于其下指节的2倍；后肢细长，胫跗关节前伸超过吻端，胫长远超过体长之半；趾间蹼均达趾端，无蹼褶。

识别要点：体背面纯绿色，体侧及四肢腹面浅棕色；腹面白色。

生境及分布：生活于海拔450~1200m森林茂密的大中型山溪及其附近。

生活习性：5月下旬到6月为繁殖盛期；卵群成团粘附在溪边石下。

鸭嘴臭蛙

英文名：Hainan Bamboo-Leaf Frog
学名：*Bamburana nasuta*

别名：竹叶蛙

濒危等级：易危（VU）

形态特征：体长57~74mm。背部颜色为暗褐色、绿色或褐绿色；唇缘至颌腺浅黄色，有的个体在颊部扩大成三角形；腹侧、股后浅黄色，密布褐色细斑；四肢背面有褐黑色横纹，股、胫、跗部各3~5条；腹面浅黄色，咽胸部有褐色或褐色麻斑。头侧、颞部红棕色，眼球虹彩上半部浅黄色，下半部为红棕色与黄色交织成网纹。吻端长，呈盾状；吻长远大于眼径；吻棱棱角状；颊部略向外侧倾斜，颊面凹入；鼻孔位头侧吻眼中间；鼻间距大于眼间距；眼大，明显突出颌缘外，瞳孔横椭圆形。

识别要点：头部窄长而扁平，头长大于头宽。

生境及分布：生活于海拔350~1260m林木繁茂、环境阴湿的山区溪流内或其附近。

生活习性：5月左右产卵。

圆蟾舌蛙 | 英文名：Round-tongued Floating Frog
学名：*Phrynoglossus martensii*

别名： 圆蟾浮蛙

濒危等级： 近危（NT）

形态特征： 体长19~28mm，头尖小，长宽几相等；吻端钝圆，无吻棱；鼻孔近吻端；鼻间距较宽；眼间距小于上眼睑宽；鼓膜轮廓清晰；舌后端钝圆；指、趾端圆，趾间几全蹼；头、躯及四肢背面满布大小不等的圆疣；体色一般为灰褐色或浅棕色；散有棕黑色的细点；两眼后方枕部有一横纹，背面正中有时具一条深色的宽纵脊纹延至体后；体侧颜色较浅；由眼下后方至前肢基部有一浅色斜带纹，其间为鼓膜部位。腹面及四肢腹面、咽部多有黑棕色点，雄性尤多。

识别要点： 指、趾末端圆，股后没有黑色线纹，头、躯背面满布大小不等的圆疣，趾间全蹼。

生境及分布： 生活于海拔10~1000m长满杂草的稻田边、路边、山间洼地等小水塘、临时水坑或其附近。

生活习性： 黄昏时鸣声四起，声小而尖，野外采集时白天不易发现。

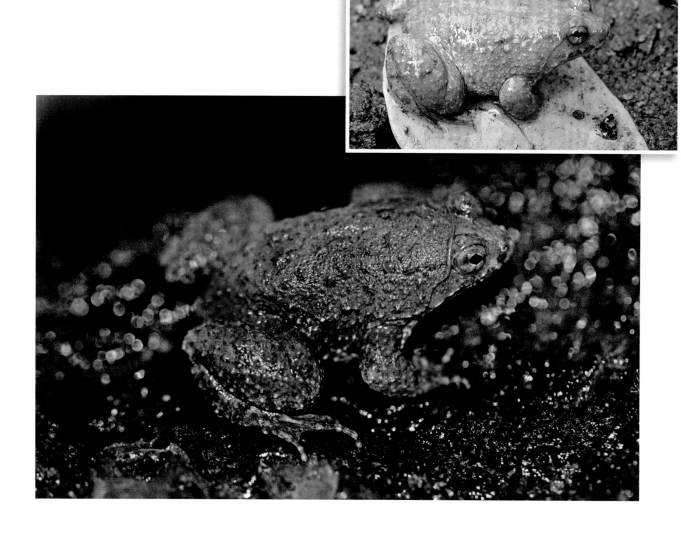

虎纹蛙 | 英文名：Chinese Tiger Frog
学名：*Hoplobatrachus chinensis*

别名：无

濒危等级：易危（VU），国家Ⅱ级

形态特征：体长66~121mm，体大而粗壮，吻端尖圆；吻端超出下唇；吻棱钝，颊部向外侧倾斜；鼓膜大而明显；前肢短而强壮，第一指与第三指几等长，第二、四指较短；指端尖圆；第二、三指侧具厚缘膜，关节下瘤大而明显；无掌突。后肢短，胫跗关节前达眼后方；趾末端尖圆；趾间全蹼，第一、五趾游离部分缘膜发达，关节下瘤小而明显；内蹠突窄长，具游离刃，无外蹠突。无背侧褶；上眼睑具肤棱，沿眼睑作弧形排列；肤棱之间散有小疣粒；胫部疣粒成行甚清晰，跗部外侧及蹠底部有细颗粒，腹面的皮肤光滑。背面黄褐色或棕褐色略浅；背部、头侧及体侧具深色不规则的斑纹；四肢横纹明显；腹面灰白色，咽胸部有灰棕色斑。

识别要点：体背具长短不一、分布不规则的肤棱，一般成纵行排列。

生境及分布：一般栖息于丘陵地带的稻田、鱼塘、水坑和沟渠内。

生活习性：繁殖期3月下旬至8月中旬，5~6月为产卵旺季，雌蛙每年可产卵2次以上。卵单粒或10粒至数十粒粘连成片，漂浮于水面。

海南溪树蛙 | 英文名：Hainan Stream Treefrog
学名：*Buergeria oxycephala*

别名：无

濒危等级：近危（NT）

形态特征：体长34～68mm，体窄长；头宽与头长相近；吻端钝圆，略突出下唇，吻棱明显，吻棱其下具凹陷；瞳孔横置，眼间距大于鼻间距；鼓膜显著，约为眼径的1/2；背面皮肤光滑或具小疣。身体和四肢背面具肤棱；指、趾具吸盘，指、趾侧具缘膜，第四指外侧缘膜达掌部；前臂侧肤棱具白色突起疣粒；指间

具微蹼；趾间全蹼；胫跗关节前伸过吻端。

识别要点：体背两眼间有一深色横斑。

生境及分布：生活于海拔80～500m的大中型流溪内或其附近岸边，白昼在强光下常伏于溪内大石头上。

生活习性：其体色随环境而异，常与所栖石头的颜色甚为一致，很难被发现。卵产在溪边静水塘或溪内大石上的凹陷积水坑内，卵群以胶膜连成小块，不呈泡沫状。蝌蚪亦在此水坑内生活。

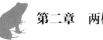

海南刘树蛙

英文名： Hainan Small Treefrog
学名： *Liuixalus hainannus*

别名： 海南小树蛙

濒危等级： 易危（VU）

形态特征： 体小，体长18mm左右，头扁平，头长略大于头宽；吻略短，吻端钝圆，鼓膜圆而明显；直径约为眼径的一半；无犁骨齿；指端具吸盘和横沟，指间无蹼。后肢细长，胫跗关节超过吻端，胫长大于体长之半；趾间蹼不发达，第四、五趾之间的蹼不达第四趾的第二关节下瘤。生活时背面颜色为棕褐色，其上有不规则的黑褐色斑块，背中部有一明显的浅棕色椭圆形斑，此斑块后部被一三角形黑褐色斑所切入；两眼间有2~3个银白色小斑；股、胫及足的背面各有3~4条黑褐色横纹，后肢折叠时横纹连接呈一条直线；四肢腹白色微显黄色，有少数褐色小斑点。

识别要点： 体小，鼓膜清晰；胫跗关节超过吻端。

生境及分布： 栖息在海拔700~900m的山区流溪边的灌丛和竹林内。

生活习性： 夜间雄蛙多匍伏在树枝叶上，繁殖生态资料不详。

眼斑刘树蛙 | 英文名: Ocellated Small Treefrog
学名: *Liuixalus ocellatus*

别名: 眼斑小树蛙

濒危等级: 濒危（EN）

形态特征: 体长17～20mm，体小，头长略大于头宽，头顶平坦；吻棱明显，颊部向外侧倾斜；鼻孔近吻端；眼间距略大于鼻间距；鼓膜清晰；无犁骨齿；瞳孔横置。指端具吸盘和横沟，第一指吸盘小，其余较大，指间无蹼，具外掌突。胫跗关节前达眼前角；左右跟部重叠；趾端同于指端，趾间蹼不发达，外侧蹠间无蹼，具关节下瘤。背面及四肢具疣粒，眼睑上及体侧疣粒明显；自吻端至肛部的体中线具1条断续的细肤棱；眼后枕部具1对黑色小圆疣；肩后具1对黑色疣粒；内者明显；腹面满布扁平疣，咽部较少。生活时背面颜色变异较大，棕黄色或棕褐色；两眼间有深色斑，颞褶色深；眼后枕部和肩后各具1对小圆斑；背部具或宽或窄的黑斑；四肢背面具横纹；腹侧具点斑；腹面浅紫色，具褐色细点。

识别要点: 体小，鼓膜清晰；胫跗关节前达眼前角；两眼间有深色斑。

生境及分布: 栖息在海拔400～700m山区竹林间或其附近的落叶上。

生活习性: 夜间雄蛙多匍匐在竹丛枝叶上，发出尖而短、带颤音的鸣声；白天在林间落叶上也可发现。

红蹼树蛙 | 英文名：Red-webbed Treefrog
学名：*Rhacophorus rhodopus*

别名：无

濒危等级：无危（LC）

形态特征：体长30～52mm，体较扁平；头长与头宽几等长；吻端尖，超出下颌，吻棱较明显；鼻间距小于眼间距；鼓膜明显；颞褶明显；瞳孔横置。体背面皮肤光滑，红棕或黄色，上有不明显的深色斑纹，一般为深棕色"X"形斑。体侧、胯部及股外侧橘黄色；四肢背面具深色横纹，趾间蹼为猩红色，指间蹼橘黄色而略染猩红色；体侧或具黑褐色点斑或无。四肢较扁平。指端具吸盘和横沟，第一指吸盘显著小于其他指吸盘；指间具全蹼，第一、二指间蹼仅达第一指远端关节下瘤，其他指间蹼达吸盘基部；关节下瘤显著；仅具内掌突，位于第一指基部内侧，无外掌突。后肢细长，左右跟部重叠，胫跗关节前伸可过眼部；胫跗关节具一显著的肤褶；趾间具全蹼，外侧蹠间蹼发达；趾端具吸盘和横沟，吸盘较指吸盘小。

识别要点：瞳孔横置，指间蹼橘黄色，趾间蹼为猩红色。

生境及分布：常生活在海拔80～2100m阴湿林缘或林间的沼泽地、水坑、水沟附近。

生活习性：雨天过后喜集群鸣叫。食瓢虫、蛾类、蝶类幼虫以及脉翅目昆虫。

锯腿水树蛙 | 英文名：Serrate-legged Small Treefrog
学名：*Aquixalus odontotarsus*

别名：锯腿小树蛙

濒危等级：无危（LC）

形态特征：体长28～43mm，体较小；体背面皮肤较粗糙，具许多粗大圆疣和短的横嵴，浅褐色或绿褐色，两眼睑之间至枕后多具深褐色斑；吻端尖出下唇，雌性吻端具圆锥状突出物；鼓膜显著；眼大，瞳孔横置；同枝细长，跟部左右重叠；四肢及指、趾背面具黑褐色横纹；股前、后沾橘红色；胫跗关节前伸过鼓膜而达眼；前臂、跗部和第五趾外侧具显著的锯齿状肤突；泄殖腔下方具圆疣；腹面具褐色点斑。

识别要点：前肢第四指及掌部外侧有顶端色白的若干波状肤突，前臂外侧缘偏腹面也有同样的若干肤突；后肢跗、及第五趾外侧也有顶端色白的若干齿状肤突。

生境及分布：多栖息于灌木枝叶或禾本科叶片上。

生活习性：夜间雄性鸣叫声响。2～10月均见繁殖交配。

背条跳树蛙

英文名：Dorsal Striped Opposite-fingered Treefrog
学名：*Chirixalus doriae*

别名：无

濒危等级：无危（LC）

形态特征：体长25～34mm，生活时体色棕褐色或肉色；体背自吻端至肛部具纵纹，其中5条纵纹较宽、颜色较深；体背面散布稀疏黑褐色小点斑，四肢背面具横纹，腹面白色。指端具吸盘和横沟，第一、二指吸盘略小于第三、四指；第一、二指与第三、四指成抱握状；指侧具缘膜；具关节下瘤和指基下瘤。后肢左右跟部重叠；胫跗关节前伸达眼；趾间蹼发达，缺刻深，均以缘膜达趾端，外侧蹠间无蹼；具关节下瘤；内蹠突扁平，无外蹠突。

识别要点：体小；体侧及背部有5条深色条纹；胸部有褶。

生境及分布：生活在海拔1100m以下山区的稻田、水坑和水沟边灌丛、杂草中或芭蕉叶下。

生活习性：一般于雨后的夜晚产卵；卵多产于近水边的灌木和杂草的叶片上。卵群成团，呈卵圆形或随叶形状而定。

侧条跳树蛙 | 英文名：Lateral Striped Opposite-fingered Treefrog
学名：*Chirixalus vittatus*

别名：无

濒危等级：近危（NT）

形态特征：体长23～27mm，体小窄长。吻端钝尖，吻比眼短，吻棱钝圆，颊部略向外倾斜几近垂直，颊面内陷；鼻孔略近吻端，在背面仅能看到鼻孔之边缘；眼间距大于鼻间距；上眼睑宽几为眼间距之半；鼓膜紧接在眼后，不甚显著，而轮廓清晰。皮肤光滑，上眼睑及背部有极细之瘰粒，生活时背部颜色由深绿到灰黄色，满布均匀棕色小细点；左右体侧由眼后方至胯部各有1条黄白色纵纹，上面有极稀疏的细点；自吻端沿吻棱至浅黄纹下方为深棕色纵纹；颌缘及体侧黄亮色。

识别要点：体小，体侧各有一浅条纹；胸部无褶。

生境及分布：生活在海拔1500m以下山区水塘或稻田附近的灌木、芦苇、香蕉叶或杂草上。

生活习性：产卵季节在5～8月；产卵多在小雨或雨后的夜晚进行。卵群均产于水塘或稻田边植物的叶片上。

大树蛙

英文名：Large Treefrog
学名：*Rhacophorus dennysi*

别名： 大泛树蛙

濒危等级： 无危（LC）

形态特征： 体长68～109mm，扁平细长。雄蛙头长宽几相等；吻端较圆而高略突出于下颌，吻长于眼径，鼻眼间吻棱棱角状，鼻孔近吻端，鼻间距小于眼间距，上眼睑宽为眼间距的2/3；瞳孔为横椭圆形；鼓膜大而圆；前肢粗壮；指端均有吸盘及横沟，指端腹面肉质垫清晰，背面可见"Y"形迹；指间蹼发达，但不为全蹼，蹼缘缺刻深，关节下瘤发达，第二、三、四指关节下瘤可分为瘤顶及瘤垫两层，并有单独或成行的之指基下瘤；后肢长，胫跗关节达眼部或超过之，左右跟部不相遇或仅相遇；趾端与指端同，但吸盘较小；第三、五趾等长，达第四趾的第三关节下瘤；趾间全蹼；指趾间蹼厚色深，上有网状纹；趾关节下瘤极发达，也有瘤顶，瘤垫两层；蹠部有成行之小疣；内蹠突小，无外蹠突。

识别要点： 体背面绿色，散布少量不规则的棕黄色点斑，并常具小刺粒；指间蹼发达，蹼缘缺刻较深；体侧下方一般有成行或为点状乳白色斑点；股后无网状斑。

生境及分布： 栖息于山区流溪边的树林内或稻田、水坑附近的灌木和草丛中。

生活习性： 鸣声清脆而洪亮。集中在4月底至5月初产卵。

斑腿泛树蛙

英文名：Brown Treefrog
学名：*Polypedates megacephalus*

别名： 无

濒危等级： 无危（LC）

形态特征： 体长41~65mm，头长宽几相等或长大于宽；吻长，吻端较为钝圆，突出下颌；吻棱显著，鼻孔近吻端，眼间距大于鼻间距；鼓膜显著，颞褶显著；指侧具缘膜，指间无蹼；第四指外侧缘膜延伸至掌部，并与前臂侧缘肤棱连接；关节下瘤显著，内掌突大而长，靠近第一指基部内侧，外掌突小，甚至不显。后肢较为粗壮，左右跟部重叠，胫跗关节前伸过眼，而不达吻端；趾端具吸盘和马蹄形横沟，吸盘较指吸盘小；关节下瘤显著；体较光滑，体背疣粒极细，腹面咽部疣粒较小，腹部和股下密布大的圆疣；颞褶长，略弯，达肩上方。体侧无大的黑褐色点斑，而具网状纹，靠近胯部显著；股后具网状纹；四肢背面具黑褐色横纹；腹面白色，个别个体咽部、股下及腹部具细小褐色点斑。

识别要点： 体背具"X"斑，个体体背面具大的暗色点斑；颞褶颜色黑褐色，色斑不向后平伸；体侧与股后具网状纹，体侧不具大的黑褐色点斑或纵纹；胫跗关节前伸过眼，而不达吻端。

生境及分布： 生活在海拔80~1600m的丘陵和山区，常栖息在稻田、草丛或泥窝内，或在田梗石缝以及附近的灌木、芭蕉叶基部和地面的腐叶下。

生活习性： 繁殖期因地而异，多在4~9月产卵。卵群附在岸边草丛中或泥窝内，卵泡呈乳黄色。

无声囊泛树蛙

英文名： Vocal Sacless Treefrog
学名： *Polypedates mutus*

别名： 无

濒危等级： 无危（LC）

形态特征： 体较大，身体狭长，体长52~77mm。头较扁宽，头长略大于头宽，头宽几为身体最大宽；吻端尖，超出下颌；鼻孔近吻端；吻棱显著，颊部向上颌外斜；眼大，鼻间距大于眼间距；鼓膜大而清晰，小于眼径，几紧贴眼后角；前肢短；指端吸盘大，具马蹄形横沟；具关节下瘤和指基下瘤；第四指外侧缘膜延伸至掌部，并与前臂侧缘肤棱连接。后肢细长；胫跗关节前伸过吻端（至少达吻端），左右跟部相重叠；趾端具吸盘和马蹄形横沟，吸盘较小；趾间具蹼，缺刻深，具缘膜，第五趾外侧缘膜延伸至蹠部，并与跗侧肤棱连接延续至胫跗关节处；具关节下瘤，内蹠突较大，外蹠突小或不显。颞褶颜色黑褐色，色斑经鼓膜上缘向后平伸，与体侧大的黑褐色点斑几成连续状；体侧或具大的黑褐色点斑或成纵纹；肛部下方左右两侧具白色突起点斑，显著大于附近疣粒；四肢背面具横纹，股后具网状纹，胫部内侧具网纹或无；体腹面白色，咽部、腹部、股下多散布稀疏细小褐色点斑。

识别要点： 体狭长；头宽几为身体最大宽；体背具"X"斑，个别具纵纹；颞褶颜色黑褐色，色斑经鼓膜上缘向后平伸，与体侧大的黑褐色点斑缀成连续状；体侧或具大的黑褐色点斑或纵纹，不具网状纹；胫跗关节前伸过吻端或达吻端；肛部下方左右两侧具白色突起点斑，显著大于附近疣粒。

生境及分布： 生活在海拔340~1100m的山区，多栖于水塘边杂草间、稻田秧苗间、田坎边草丛或泥窝内以及污水池或粪坑边的石隙内。

生活习性： 多于夜间栖息于树叶、树干或禾本科植物叶片上。

花狭口蛙 | 英文名：Hainan Digging Frog
学名：*Kaloula pulchra hainana*

别名：无

濒危等级：无危（LC）

形态特征：体长60～77mm，头小而高，头宽略大于头长；吻端尖，向内倾斜而突出下颌，吻棱明显；鼻孔位置靠前，近吻端；眼间距显著大于鼻间距；鼓膜不显著，具细小疣粒；颞褶显著，前半部分几与鼓膜边缘重叠。四肢细弱。前肢细长，第三指最长，第一、二指几等长，第四指最短；指端圆；关节下瘤发达，各指均具指基下瘤；掌突单一，大于关节下瘤。后肢粗短，胫跗关节可前达肩部。趾间具微蹼；趾端钝圆；关节下瘤发达，均单一，第四趾趾下瘤小于关节下瘤；内外蹠突几等大，近圆形。皮肤粗糙，通体满布扁平的圆疣，头顶部疣粒小而密集；咽部疣粒小而密；胸部疣粒较少，稀疏散有较大的疣粒；腹部从前到后圆疣越来越密，并与股腹面附近大圆疣连成一片；四肢内侧皮肤光滑而无疣，外侧遍布疣粒。生活时体背棕灰色或棕褐色。体背两侧各具4～5条棕黑色纵带纹，中间2条粗大，起始于吻端而延伸至胯部，呈"人"形，稍有断续；外侧条纹较细，靠近中央2条始于吻端，最外侧1条起自眼部，斜伸至胯；肛前具断续条纹前伸至体背中部；体侧与鼓膜棕黑色；吻棱下方颜色深。四肢背面具横纹，生活状态时常与体背条纹成连续状。体腹面颜色自前向后逐渐变浅，咽部棕黑色；股基部肉红色。

识别要点：体略呈三角形。头宽大头于长，鼓膜不显著，体背两侧各具4～5条棕黑色纵带纹。

生境及分布：栖于土穴及树洞中。

生活习性：产卵季节一般在3～4月。雄蛙叫声洪亮，如牛吼。

花细狭口蛙

英文名：Piebald Narroe-mouthed Frog
学名：*Kalophrynus interlineatus*

别名： 细狭口蛙

濒危等级： 近危（NT）

形态特征： 体长32～40mm，体色变异较大，背部一般有4条明显的深色纵纹。皮肤粗糙，除四肢内侧皮肤光滑外，全身密布扁平疣，腹面有少数色浅的大圆疣。鼓膜隐蔽，鼓环清晰。指端钝圆，第一、第二指几乎等长。趾端钝圆，第五趾短而弱，趾间具微蹼，蹠间无蹼，有外蹠突。雄蛙有单咽下外声囊，有雄性线。

识别要点： 体背面一般有4条明显的深色纵纹，体侧自吻端至胯部为深棕色。

生境及分布： 生活在30～300m海拔的平原、丘陵地区，常见于住宅或耕地周围的草丛。

生活习性： 产卵季节一般在3～9月，雄蛙在夜间发出洪亮的单一鸣叫。

粗皮姬蛙 | 英文名：Tubercled Pygmy Frog
学名：*Microhyla butleri*

别名： 无

濒危等级： 无危（LC）

形态特征： 体长20~25mm，头小，头宽略大于头长；吻端尖，吻棱不甚明显；眼间距显著大于鼻间距和上眼睑宽；鼓膜不显；具颞褶；前肢细弱，关节下瘤发达，具3个掌突；指端具小吸盘，背面具小沟。后肢粗长；胫跗关节可前达眼；左右跟部重叠，甚至重叠；趾细长，趾端具吸盘，趾侧具缘膜，关节下瘤发达，蹼不发达；体背面皮肤粗糙，具纵行排列的显著疣粒，体侧的疣粒较大而圆，四肢外侧和股后具稀疏疣粒；眼后方、肩上、体侧具深褐色花斑；四肢及指、趾均具深褐色横纹；下颌边缘具白色小斑点；咽部灰褐色，体腹面及四肢腹面颜色浅，白色略沾黄色。

识别要点： 体小，背面小疣显著，成纵行排列；背面具大块深褐色斑。

生境及分布： 成蛙栖息于海拔100~900m靠山坡水田、水沟、水坑的土隙或草丛中。

生活习性： 雄性个体常隐匿于草丛凹处中鸣叫，不易发现。

小弧斑姬蛙

英文名：Arcuate-spotted Pygmy Frog
学名：*Microhyla heymonsi*

别名：无

濒危等级：无危（LC）

形态特征：体长18～24mm，头小，头宽略大于头长，吻尖；吻棱较显著；鼓膜不显著，体背皮肤较光滑，吻端至肛部具1浅色脊线，背部靠近脊线具1～2对黑褐色小弧斑，眼后脊线两侧具若干暗色线纹向后延伸至胯部；背腹皮肤较为光滑；颞褶向下延伸至前肢基部前方；体背与体侧之间具肤棱；股后及肛部周围具较大的疣粒。体侧黑褐色；具指、趾吸盘，趾蹼不发达。

识别要点：背面无显著小疣；背正中有深色小弧形斑1对或2对。

生境及分布：栖息于山区靠近稻田、水坑和沼泽的泥窝、土穴或草丛中。

生活习性：繁殖旺季在5～6月，每年可繁殖2次。叫声为低而慢的单音（嘎嘎）。

饰纹姬蛙 | 英文名：Ornamented Pygmy Frog
学名：*Microhyla fissipes*

别名： 无

濒危等级： 无危（LC）

形态特征： 体长21～25mm，头小，头宽略大于头长；吻端尖圆，鼓膜不显著，颞褶明显；体背面皮肤较光滑，体侧和背面散布稀疏疣粒；体背面颜色一般为土褐色、灰褐色或棕褐色；体背面具大块深褐色斑，自两眼间向后延伸辐射至胯部，两侧边缘在体背前和中部向背中线凹进；头及体背大块深褐色斑两侧自眼后方到胯部有2～3条棕褐色线纹；体侧色暗成连续状；

四肢背面具深色横纹；体背中线多具1条浅色细纵脊线；腹面色浅，无斑纹。无趾吸盘；趾间具微蹼。

识别要点： 鼓膜不显著；体背有少数"∧"形斑，第一个始自两眼间；掌突2枚。

生境及分布： 生活在平原或丘陵地带水田、水坑、水沟的泥窝或土穴内，或在水域附近的草丛中。

生活习性： 繁殖季节在3～8月；卵产于静水域及雨后临时积水坑内，卵群单层成片浮于水面。

花姬蛙

英文名：Beautiful Pygmy Frog
学名：*Microhyla pulchra*

别名： 无

濒危等级： 无危（LC）

形态特征： 体长23～37mm，吻端尖圆，鼓膜不显著；两眼后缘近枕部之间具一黑褐色不规则斑纹，体背具若干粗细相间的"∧"形棕黑色及深棕色斑纹，起始两肩之间"∧"纹最为显著；前肢细弱；指端圆，指侧无缘膜；关节下瘤明显；掌突发达，外掌突大于内掌突。后肢较为粗短；左右跟部相重叠；胫跗关节前伸过眼，可达吻；关节下瘤显著；趾细长，趾间具半蹼；内外蹠突几等大，相距远。皮肤光滑，体背面散有少量小疣粒；眼后枕部具横肤沟；体腹面和四肢内侧皮肤光滑。

识别要点： 体背面有重叠相套的若干相间的"∧"形斑，整个背面花斑色彩醒目美丽。

生境及分布： 生活在稻田或水坑附近的泥窝、土穴或草丛中。

生活习性： 繁殖季节在3～7月，每年可产卵两次。喜集群鸣叫，鸣叫声单一。

第三章
爬行类

　　海南岛记录爬行类115种，其中陆生种类102种。文献记载吊罗山爬行类2目14科72种，占海南岛陆生种类的70.5%。本图鉴根据文献记载和野外调查结果，收录海南吊罗山自然保护区爬行类81种，其中龟鳖目9种，蜥蜴亚目23种，蛇亚目49种。

爬行类分类检索名词术语

1. 爬行类的测量

体重：活体全重。

全长：由吻端至尾尖的长度。

头体长：从吻端至肛孔的距离。

头长：从吻端至上、下颌关节后缘的长度。

头宽：头两侧之间的最大距离。

尾长：从肛孔至尾端的距离。

龟鳖类还应测量：

背甲长：颈盾前缘至臀盾后缘的最大长度。

背甲宽：缘盾边缘水平直线的最大宽度。

背甲高：背、腹甲之间的最大高度。

腹甲长：腹甲前、后缘的最大长度。

甲桥长：甲桥前、后缘的最大长度。

蜥蜴类还应测量：

头高：头部最高处的直线长度。

前肢长：由腋下至最长指端（不包括爪）的长度。

后肢长：由后肢基部（鼠蹊部）至最长趾端（不包括爪）的长度。

腋胯距：由前肢后缘基部至后肢前缘基部的直线距离。

2. 蛇亚目分类检索名词术语

鼻间鳞：头背最前端的一对鳞片，恰介于左右2枚鼻鳞之间。

前额鳞：鼻间鳞正后方的大鳞。

额鳞：前额鳞正后方的单枚大鳞，恰介于左右2枚眶上鳞之间，
略成六角形或龟甲形。

顶鳞：位于额鳞正后方的大鳞。

顶间鳞：闪鳞蛇科4枚顶鳞中央围绕的单枚鳞片。

枕鳞：眼镜王蛇顶鳞正后方有一对大鳞片。

眶上鳞：恰位于额鳞两侧、围成眼眶上缘的一对大鳞片。

鼻鳞：鼻孔开口于其上的鳞片叫鼻鳞。

颊鳞：介于鼻鳞与眶前鳞之间的较小鳞片。

眶前鳞：位于眼眶前缘，一至数枚。

眶后鳞：位于眼眶后缘，一至数枚。

眶下鳞：多数种类没有，由部分上唇鳞参与围成眼眶下缘。

颞鳞：眼眶之后，介于顶鳞与上唇鳞间。

吻鳞：位于吻端正中的一枚鳞片。

上唇鳞：位于吻鳞两侧之后上唇边缘的鳞片。

颏鳞：下颌前缘正中的一枚鳞片，略成三角形。其位置恰与吻鳞
相对应。

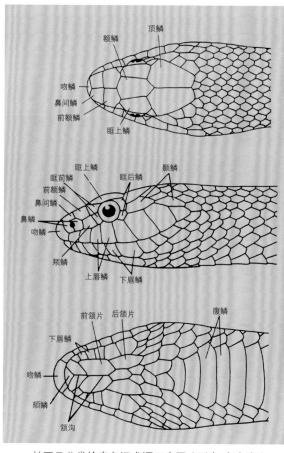

蛇亚目分类检索名词术语示意图（引自 赵尔宓）

下唇鳞：颏鳞之后，下颌两侧下唇边缘的鳞片都叫下唇鳞，两侧对称或不对称。

颏片：颏鳞之后，左右下唇鳞之间的成对窄长鳞片。

腹鳞：躯干腹面、肛鳞之前、正中的一行较宽大的鳞片，统称腹鳞。

肛鳞：最末1枚腹鳞之后、紧覆于泄殖肛孔上方的鳞片。

背鳞：被覆躯干部的鳞片，除腹鳞和肛鳞外，统称背鳞。

脊鳞：背鳞在蛇背正中的一行。

端窝：有的蛇种背鳞近游离端在放大镜或解剖镜观察下可看出成对的小窝。

后沟牙：游蛇科后沟牙类毒蛇着生在上颌骨后端、表面有沟的毒牙。

前沟牙：眼镜蛇科前沟牙类毒蛇着生在上颌骨前端、表面有沟的毒牙。

管牙：蝰科管牙类毒蛇上颌骨甚短而高，只着生较长而略弯曲、中空有管的毒牙。

半阴茎：蛇类的交接器是成对器官，每侧的交接器叫半阴茎。

顶斑：游蛇科部分蛇类在靠近顶鳞沟中部两侧各有1个镶深色边的浅色小斑点。

腹链纹：游蛇科腹链蛇属的蛇类，大多数的腹鳞两外侧各有一黑褐色斑点，斑点可大可小，起始或前或后，这些斑点前后缀连成两条链纹，称为腹链纹。

鳞沟：平砌排列的鳞片彼此相接的地方形成一条缝。

颏沟：许多蛇类头部腹面有成对排列的颏片，其间形成的鳞沟。

3. 蜥蜴亚目分类检索名词术语

吻鳞：头部吻端正中的一枚鳞片。

吻后鳞：与吻鳞上（后）缘相切的一或数枚小鳞片。

鼻间鳞：左右鼻鳞之间的单枚、双枚或一团不规则的小鳞片。

上鼻鳞：与鼻鳞上缘相切的一或数枚小鳞片，其形态与鼻间鳞不同。

额鼻鳞：介于鼻间鳞、前额鳞与颊鳞之间的鳞片。

前额鳞：额鳞前方的一对鳞片。

额鳞：位于左右眶背之间的单枚大鳞片，一般呈五边形或六边形。

额顶鳞：介于额鳞与顶鳞之间的成对鳞片。

顶间鳞：额顶鳞后正中的一枚鳞片。

顶鳞：额顶鳞之后、顶间鳞两侧的一对大鳞片。

枕鳞：顶间鳞正后方的较小鳞片。

眶上鳞：眼眶背面、额鳞两侧的较大鳞片。

上睫鳞：眶上鳞与眼眶上方之间的一列小鳞片。

颈鳞：顶鳞之后左右交错排列的鳞片。

前鼻鳞：鼻鳞前方的一枚小鳞。

后鼻鳞：与鼻鳞后缘相切的1～2枚小鳞片。

颊鳞：吻部两侧由眶前鳞、鼻鳞或后鼻鳞、吻棱及上唇鳞包围的一列小鳞。

眶周鳞：眼眶周围除细小粒鳞之外的若干小鳞片。

眼睑鳞：眼睑上被覆的鳞片。

睑缘鳞：上下眼睑游离缘的一行矩形小鳞片。

眼鳞：罩在眼外的一枚大鳞片。

上唇鳞：上颌口缘除吻鳞以外的所有鳞片。

上唇后鳞：上唇鳞后，口角后方与上唇鳞在一条线上的若干鳞片。

颞鳞：颞部位于眼、耳孔（鼓膜）、顶鳞及上唇鳞之间的鳞片。

颏鳞：下颌口缘最前端的一枚鳞片，一般较其两侧的下唇鳞为大。

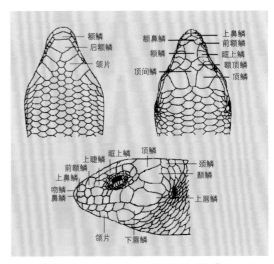

蜥蜴亚目分类检索名词术语示意图（仿 黄正 一）

后颏鳞：颏鳞之后沿腹中线的成对或不成对鳞片。

下唇鳞：下颌口缘除颏鳞之外的所有鳞片，一般左右分计。

下唇下鳞：下唇鳞内侧与其平行的几行窄长鳞片。

颏片：颏鳞或后颏鳞后方成对的大鳞片。

喉鳞：头腹部中央许多较小鳞片。

背鳞：躯干背面的鳞片。

脊鳞：躯干背部正中央的一行或数行略扩大的鳞片。

脊侧鳞：脊鳞两外侧的若干行鳞片。

侧鳞：躯干两侧腋胯之间的鳞片。

腹鳞：躯干腹面的鳞片。

胸鳞：胸部鳞片。

腹部鳞：腹部鳞片。

股间鳞：两后肢间的腹鳞。

肛前鳞：泄殖肛孔前的若干鳞片。

睑窗：由下眼睑鳞愈合而成的半透明膜状结构。

鼓膜：覆盖在耳孔上的一层薄膜。

外耳道：鼓膜下陷的物种，耳孔内形成外耳道。

耳孔瓣：耳孔前缘数枚鳞片变化而成的瓣突。

喉褶：前肢前方横跨颈腹的皮肤褶皱。

喉囊：雄性喉部皮肤延伸形成的囊状结构，可由动物控制伸长或缩小。

颈侧囊：颈侧皮肤延伸形成的囊状结构。

肩褶：肩前的皮肤皱褶。

翼膜：体侧前后肢间由伸长的肋骨所支撑的皮肤膜。

肛前孔：泄殖肛孔前面鳞片上的小孔。

鼠蹊孔：鼠蹊部鳞片上的小孔。

股孔：股部腹面内侧鳞片上的小孔。

指（趾）下瓣：指（趾）腹面的鳞片。

4. 龟鳖目分类检索名词术语

颈盾：椎盾正前方，嵌入左右缘盾之间的一枚小盾片。

椎盾：背甲正中的一纵列盾片。

肋盾：椎盾两侧的两纵列盾片。

缘盾：背甲边缘的两列较小盾片。

臀盾：背甲正后方最后两枚或一枚盾片。

喉盾：腹中盾的第一对盾片。

肱盾：腹中盾的第二对盾片。

胸盾：腹中盾的第三对盾片。

腹盾：腹中盾的第四对盾片。

股盾：腹中盾的第五对盾片。

肛盾：腹中盾的最后一对或单枚盾片。

腋盾：位于龟前肢后方腋部的小盾片。

胯盾：位于龟后肢前方胯部的小盾片。

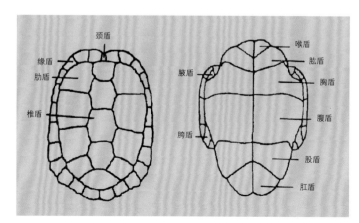

龟鳖目分类检索名词术语示意图（仿 张孟闻）

蚺

英文名：Burmese Python
学名：*Python bivittatus*

别名：蟒蛇

濒危等级：极危（CR），国家 I 级

形态特征：大型无毒蛇。全长3m左右，尾长约为全长的1/10。通身棕褐色，体背及两侧有镶黑边的云豹斑纹；腹面黄白色。头颈背面有暗褐色矛形斑，头侧眼前后有一黑色线纹向后斜达口角，眼下另有一黑色纹斜达口缘；头腹黄白色。头较小，吻端较窄而略扁，头颈区分明显。鼻孔开于鼻鳞上部；眼大小适中，瞳孔直立椭圆形。

识别要点：通身棕褐色，体背及两侧有镶黑边的云豹斑纹。

生境及分布：林木茂盛的低山或中山地区。

生活习性：喜攀援树上或浸泡水中。多于夜晚捕食。卵生，一次产卵数十枚，母蛇有蜷伏卵堆上利用自身体温孵化的习性。

原矛头蝮

英文名：Brown Spotted Pitviper
学名：*Protobothrops mucrosquamatus*

别名：烙铁头

濒危等级：无危（LC）

形态特征：头侧有颊窝的管牙类毒蛇，全长1m左右。头较狭长，吻端窄而钝圆，后端较宽，呈长三角形；颈细，与头区分明显。头背被覆细小粒鳞。背面棕褐或红褐色，正背有一行粗大镶浅黄色细边的暗紫色逗点状斑，前后断开或连续呈波浪状纵脊纹；体侧尚各有一行暗紫色斑；腹面浅褐，密布暗褐色细点，织成网纹。头背棕褐，有一略呈倒"V"字形的暗褐色斑，眼后有一暗紫褐色纵纹；头腹色浅褐，偶有粉褐色细点。

识别要点：头大，长三角形，颈细；尾细长，有缠绕性；头背都是小鳞片，头侧眼与鼻孔间有颊窝。

生境及分布：栖于竹林、灌丛、溪边和农地路径旁。

生活习性：晚上外出活动觅食鸟类或家禽、鼠、蛙等。卵生，产卵数枚到十多枚。

越南烙铁头蛇
英文名：Tonkin Pit Viper
学名：*Ovophis tonkinensis*

别名： 山烙铁头

濒危等级： 无危（LC）

形态特征： 体短小的管牙类毒蛇，全长50~60cm。头背鳞片小；喉部鳞片光滑；鼻小孔位于鼻腔靠外侧；尾下鳞单行或双行。鼻骨较大，三角形；额骨近长方形，与前额骨关节面小；顶骨骨脊一般，呈长三角形；鳞骨短而窄，后端变细且不超过枕大孔；后额骨与额骨接触；腭骨明显粗短，与翼骨成马鞍形关节，齿3枚；翼骨齿列超过与外翼骨关节处后方；外翼骨较短，前端外侧突宽大，后端变细；上颌骨颊窝前缘突起并不明显。毒牙较短小。

识别要点： 左右鼻间鳞之间相隔1枚小鳞尾下鳞均成单。

生境及分布： 海拔900m的林下倒木、落叶腐殖质下。

生活习性： 不详。喜好在潮湿的溪沟旁活动，行动迟缓，卵生捕食鼠类。

白唇竹叶青蛇 | 英文名：White-lipped Tree Viper
学名：*Trimeresurus albolabris*

别名：竹叶青

濒危等级：无危（LC）

形态特征：中小型管牙类毒蛇，全长1m左右。头大，三角形，颈细，与头区分明显。头背被覆细小粒鳞，只眶上鳞与鼻间鳞稍大；鼻间鳞位于吻背，左右相接；头侧鼻鳞较大，鼻孔开于其中央或略靠下；眼略小，瞳孔直立椭圆形；鼻孔与眼之间有一深凹的颊窝，没有眶前鳞，眶后鳞2；肛鳞完整；尾下鳞双行。背面绿色，两侧有一白色（或黄白色）线纹起自颈后延至肛前，到成对尾下鳞外侧呈白点延续到近尾末端；腹面浅黄绿色，后部较深。头背绿色，上唇稍浅，眼红色；头腹下唇鳞、颏鳞及颔片前端色深，其余均白色。尾背及尾末段呈焦红色。

识别要点：头三角形，头背都是小鳞片；鼻鳞与第1上唇鳞完全愈合。通身绿色，体侧有白色纵线，尾背及尾末端焦红色。

生境及分布：见于平原、丘陵或低山区，常栖于各种水域附近的灌丛或杂草上，也常到农家住宅附近。

生活习性：白天或夜晚都可见到，但主要于晚上活动捕食，吃蛙、蜥蜴、鼠等。卵胎生。

福建竹叶青蛇海南亚种

英文名：Fujian Green Pitviper
学名：*Trimeresurus stejnegeri chenbihuii*

别名：竹叶青蛇

濒危等级：无危（LC）

形态特征：中小型管牙类毒蛇，全长1m左右。头大，三角形，颈细，与头区分明显。头背被覆细小粒鳞，只眶上鳞与鼻间鳞稍大；鼻间鳞位于吻背，头侧鼻鳞较大，鼻孔侧位；眼略小，瞳孔直立椭圆形；鼻孔与眼之间有一深凹的颊窝，颊窝上方有上下2枚窄长的窝上鳞，其下方有1枚窄长的窝下鳞；尾背及尾末端焦红色；腹面浅黄白色。头背绿色，上唇稍浅，眼亦呈红色；头腹浅黄白色。

识别要点：头三角形，头背都是小鳞片；头侧眼与鼻孔之间有颊窝；鼻鳞与第一上唇鳞完全分开或局部愈合；通身绿色，体侧雄性有红白各半的纵线，雌性为白色纵线，尾背及尾末端焦红色。

生境及分布：山区溪沟边、草丛、灌木上、竹林中、岩壁或石上，以各种水域附近多见。

生活习性：傍晚或夜间最活跃，捕食蛙、蝌蚪、蜥蜴、鸟及小型哺乳动物等。卵胎生。

白眉腹链蛇

英文名：White-browed Keelback
学名：*Amphiesma boulengeri*

别名：白眉游蛇

濒危等级：无危（LC）

形态特征：小型具腹链的无毒蛇，体长50～60cm。背面暗褐色，前后形成两条侧纵纹，通达尾末，此外，个别色黑的背鳞交错排列，形成棋斑，隐约可见；腹鳞及尾下鳞两侧有黑色粗大点斑，前后缀连成黑色腹链纹，腹链外侧的腹鳞黑褐，两腹链之间纯白无斑。头背黑褐，顶斑有或无，头两侧眼后各有一白色细线纹，绕至枕侧与体侧纵纹连续，上下唇鳞色白，鳞沟则多为黑褐色。头颈可以区分；鼻孔较大而圆，靠近长方形鼻鳞的上部；眼大小适中，瞳孔圆形。背鳞全部具棱或两侧最外行平滑或微棱；肛鳞二分；尾下鳞双行。

识别要点：头两侧眼后各有一白色细线纹，绕至枕侧与体侧浅色纵纹连续。

生境及分布：见于山区稻田、小溪附近或阴湿的杂草灌丛中；垂直海拔分布80～1240m。

生活习性：卵生。以鱼、蛙等为食。

坡普腹链蛇

英文名：Pope's Keeledback
学名：*Amphiesma popei*

别名： 黑链游蛇

濒危等级： 无危（LC）

形态特征： 小型半水栖具腹链的无毒蛇，全长50cm左右。头略大，与颈区分明显，瞳孔圆形；躯尾背面灰褐色，浅色短横斑前后缀连成点线明显纵贯全身。腹鳞及尾下鳞两外侧灰褐色，近外侧各有一黑点，前后缀连成腹链纹，左右腹链纹之间灰白色。

识别要点： 头背土红色，近口角处有一浅色圆斑，枕侧另有一较大浅色椭圆斑。

生境及分布： 多见于低山稻田或其他静水水域。

生活习性： 4月底到5月初黄昏时常集中于刚翻耕已灌水、尚未插秧的水田内活动觅食。

棕黑腹链蛇 | 英文名：Sauter's Keelback
学名：*Amphiesma sauteri*

别名：棕黑游蛇

濒危等级：无危（LC）

形态特征：小型半水栖或潮湿山地型具腹链的无毒蛇，全长50cm左右。背面浅褐或呈黑褐色，每隔2~4枚鳞有镶黑边的白色点斑1个，前后缀成链纹，褐色纵纹及其上的链纹均贯通躯尾。腹鳞及尾下鳞黄色，两侧各有粗大黑点，前后缀连成腹链，腹链外侧密布黑褐点斑，左右腹链之间纯白无斑或偶有稀疏黑色细点。尾下鳞边缘黑褐，形成方格形及尾腹面中央的黑色纵折线。头背暗红色，枕侧有若干鳞片色白，或呈弯曲线纹，或呈两团白色枕斑。

识别要点：上唇鳞前4~5枚色白而后缘黑褐，6~8（或7）枚有镶黑边的白色圆斑，口角最后1枚圆斑特大而显著。

生境及分布：水域附近或山坡荒草丛。

生活习性：白天活动，吃蛞蝓及蝌蚪等。卵生。

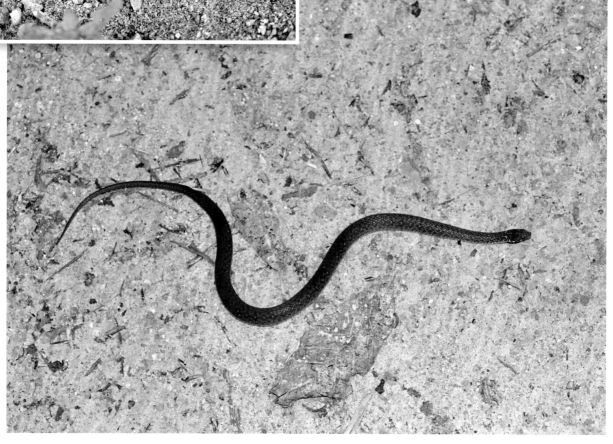

草腹链蛇

英文名：Grass Keelback
学名：*Amphiesma stolatum*

别名： 花浪蛇、草游蛇

濒危等级： 无危（LC）

形态特征： 中等大小具腹链的无毒蛇，全长50～80cm。背面棕褐色，躯尾两侧鳞行各有1条浅褐色纵纹，黑色横斑相连，前后两横斑相距1～2枚鳞长，横斑与纵纹相交处都有一白色点斑；腹鳞白色，两外侧（特别是躯干前部）多有黑褐点斑，前后缀连成链纹；尾腹面白色无斑。头背暗褐色略带红，吻端及上唇色白，部分上唇鳞沟色黑；头腹白色，偶有褐色点斑。眶前鳞与其前鳞片之鳞沟与第二和第三上唇鳞之间的鳞沟色黑，前颞鳞前缘与第五和第六上唇鳞之间的鳞沟色黑，而眶前鳞、眶后鳞和眶上鳞的外缘色都浅淡，眼周略呈一白圈。

识别要点： 躯尾两侧各有1条浅褐色纵纹，二纵纹以多数黑色横斑相连，凡横斑与纵纹相交处都有1白色点斑。

生境及分布： 常见于丘陵及低山地区。

生活习性： 常在稻田或其他静水水域附近觅食蛙类。

绞花林蛇 | 英文名：Square-headed Cat Snake
学名：*Boiga kraepelini*

别名：绞花蛇

濒危等级：无危（LC）

形态特征：中等偏大的、林栖型后沟牙类毒蛇，全长1.2m左右。头大，与颈区分明显，躯干甚长而略侧扁，尾细长，尾长约占全长的1/4。背鳞平滑无棱，排列呈斜行，脊鳞不明显扩大。通体背面灰褐或浅紫褐色，躯尾正背有1行粗大而不规则、镶黄边的深棕色斑，有的地方前后相连呈波纹；头背两侧各有1条深棕色纵纹。

识别要点：颞部鳞片较小，不成列；头背具对称排列的大鳞片，头侧没有颊窝；躯尾正背有1行深棕色斑。

生境及分布：山区、丘陵，攀援灌丛或低矮灌木上。

生活习性：夜晚活动，吃鸟、鸟卵及蜥蜴。每次产卵14枚。

繁花林蛇

英文名：Spotted Cat Snake
学名：*Boiga multomaculata*

别名： 繁花蛇

濒危等级： 无危（LC）

形态特征： 中等偏大的、林栖型后沟牙类毒蛇。全长70~90cm左右。头大，与颈区分明显；鼻孔大，位于鼻鳞中央，开口向外侧；眼大，瞳孔椭圆形；躯尾细长，适于缠绕。背脊棱起，体略侧扁。通体背面浅褐色，背脊两侧各有1行深棕色粗大点斑，每行50个左右，彼此交错排列，其外侧尚各有1行较小的深棕色点斑；颞部鳞片正常，呈前后两列；脊鳞扩大，其两侧排成斜行，腹鳞白色，散以疏密不同的极细褐色点组成淡褐色网纹，腹鳞中央偶有浅褐色斑。

识别要点： 头背有一深棕色尖端向前的倒"V"字形斑，始自吻端，分支达枕部，另有2条深棕色纵纹自吻端分别沿头侧经眼斜达颌角；背脊两侧各有1行深棕色斑。

生境及分布： 常见于林木茂盛的丘陵或山区。

生活习性： 多于夜晚外出活动，吃鸟及树蜥。每次产卵5~6枚。

翠青蛇 | 英文名：Greater Green Snake
学名：*Cyclophiops major*

别名：青蛇

濒危等级：无危（LC）

形态特征：中等体型陆栖无毒蛇，全长1m左右。头略大，与颈区分明显，眼大，瞳孔圆形；躯尾修长适度。尾长约占全长的1/5。颊鳞1；眶前鳞1，眶后鳞2；下唇鳞6，前4枚切前颔片，第六枚最长；颔片2对，前大于后。背鳞通身15行，平滑；肛鳞二分；尾下鳞双行。

识别要点：背面纯绿，下颌、颔部及躯尾腹面浅黄绿色。

生境及分布：农耕区的地面、植物上或石下。

生活习性：吃蚯蚓、昆虫。每次产卵8～10枚。

横纹翠青蛇

英文名: Many Cross-bars Green Snake
学名: *Cyclophiops multicinctus*

别名: 横纹青竹标

濒危等级: 无危(LC)

形态特征: 中等大小陆栖无毒蛇。全长1m左右,通身背面纯绿色,体中段两侧各有1行细窄黄色横纹,每24~44个斑,尾部横纹可识别数个,有的不明显;腹鳞两外侧与背鳞绿色相同,腹鳞中央为污白色,腹鳞基部有绿色点斑;头背绿色,但下颌、颔部浅黄绿色。头略大,与颈区分明显,眼大,瞳孔圆形;颊鳞1;眶前鳞1,眶后鳞2。

识别要点: 通身背面绿色,体后部两侧各有1行黄色窄横斑。

生境及分布: 见于丘陵、山区耕作地及其附近灌丛、草地。

生活习性: 文献记载吃蚯蚓、昆虫。怀卵数8~10枚。

过树蛇 | 英文名：Common Bronze-back
学名：*Dendrelaphis pictus*

别名：藤蛇

濒危等级：无危（LC）

形态特征：中等大小树栖型无毒蛇，全长1m以上。头较窄长而吻较宽，与颈区分明显；鼻孔侧位，大而圆，其上缘切鼻间鳞；眼大，瞳孔圆形，眼前颊部有一凹槽；前额鳞大，弯向头两侧，故颊鳞较低；躯尾细长，具缠绕性。背面褐色或灰褐色，颈后及体侧杂有孔雀蓝、棕色各半的鳞片；体侧最外2行背鳞乳黄色，上下镶黑边；腹鳞与尾下鳞乳黄色或黄绿色。

识别要点：背面褐色或灰褐色，颈后及体侧杂有孔雀蓝、棕色各半的鳞片。

生境及分布：喜栖息在乔木灌丛上。野外调查，见其垂直分布范围在海拔80～500m。

生活习性：吃蛙类和蜥蜴。卵生。

紫灰锦蛇海南亚种 | 英文名：Red Mountain Rat-snake
学名：*Elaphe porphyracea hainana*

别名：红竹蛇

濒危等级：无危（LC）

形态特征：中等大小无毒蛇，全长1m以下。通身背面淡藕褐色。头背有暗紫黑色粗纵纹3条，正中1条沿前额鳞沟经额鳞再沿顶鳞沟，侧面两条分别起自眼后沿顶鳞外缘向后与体背两侧纵线连续。体尾背面还有若干马鞍形斑，斑中央色浅紫褐，边缘为暗紫褐细线；鞍形斑宽在背脊占3～7枚鳞。上唇、头腹及腹鳞污白色无任何斑纹。头略大，与颈明显区分；顶鳞宽大，其前端扩展到眶后鳞。

识别要点：头背有暗紫黑色粗纵纹3条，体尾背面有深色侧纵线2条及若干马鞍形斑。

生境及分布：生活于低山区。标本采集地垂直分布范围海拔450～650m。

生活习性：以鼠类等小型动物为食。卵生，7月产卵5～7枚。

绿锦蛇 | 英文名：Green Bush Rat-snake
学名：*Elaphe prasina*

别名：青蛇

濒危等级：易危（VU）

形态特征：中等体型的无毒蛇，全长1m左右。吻鳞高，从头背可见；鼻孔侧位，开口向外后方，其上下有鳞沟分别达鼻间鳞及第一上唇鳞；眼大小适中，瞳孔圆形；躯尾修长适度。背面绿色，背鳞之间皮肤色黑；腹鳞有侧棱，其游离缘略有微凹，棱呈一黑色纵线，腹鳞棱外侧部分色白，两侧棱之间的部分色淡绿；尾部前2/3犹可见侧棱，但棱呈白色纵线；尾后1/3基本无棱亦不呈白色线纹。头背色绿色，上唇缘淡绿色，偶散有黑褐小点；头腹色白，略显极淡绿色。

识别要点：通身翠绿色，上唇及腹面黄白色或淡绿色。吻鳞高，从头背可见。

生境及分布：栖息于海拔200~1000m的丘陵与低山的林中，树栖。

生活习性：以白天活动为主。主要以鸟、蜥蜴、小型哺乳动物或青蛙为食。

黑眉锦蛇 | 英文名：Striped-tailed Rat-snake
学名：*Elaphe taeniura*

别名：锦蛇、眉蛇

濒危等级：易危（VU）

形态特征：体型较大的无毒蛇，全长可达2m左右。头略大，与颈明显区分开。眼大小适中，瞳孔圆形；躯尾修长适度。尾背面黄绿色，前段有黑色梯纹或断离成多个蝶形纹，体后段此纹渐无，代之以4条黑纵线，伸延至尾末；腹面灰白色或略带淡黄色，但前端、尾部及体侧为黄色，两侧黑色。头背黄绿色或略带灰褐色，眼后有一明显的粗黑纹，上、下唇鳞及下颌浅黄色。

识别要点：头部黄绿色，眼后有一道粗黑"眉"纹。

生境及分布：生活在高山、平原、丘陵、草地、田园及村舍附近，也常在稻田、河边及草丛中，有时活动于农舍附近。

生活习性：性凶猛，捕食旺盛，活动较频繁。卵生，7~8月产卵2~17枚。

玉斑锦蛇

英文名：Mandarin Rat-snake
学名：*Elaphe mandarina*

别名： 玉带蛇

濒危等级： 易危（VU）

形态特征： 体中等偏大的无毒蛇，全长可达1.5m。头略大，与颈区分明显。背面紫灰或灰褐色，正背有一行等距排列的黑色大菱斑，菱斑中心黄色，外侧亦镶以黄色边缘；体侧有紫红色斑，腹面黄白色，散有长短不一，交互排列的黑斑。头背黄色，有典型的黑色倒"V"形套叠斑纹。

识别要点： 体尾背面紫灰或灰褐色，正背有1行等距排列的黑色大菱斑，菱斑中心黄色。

生境及分布： 栖息于海拔300～1500m的平原山区林中、溪边、草丛，也常出没于居民区及其附近。

生活习性： 以小型哺乳动物，如老鼠，为食，卵生，6～7月产卵5～20枚。

中国水蛇 | 英文名：Chinese Mud Snake
学名：*Enhydris chinensis*

别名：水蛇

濒危等级：易危（VU）

形态特征：中等大小水栖型后沟牙类毒蛇，全长50～70cm。头略大，与颈可以区分；鼻孔背位而小，位于较大鼻鳞的中部或略后，鼻鳞下沟达第一上唇鳞，个别标本有上沟达鼻间鳞；眼较小而瞳孔圆，眼径小于从它到口缘的距离；体粗尾短。鼻间鳞单枚，左右鼻鳞在吻鳞与单枚鼻间鳞之间以尖相接。体尾背面棕褐色，部分鳞片局部或全部黑褐，腹鳞较窄，约为体宽的一半，污白色，基部约一半色黑褐，从整体看

呈黑色横纹；尾下鳞污白，基部或周缘黑褐，在成对的尾下鳞沟缀连成尾腹正中的1条纵折线。头背棕褐，上唇色浅而散有褐斑；头腹色污白，亦散有褐色细点，尤以颏鳞及前部下唇鳞较为密集。

识别要点：左右鼻鳞相接，鼻间鳞单枚且较小，鼻孔背位。背侧有稀疏黑色点斑，腹面呈黑红相间横斑。

生境及分布：多见于平原流溪或农耕区水渠内活动。野外调查，见其垂直分布范围在海拔82～250m。

生活习性：以泥鳅或小鱼为食。

铅色水蛇 | 英文名：Rice Paddy Snake
学名：*Enhydris plumbea*

别名：水泡蛇

濒危等级：易危（VU）

形态特征：小型的水栖型后沟牙类毒蛇，全长35～55cm。背面铅灰色，腹面污白色；尾下鳞边缘铅灰色，左右尾下鳞相接处深色显著，前后串联形成尾腹面正中的一条深色折线纹。头略大，与颈可以区分，眼较小，眼径小于从它到口缘的距离；体粗尾短。鼻鳞较大，鼻鳞沟完整，鼻孔上方之鳞沟达单枚鼻间鳞，下鳞沟达第一上唇鳞；左右鼻鳞在吻鳞与单枚鼻间鳞之间以尖相接；眼大，瞳孔椭圆形。

识别要点：左右鼻鳞相接，鼻间鳞单枚且较小，鼻孔背侧位。背面铅灰色无斑，腹面污白色。

生境及分布：多见于稻田或水塘等静水水域。垂直分布范围从沿海低地到海拔450m。

生活习性：经常在晚上活动，捕食鱼类。卵胎生。

黑背白环蛇

英文名：Mountain Wolf-snake
学名：*Lycodon ruhstrati*

别名： 白环蛇

濒危等级： 无危（LC）

形态特征： 全长50～80cm，中等大小的无毒蛇。头略大宽扁，吻钝，头颈区别明显，瞳孔圆形。背面黑色或黑褐色或黑灰色，头背面褐色，上唇白色；自颈至尾有波状横斑，此种斑在前部为白色，往后为灰绿色和浅绿色围以白色，至尾部则为完整环斑；前部横斑窄，间隔宽，向后横斑宽；腹面白色或黄白色或灰白色，中段以后散有黑点斑，向后此斑点密集，至尾下为灰黑色。

识别要点： 背面黑色或黑褐色，有白色横纹10余个。

生境及分布： 见于平原、丘陵和山区。

生活习性： 捕食蜥蜴为主。卵生。

细白环蛇 | 英文名：White-Banded Wolf Snake
学名：*Lycodon subcinctus*

别名：白环蛇

濒危等级：无危（LC）

形态特征：中等大小的无毒蛇，全长70～90cm。背前部为黑色，背后部呈棕黑色，横纹25或28条，有时前背部横纹不明显；头前部为暗灰色，头后部略呈灰白色。上唇鳞7；没有眼前鳞；颊鳞1，入眼；背鳞有极微弱的起棱，中段背鳞17行；腹鳞193～202；肛鳞2枚；尾下鳞72～105对。

识别要点：背面黑色或黑褐色，前段有污白色横纹6～8个。

生境及分布：见于平原、丘陵和山区。

生活习性：卵生，以捕食蜥蜴为主。

中国小头蛇

英文名: Chinese Kukri Snake
学名: *Oligodon chinensis*

别名: 小头蛇

濒危等级: 无危 (LC)

形态特征: 中等大小的无毒蛇,全长50cm左右。背面棕褐色,具粗大黑横纹13+3个,每条粗横纹在正背呈大椭圆形,两侧为较粗窄横纹;每前后两个这种黑横纹之间,由于部分背鳞边缘色黑,缀连成3条不整齐的细横纹。腹鳞略具侧棱,色白而散以密集的黑斑,在体前1/5段黑斑较稀疏,往后渐增多,几乎占满整片腹鳞;尾下鳞亦散以黑斑,前半者较密集,后半者稀疏甚至全无黑斑。吻背有一略呈三角形的黑褐色斑,其两后角经眼下达唇缘;头及颈背中央有一略呈"人"字形的黑褐色斑。头较小,与颈区分不明显;吻鳞高,从头背可见甚多。

识别要点: 头较小,与颈无明显区分;吻鳞高,从头背可见较多;背面棕褐色,有粗大黑褐色横纹10余个。

生境及分布: 栖息于山地石缝、石洞内。

生活习性: 以爬行动物的卵为食。

紫棕小头蛇 | 英文名：Black Cross-barred Kukri Snake
学名：*Oligodon cinereus*

别名： 棕秤杆蛇

濒危等级： 无危（LC）

形态特征： 中等大小的无毒蛇，全长可达60cm左右。背面浅褐色，由于部分背鳞色黑，在整体形成不规则斜线纹58个；尾背基本没有这种斜纹。腹鳞及两外侧第一行背鳞白色无斑。头背浅褐色无斑，上唇色较头背为浅淡；头腹面色白。吻鳞高，从头背可见甚多；鼻间鳞沟极短；前额鳞宽大，向头两侧延伸；颊鳞1；眶前鳞1，其下有一较窄小的眶前下鳞；眶后鳞2。

识别要点： 头较小，与颈无明显区分；吻鳞高，从头背可见较多；背面浅褐色，有不规则斜线纹50条以上。

生境及分布： 栖息于低海拔山地石洞内。

生活习性： 以爬行动物的卵为食。

台湾小头蛇 | 英文名：Formosa Kukri Snake
学名：*Oligodon formosanus*

别名：花秤杆蛇

濒危等级：近危（NT）

形态特征：中等大小的无毒蛇，全长可达50～80cm。背面棕黄色，由于部分背鳞边缘色黑，缀成若干不规则的黑褐色横纹，有的还有两条红褐色纵线贯穿全身；腹面污白色，有的带粉红色，腹鳞两侧杂有多数褐色细点。头及颈背有一略成"灭"字形的深色斑。吻鳞高，从头背可见甚多；左右鼻间鳞相切甚短；前额鳞宽大，

向头部两侧延伸；颊鳞1；眶前鳞1，其下有一较窄小的眶前下鳞；眶后鳞2。

识别要点：头较小，与颈无明显区分；吻鳞高，从头背可见较多；体中段背鳞19行。

生境及分布：见于平原、丘陵及山区。标本多采于村舍附近。垂直分布范围从沿海低地到海拔520m。

生活习性：以摄食爬行动物卵为主。

缅甸钝头蛇 | 英文名：Hampton's Slug-eating Snake
学名：*Pareas hamptoni*

别名： 无

濒危等级： 近危（NT）

形态特征： 小型略偏大的无毒蛇，全长可达30～60cm。较大，吻端宽圆，与颈区分明显；眼大于其下缘到口缘距离，瞳孔椭圆形；躯干略侧扁，背脊隆起；尾末端尖细。背面黄褐，由于部分背鳞色黑褐或仅鳞沟黑褐，组成约65个不规则排列的黑褐色横纹。腹面淡黄色，散有多数深褐色细点。头背密布黑褐色粗点斑，上、下唇鳞沟黑褐；眼后有2条细黑线纹。颈侧有2黑色粗纵纹。鼻间鳞沟短于前额鳞沟，前额鳞入眶；额鳞六角形，其长度大于其前端到吻端距；顶鳞大，顶鳞沟短于其前诸鳞长度之和。颊鳞1，不入眶；眶前鳞2，眶后鳞1，另有一眶下鳞自眶后半沿眼下向前延伸至眼前下角。

识别要点： 头大颈细，吻端圆钝，躯干略侧扁；通身黄褐色，有多数不规则的黑横纹。

生境及分布： 生活于山区农耕地。

生活习性： 晚上活动，吃蜗牛、蛞蝓等农业害虫。卵生，有记载怀卵7～20枚。

横纹钝头蛇

英文名：White-spotted Slug Snake
学名：*Pareas margaritophorus*

别名： 无

濒危等级： 近危（NT）

形态特征： 小型略偏大的无毒蛇，全长约30～50cm。头较大，吻端钝圆，头颈区分明显；鼻鳞大，鼻孔位于其后半，开向后方；眼大，眼径约等于其下缘到口缘距离；躯干略侧扁；尾稍短而具缠绕性。背面紫褐色，许多背鳞前半色白而后半色黑，在体背构成不规则横纹50个左右，在尾背可识别出数个，往后渐不成横纹；腹面浅黄白色，密布粗大黑褐点斑。头背密布黑褐细点，眼后有两道粗黑纹，1条始自眼后下角斜向口角，1条始自眼后上缘向后到颌角形成一弯再向前弯曲；头腹色白，散有黑色斑纹。颈背有一略呈"山"字形的粗大黑斑，其两缺凹间色白，成为两团白色枕斑。

识别要点： 头大颈细，吻端圆钝，躯干略侧扁；通身紫褐色，有多数黑白各半鳞片构成的不规则横纹。

生境及分布： 生活于山区农耕地附近。

生活习性： 晚上活动，吃蜗牛、蛞蝓等陆生软体动物。卵生，产卵5枚左右。

紫沙蛇指名亚种 | 英文名：Mock Viper
学名：*Psammodynastes pulverulentus pulverulentus*

别名：无

濒危等级：无危（LC）

形态特征：体型中等偏小的后沟牙类毒蛇，全长
40~60cm。头颈可以区分，吻端平齐，吻棱明显；鼻
孔小，位于较大而略近方形的鼻鳞中央；眼较大，瞳
孔直立椭圆形。头背紫褐色，有镶浅褐色边的暗紫色
纵纹数条。唇缘及颔部浅褐色。背面紫褐色，有多数
呈不规则倒"V"字形、镶暗紫色的浅褐色斑，有的

无此类斑纹而仅有不规则排列的深棕色短折线，体侧
有略呈深浅相间的纵纹数条。腹面淡黄色，密布紫褐
色细点，或有紫褐色纵线或点线数行。在潮湿地方体
色较深，在干燥地方则体色变浅。前额鳞与眶上鳞均
向外凸出，形成头背侧棱；颊鳞及眶前鳞则凹下；上
唇鳞则向外倾斜。额鳞窄长；顶鳞前宽后窄呈倒三角
形。颊鳞1，少数没有或一侧有2枚者，不入眶；眶前
鳞2，其中下枚甚窄，或可称为眶前下鳞；眶后鳞2。

识别要点：头背紫褐色，有镶浅褐色边的暗紫色纵纹
数条；唇缘及颔部浅褐色。前额鳞与眶上鳞均向外凸
出，形成头背侧棱。

生境及分布：见于住宅附近路边或石缝内。

生活习性：昼夜均见活动，吃蛙及蜥蜴，偶吃蛇。卵
胎生，每次产仔3~13条。

灰鼠蛇

英文名：Indo-Chinese Rat-snake
学名：*Ptyas korros*

别名：灰肚皮

濒危等级：易危（VU）

形态特征：大型陆栖无毒蛇，全长1～2m。背面由于每一背鳞的中间色深，游离缘略黑，而两侧角色略白，前后缀连在整体形成深浅色相间的若干纵纹；腹面除腹鳞两外侧色稍深外，其余均白色无斑。头背棕褐，头腹及颌部浅黄色。头较长，吻鳞高，从吻背可以看到；鼻孔大，位于鼻鳞中央，其上、下缘几乎都近鼻鳞边缘；前额鳞弯向头侧；眼大，瞳孔圆形。颊鳞1枚以上（含1枚），背鳞15-15（或13）-11行（在颈部为15行，中段为15行或13行，肛前11行）。

识别要点：背面具深浅色相间的若干纵纹；腹面除腹鳞两外侧色稍深外，其余均白色无斑。

生境及分布：活动范围包括平原、丘陵和山区，见于灌丛、杂草地、路边、各种水域附近、耕作地近旁沟渠边等。

生活习性：捕食蛙、蜥蜴、鸟及鼠类等。卵生，产卵9枚（1例）。

滑鼠蛇 | 英文名：Orient Rat-snake
学名：*Ptyas mucosus*

别名： 黄肚皮、水律蛇

濒危等级： 濒危（EN）

形态特征： 大型陆栖的无毒蛇，全长可达2m左右。头较长，鼻孔大，开口于长大鼻鳞的后上方，上切鼻间鳞，下切第一上唇鳞；眼大，瞳孔圆形；前额鳞弯向头侧，颊区凹下。背面棕褐，部分背鳞边缘或一半色黑，形成不规则黑色横斑，在尾背则成网纹；腹面黄白色，腹鳞游离缘黑褐。头背黑褐，上唇鳞浅灰色，后缘有粗大黑斑，前5枚的黑斑贯穿上、下唇鳞。躯尾修长，眼大。背鳞19-17-15行。

识别要点： 背面棕褐，部分背鳞边缘或一半色黑，形成不规则黑色横斑，在尾背则成网纹；腹面黄白色。

生境及分布： 平原、丘陵和山区都有发现。

生活习性： 白昼多在水域附近活动，捕食蛙、蜥蜴、蛇、鸟与鼠等。卵生。有产卵15枚的报道。

海南颈槽蛇 | 英文名：Adler's Groove-necked Keel-back
学名：*Rhabdophis adleri*

别名：无

濒危等级：近危（NT）

形态特征：中等体型的无毒蛇，全长可达1m。通身背面草绿色，颈部带猩红色，体侧横斑粉红色；腹鳞中央白色，但其两侧靠近背鳞部分与背鳞颜色相似，靠内侧亦带粉红色。上唇鳞浅褐色，个别鳞沟暗褐，第四与第五两枚上唇鳞后缘暗褐色而粗，特别醒目；下唇鳞个别鳞沟也略呈暗褐色。该蛇鼻孔大，靠近鼻鳞后半部，其裂沟分别上达鼻间鳞、下达第一上唇鳞；眼大，瞳孔圆形。

识别要点：颈背由于正中两行背鳞对称排列，其间形成一浅沟槽。背面橄榄绿，两侧各具1行黄色短横斑。

生境及分布：广泛见于平原、丘陵或低山，常出没于田埂或路边草地，偶亦见于林缘。

生活习性：吃小型蛙及鱼。繁殖习性不详。

红脖颈槽蛇 | 英文名：Red Groove-necked Keel-back
学名：*Rhabdophis subminiatus*

别名：红脖游蛇

濒危等级：无危（LC）

形态特征：中等体型的无毒蛇，全长1m左右。整体背面草绿色，颈部及体前段鳞片间皮肤猩红色，鳞片张开时，皮肤露出，颈部及体前段显示猩红色，故名红脖颈槽蛇；躯尾腹面黄白色。头部上唇鳞色稍浅，部分鳞沟色黑；头腹面污白色。头颈区分明显，个别颈槽不显；眼较大，瞳孔圆形；鼻间鳞前端较窄。

识别要点：颈背正中有一纵行浅凹槽的无毒蛇。通身草绿色，颈及躯干前段背鳞间皮肤猩红色。

生境及分布：常出没于农耕区水沟附近或草丛中。

生活习性：吃蛙、蟾。在海南有一雌蛇怀卵15枚的报道。

尖喙蛇 | 英文名：Green Sharp-snouted Snake
学名：*Rhynchophis boulengeri*

别名： 锥吻蛇

濒危等级： 易危（VU）

形态特征： 体型中等的树栖型无毒蛇，全长1m左右。吻端尖出，被以小鳞，翘向前上方，头颈区分明显；躯尾较长，有侧棱，具缠绕性。通身背面深绿色，部分个体体色呈灰白色，上唇鳞下缘色白，背鳞有黑色或白色边缘或散有白斑；躯干两侧有蓝色或黑色。腹面浅绿色，侧棱色白，呈白色纵纹通达尾末。

识别要点： 通身背面绿色，腹面浅绿白色；吻向上尖出，其上被覆多数小鳞。

生境及分布： 树栖。

生活习性： 主要捕食小型蜥蜴和鸟。繁殖期在3～6月。

黑头剑蛇 | 英文名：Chinese Many-toothed Snake
学名：*Sibynophis chinensis*

别名： 黑头蛇

濒危等级： 无危（LC）

形态特征： 体细长的小型无毒蛇，全长60～90cm左右。背面棕褐，颈背及稍后的正中有1条不十分明显的黑色纵线。腹面白色，每一腹鳞两外侧各有1个由若干黑色小点聚集形成的黑点斑，各腹鳞的点斑前后缀连成黑色链纹，点斑外侧有棕褐色细点，左右纵链纹之间则白色无斑；尾腹面的色斑与躯干腹面相似。头背棕褐色，有若干分散的黑褐色点斑，如吻鳞上端、鼻间鳞、前额鳞等；此外，两眼间及顶鳞后端各有一粗黑纹，枕背还有1条最宽的黑纹；上唇上下各有1条黑纵纹，其间色白，但上唇鳞沟为黑色；头腹各鳞亦各有暗褐色小点。吻鳞宽，从吻背可见；鼻孔侧位，大而圆，其上缘入鼻孔，下缘亦几乎接近第一上唇鳞；眼大，瞳孔圆形。

识别要点： 通身背面棕褐色，头背有1条黑色斑纹，腹面白色，腹鳞两侧各有一黑色点斑，前后缀连成链纹。

生境及分布： 见于平原、丘陵和山区。

生活习性： 主食蜥蜴，也吃蛙、蛇等。卵生。繁殖期7～8月。

环纹华游蛇

英文名：Diamond-back Chinese Keelback
学名：*Sinonatrix aequifasciata*

别名：环纹游蛇

濒危等级：易危（VU）

形态特征：体型较粗大的水栖型无毒蛇，全长可达1m左右。头颈区分明显；鼻间鳞前端较窄，鼻孔背侧位；眼较小；躯体较粗壮。躯尾背面基色棕褐，体侧及腹面基色黄白，通身有粗大环纹，环纹镶黑色或黑褐色边，中央绿褐色，在体侧每一环纹的两黑边相交，再分叉而达腹中线；从体侧看，每一环纹形成一个黑色的"X"形斑。头背灰褐色，或上唇鳞稍浅淡；头腹面灰白色，或下唇鳞灰褐，或仅部分鳞沟灰褐。

识别要点：体侧有粗大的黑色"X"形斑。

生境及分布：见于沿海低地的平原、丘陵或山区，出没于地形开阔的较大流溪中。

生活习性：吃鱼为主。卵生。

乌华游蛇 | 英文名：Chinese Keel-back
学名：*Sinonatrix percarinata*

别名： 乌游蛇

濒危等级： 易危（VU）

形态特征： 体型中等的水栖型无毒蛇，全长可达1.3m。头颈可以区分；鼻间鳞前端极窄，鼻孔位于鼻鳞上缘，呈背侧位；头背橄榄灰色，上唇鳞色稍浅淡，鳞沟色较深；头腹面灰白色。眼较小。躯尾背面瓦灰色，腹面污白色，通身有28～40+10～20个黑色环纹，体侧清晰可数，一般均呈"Y"字形；背面由于基本色调较深，环纹模糊不清；腹面环纹与上述环纹无直接关系，由腹鳞基部黑褐色点斑密集形成；尾下鳞边缘色黑，构成尾腹面双行网格及左右尾下鳞沟交错而成的中央黑色折线纹。幼蛇环纹鲜明清晰，成体渐浅淡，年老个体环纹模糊，背面呈一致的瓦灰色。

识别要点： 鼻间鳞前端极窄，鼻孔位于近背侧；整体背面瓦灰色，体尾有几十个环纹，体侧清晰可见，环纹之间色不红。

生境及分布： 见于山区溪流水域附近。

生活习性： 卵生。以溪流中的小鱼、蝌蚪为食。

渔游蛇

英文名：Checked Keel-back
学名：*Xenochrophis piscator*

别名：水蛇

濒危等级：无危（LC）

形态特征：体型中等大小的半水栖型无毒蛇，全长可达1m。背面橄榄绿色，前段两侧隐约可见数行黑色棋斑，由于体侧许多背鳞边缘色黑，又形成体侧许多黑横纹；腹面灰白色，每一腹鳞的基部黑色，整个腹面呈多数黑白相间的横纹。头背橄榄灰色，顶鳞沟及其后有一镶黑边的短白纵纹，颈背有一"V"形黑纹，上唇鳞污白色；头腹面灰白色。偶有体侧具红色点斑的个体。头颈区分明显；瞳孔圆形；鼻间鳞前端甚窄，鼻孔背侧位。

识别要点：上唇鳞色白，眼后下方有两条黑色细线纹分别斜达上唇缘和口角；腹面色白，每一腹鳞基部色黑，形成整个腹面黑白相间的横纹。

生境及分布：见于平原、丘陵或低山地区，出没于潮湿多水草地方。

生活习性：吃鱼、蛙、蝌蚪、蛙卵、蜥蜴、小型兽类等。7～8月产卵，每次产11～88枚，孵化期约需2个月。

横纹斜鳞蛇 | 英文名：Bamboo False Cobra
学名：*Pseudoxenodon bambusicola*

别名： 斜鳞蛇

濒危等级： 无危（LC）

形态特征： 体型中等的无毒蛇，全长50～70cm，尾长约占全长的1/5。头颈区分明显，眼大，瞳孔圆形。背面黄褐色或紫灰色，有黑色粗大横纹，横跨整个背面，两两横纹之间有由背鳞边缘色黑缀成的不规则黑色网纹；腹面黄白色，前部往往有深褐色横纹或点斑。头背有尖端向前的黑色箭形斑，始于额鳞后缘，向后分叉成两纵线沿颈侧延伸约一个半头长，再弯向体背连成一环，头侧另有一粗黑纹起自鼻间鳞经眼达口角，部分上唇鳞沟色黑；头腹污白色。

识别要点： 脊鳞两侧的背鳞窄长，排列成斜行，头背有一尖端向前的黑色箭形斑，其后分叉成两纵线沿颈侧向后延伸约一个半头长，再弯至体背成一环。

生境及分布： 见于山区森林、竹林、草丛、路边或流溪附近。白昼活动，以吃蛙为主。卵生。垂直分布范围在海拔200～700m。

生活习性： 卵生。食物以蛙类为主。

崇安斜鳞蛇海南亚种

英文名：Karlschmidt's Mountain Keel-back
学名：*Pseudoxenodon karlschmidti popei*

别名： 斜鳞蛇

濒危等级： 无危（LC）

形态特征： 体型中等的无毒蛇，全长1m左右，尾长约占全长的1/5左右。头颈区分明显，眼大，瞳孔圆形。颈背有一尖端向前的粗大黑色箭形斑，该斑两前缘镶一约占1枚鳞宽的极细白边。背面色泽变异颇大，背鳞是或深或浅的褐色，杂以深色边缘形成的斑纹，正背有由4个黑色斑围成的浅色、略呈窄长椭圆形的横斑；腹面基本呈灰白色。头背灰褐而带土红，无斑，上唇鳞色浅，部分鳞沟色黑褐。

识别要点： 脊鳞两侧的背鳞窄长，排列成斜行。颈背有一尖端向前的粗大黑色箭形斑，该斑两前缘镶一极细的白边是其典型特征。

生境及分布： 见于山区林中。垂直分布范围在海拔700~800m。

生活习性： 以蛙为主要食物。卵生。

乌梢蛇

英文名：Big-eye Keel-backed Snake
学名：*Zoacys dhumnades*

别名：乌蛇

濒危等级：易危（VU）

形态特征：大型无毒蛇，体长一般2m左右。眼大，瞳孔圆形。体背绿褐或棕黑色及棕褐色；背部正中有一条黄色的纵纹；体侧各有两条黑色纵纹，至少在前段明显（成年个体），至体后部消失（有的个体是通身墨绿色的，有的前半身看上去是黄色，后半身是黑色）。次成体通身纵纹明显。头颈区别显著；吻鳞自头背可见，宽大于高；背鳞中央2~4行起棱。

识别要点：体背有4条黑色纵线贯穿体尾。

生境及分布：中低山地带平原、丘陵地带或低山地区。垂直分布范围：海拔50~1570m。常在农田（高举头部警视四周）或沿着水田内侧的田埂下爬行、菜地、河沟附近。

生活习性：食物以蛙类为主。

粉链蛇

英文名：Pink Large-toothed Snake
学名：*Dinodon rosozonatum*

别名： 火甲蛇

濒危等级： 濒危（EN）

形态特征： 体型中等偏大的无毒蛇，全长可达1m左右。头略大，吻端宽扁。眼小，瞳孔直立椭圆形，背面黑褐色，躯尾具28～35+19～13个粉红色横纹，颈背有一粉红色倒"V"形斑；其尖端伸达顶鳞，向后斜至口角；腹面灰白色，后3/4散有黑褐色碎点，尾腹面以黑褐色为主。

识别要点： 体背面黑褐色，有等距排列的粉红色横斑。

生境及分布： 栖息于近水域处。

生活习性： 曾发现白天匿居树洞中，傍晚外出活动。卵生。

黄链蛇 | 英文名：Yellow banded snake
学名：*Dinodon flavozonatum*

别名：黄赤蛇

濒危等级：无危（LC）

形态特征：体形中等偏大的无毒蛇。全长1m左右。头略大，吻端宽扁，与颈可区分，眼小，瞳孔直立椭圆形；躯尾较长。枕部有∧形黄色斑，尖端始自顶鳞后，分叉斜达口角。颊鳞1，窄长，不入眶。肛鳞完整，尾下鳞双行。

识别要点：体背面黑褐色，有约等距排列的多数黄色窄横斑。

生境及分布：生活于山区森林，靠近溪流、水沟的草丛、矮树附近，偏树栖。

生活习性：主要以蜥蜴为食，也吃小蛇、爬行动物的卵。

海南闪鳞蛇 | 英文名：Hainan Sunbeam Snake
学名：*Xenopeltis hainanensis*

别名：夜光蛇

濒危等级：近危（LC）

形态特征：中等大小的无毒蛇，全长可达1m左右。体粗尾短。头较小而略扁平，吻端圆钝，躯干圆柱形，尾短而末端坚硬。背面蓝褐色，腹面灰白色，通身鳞片闪金属光泽。头背顶鳞前后两对，其中央围以一枚顶间鳞。没有颊鳞；背鳞略呈六角形，游离缘圆，通身均为15行，由正背向体侧逐渐增大。

识别要点：头小，尾短且末端坚硬，通身鳞片闪金属光泽。

生境及分布：常隐藏于腐质杂草内。分布在海拔200～300m。

生活习性：穴居隐匿型动物，多于夜晚外出活动。

大盲蛇

英文名：Indochinese Blindsnake
学名：*Typhlops diardii*

别名：两头蛇

濒危等级：数据缺乏（DD）

形态特征：全长30cm左右，径粗约1cm。体型较小的无毒蛇。吻宽圆而略扁，头颈无区分；躯干整体呈圆柱形，被覆大小几乎一致、覆瓦状排列的鳞片，环体一周24～28枚，腹面一纵行300枚以上；尾极短，尾下鳞14枚，末端呈一硬刺。吻鳞较宽大，从头背可以看见；鼻鳞位于吻鳞两侧，较大，鼻孔侧向；眼小呈一黑色素点隐于眼鳞之下；口位于吻端腹面，上唇鳞4枚。体背面暗褐色，腹面灰褐色，有金属光泽。

识别要点：体型似蚯蚓，但体表没有环节而被覆大小一致的鳞片，较钩盲蛇长而粗。

生境及分布：暖湿疏松土壤中。

生活习性：以地下无脊椎动物为食。

钩盲蛇

英文名：Brahminy Blindsnake
学名：*Ramphotyphlops braminus*

别名： 盲蛇、铁丝蛇

濒危等级： 数据缺乏（DD）

形态特征： 平均体长约只有6～17cm。体型细小无毒蛇。头部与尾两端外表相似，身体没有明显较为幼细的颈部。双眼已经退化成两颗小圆点。头部的鳞片非常细碎，而且与身体其他部位的鳞片大小相同，而尾巴末端则有1枚很细小的尖鳞。

识别要点： 蚯蚓状，整体黑褐色，背面色深，腹面色浅，具金属光泽。

生境及分布： 栖息于腐殖层或疏松土壤中。

生活习性： 以昆虫的幼虫为食。

银环蛇 ｜ 英文名：Many-banded Krait
学名：*Bungarus multicinctus*

别名： 白节蛇

濒危等级： 濒危（EN）

形态特征： 体型较大的前沟牙毒蛇，体长可达1.8m。通身背面亮黑色，有白色窄横纹29～39+5～12个，每一白横纹在体侧分叉，腹面白色。白色横纹在正背一般占1～2枚鳞宽，其间的黑色占2（体后部）～10（最前部）枚鳞长。吻鳞较宽而高，从吻背可见；鼻孔大，开向后上方；鼻鳞前半的下角楔入吻鳞与第一上唇鳞之间，几达口缘；没有颊鳞，鼻鳞后半与向前下方伸延的眶前鳞相接；眶前鳞1，眶后鳞2。

识别要点： 通身背面黑色，有多数白色窄横纹，腹面白色。背鳞平滑，通身15行，脊鳞扩大呈六角形。

生境及分布： 多栖息于稻田、水域附近或坟地多灌木、杂草的洞穴或石缝中。

生活习性： 晚上外出到村舍附近水边活动，捕食鱼、蛙等类动物。卵生，每次产卵10余枚。

舟山眼镜蛇 | 英文名：Chinese Cobra
学名：*Naja atra*

别名： 眼镜蛇

濒危等级： 易危（VU）

形态特征： 大型前沟牙类毒蛇，体长可达2m。背面褐色，前部较浅，后部较深暗，颈背有双圈状白色眼镜斑，中段起左右背侧各有分叉状白色纹约8对，最后3个不分叉几乎成为单一横纹。腹面前段色白，具黑色宽横纹和两黑点斑；腹面后部色暗褐或黑褐。无颊鳞，背鳞平滑。

识别要点： 颈部平扁扩大，颈背具呈双圈的"眼镜"状斑纹。

生境及分布： 见于平原、丘陵及山区。

生活习性： 多在灌丛、坟堆、溪沟等处活动觅食。食性广泛，鱼、蛙、蜥蜴、蛇、鸟、鸟蛋、小型哺乳动物都是其摄食对象。卵生，繁殖期6~8月，每次产卵7~19枚。

眼镜王蛇 | 英文名：King Cobra
学名：*Ophiophagus hannah*

别名： 过山峰

濒危等级： 濒危（EN）

形态特征： 体型最大的陆生毒蛇，体长可达4m。头椭圆形，与颈区分明显。头背浅棕褐色，鳞沟色黑；上唇色较头背为浅淡，鳞沟色亦较浅淡；头腹白色无斑。躯尾背面棕褐色，部分鳞片色黑或黑褐，构成若干横斑，尾背黑色横斑特别鲜明；躯干腹面前段白色无斑，往后有三两腹鳞黑褐，形成横斑，躯干后段腹面全为黑色，尾腹除环绕一周的黑色环纹外，其余尾下鳞边缘均为黑色，形成无数黑色方格。头背除对称排列的9枚大鳞片外，在顶鳞之后还有1对较头背其余鳞片为大的枕鳞。

识别要点： 颈部平扁略扩大，头背顶鳞正后另有1对较大的枕鳞。

生境及分布： 生活于平原、丘陵、低山的林区边缘。

生活习性： 可攀爬上树。白天活动，捕食蛇类为主，也可捕食鸟类与鼠类。卵生，每次产卵20余枚。文献记载可多达51枚，有护卵习性。

福建华珊瑚蛇

英文名：Kellog's Coral Snake
学名：*Sinomicrurus kelloggi*

别名： 纹蛇

濒危等级： 无危（LC）

形态特征： 中等偏小的前沟牙类毒蛇，全长60cm左右，尾长约占全长的1/10。头较小，与颈区分不明显；躯干圆柱形。背面红褐色，有1枚鳞宽的黑横纹躯干18~19条，尾背4条；腹面白色，各腹鳞有或无长短不等的黑横斑。头背色黑，有两条黄白色横纹，前条细，横跨两眼；后条较粗，呈倒"V"字形。背鳞通身15行。没有颊鳞。

识别要点： 头背黑色，有一黄白色倒"V"字形斑。背面红褐色，躯干有18~19条约占1枚鳞宽的黑横纹，尾背4条。

生境及分布： 见于山区森林地区村舍间小路边。

生活习性： 夜晚活动，以蛇类和蜥蜴类为食。卵生，每次产卵5~8枚。

截趾虎 | 英文名：Stump-toed Gecko
学名：*Gehyra mutilata*

别名： 无

濒危等级： 易危（VU）

形态特征： 全长10cm左右。吻钝小，吻长大于眼至耳之距。额鳞呈亚五角形，宽几与吻鳞同。颏片3对，内侧一对最大。体背为粒鳞，两侧较中间为大，无间杂疣鳞。头背粒鳞小于吻部的粒鳞。体腹面为覆瓦状排列之圆鳞，腹中线40行。后肢短，大腿与小腿的后缘有皮褶相联，并与肛前褶连续。股孔及肛前孔连续，共31个。指、趾基部具微蹼，第一指趾爪甚小。指、趾下瓣双行。尾纵扁，尾长略大于头体长，在基部向两侧突然膨大，向后渐细，似矛状。尾侧缘具一些齿状小鳞。尾背被粒鳞，腹面中央1行鳞横向扩大。

识别要点： 后肢短，大腿、小腿的后缘有皮褶相连。尾扁平，基部突然膨大，向尾端渐细，尾侧缘有齿状小鳞。颏片3对，内侧1对最大，外侧1对最小。

生境及分布： 栖息于房舍和墙缝间。

生活习性： 夜间外出捕食蚊蝇、蜘蛛等小型无脊椎动物。

中国壁虎 | 英文名：Gray's Chinese Gecko
学名：*Gekko chinensis*

别名：壁虎

濒危等级：无危（LC）

形态特征：全长10~16cm。背部灰褐色，沿背脊中央至尾前段有数个镶深色边的浅灰色斑，多数个体呈菱形，至尾后段则成环带，在尾腹相连。吻鳞长方形，宽约为高的的两倍。两上鼻鳞被一圆形的与上鼻鳞大小相近的鳞片所隔开。体背被粒鳞，间杂有圆形或圆锥形的疣鳞，过背中部可数到约10~12行。体腹面为覆瓦状鳞，沿腹中线为40列左右。四肢背面被小粒鳞，腹面被覆瓦状鳞。小腿的粒鳞间无疣鳞或有数量不等的疣鳞。指、趾间具蹼，蹼缘达指、趾的1/2或1/3处。

识别要点：指、趾下瓣双行，指、趾基部间具蹼，蹼缘到达指、趾的1/2或1/3处。背部粒鳞间具疣鳞10~12行。

生境及分布：常见于人工建筑物的缝隙内。

生活习性：活动敏捷，不易捕捉。以蚊蝇等昆虫为食。6~8月产卵。

原尾蜥虎 | 英文名：Bowring's Gecko
学名：*Hemidactylus bowringii*

别名：纵斑蜥虎

濒危等级：无危（LC）

形态特征：全长8～10cm。头体长略大于尾长。吻鳞梯形，宽大于高，上缘中央具一纵凹。上鼻鳞在吻后为一小鳞分隔；鼻孔由吻鳞、第一上唇鳞、上鼻鳞及2枚后鼻鳞围成。颏鳞大，呈三角形或近五角形。颏片左3右2，内侧一对较大。体背被均一的粒鳞，光滑无疣。吻部的粒鳞比头背后部及体背的粒鳞大。头部腹面具粒鳞，躯干部腹面被子覆瓦状鳞。指、趾中等扩展，指、趾间无蹼。第一指、趾较短，其长不及第二指、趾的一半。雄性在每侧有14个肛前孔、股孔，二者呈连续状。尾的断面呈扁圆形，近基部处更纵扁，向尾端渐尖。尾背面被均匀粒鳞，腹面中央1行鳞扩大。

识别要点：体背、尾背及尾侧被均匀粒鳞。颏片两对，内侧1对比后外侧1对大。

生境及分布：栖息于墙缝、屋檐、树沟、石缝内。

生活习性：夜间活动，捕食蚊、蛾类等。繁殖期5～8月，一年产卵一次，每次产卵2枚。

疣尾蜥虎 | 英文名：Common House Gecko
学名：*Hemidactylus frenatus*

别名：无

濒危等级：无危（LC）

形态特征：全长8～12cm。吻长大于眼至耳孔之距。耳孔中等大，椭圆形。吻鳞方形，宽大于高，上缘中央有明显纵凹，或有中裂。上鼻鳞在吻后为1枚小鳞分隔（HNUR0414相接）；鼻孔由吻鳞、第一上唇鳞、上鼻鳞及3枚后鼻鳞参与围成。上唇鳞7～10，下唇鳞8～10。颏鳞大，呈亚三角形。第一指、趾很短，其长不及第二指、趾之半。尾基部较扁，后段渐细。雄性肛前孔、股孔在肛前相遇，体背灰棕色或黑褐色，通体无斑或有浅色横斑。少数个体由吻经眼、耳孔、前后肢基部上缘至尾背有一条浅色横斑。体腹面灰白色。

识别要点：体背粒鳞间的疣鳞较少、平滑或微棱。两对颏片大小几相等。尾鳞分节排列，每节后缘具6个大而尖的疣鳞。

生境及分布：晚上常在屋檐下及墙上活动，发出"吉、吉、吉"的叫声。

生活习性：以昆虫为食。繁殖期5～7月间。

锯尾蜥虎 | 英文名：Garnot's Gecko
学名：*Hemidactylus garnotii*

别名：无

濒危等级：无危（LC）

形态特征：全长10cm左右。耳孔小，直立卵圆形，长径大于短径的两倍。股后有肤褶。液浸标本背部暗褐色，斑纹不显。腹面灰白色。吻鳞方形，宽大于高，上缘中央有纵裂。上鼻鳞在吻后为两片小枚小鳞分隔；鼻孔由吻鳞、第一上唇鳞、上鼻鳞及后鼻鳞参与围成。头部腹面具粒鳞。体背被粒鳞，光滑无疣鳞。躯干部腹面为覆瓦状鳞排列的圆鳞。五指均具爪，指间和趾间均无蹼或仅有蹼迹。

识别要点：体背粒鳞无疣鳞。颏片两对，第一对略大。尾两侧有锯齿状疣鳞。

生境及分布：栖息于山区林地内。

生活习性：卵生。以蛾类、白蚁等昆虫为食。

海南睑虎 | 英文名：Hainan-Krallen Gecko
学名：*Goniurosaurus hainanensis*

别名：无

濒危等级：易危（VU）

形态特征：全长10～15cm。头长大于头宽，呈三角形。颈部明显。吻部钝圆。耳孔大而显著。四肢细长。尾较短，不及头体长，基部膨大，末端尖细，切面呈圆形。背部浅黑色或灰褐色，有4条白色环带，第一条在颈部，第二条在前肢后，第三条在躯干中部略后，最后一条在尾部最前方。体腹面灰白色。雌性尾部无斑纹，雄性尾部背腹则均有灰白色网状斑。幼体尾部有5条白色环带。吻鳞大，略呈五角形。颏鳞大，呈倒三角形；背面被覆粒鳞，除头顶部杂以较小疣鳞外，其余均规则散布圆形或锥形的大疣鳞。四肢背部被粒鳞，并间布疣鳞；前肢腹面为粒鳞，后肢腹面为覆瓦状鳞。指、趾细直不扩展，下有1列横鳞，爪被3枚鳞片包裹。尾基部略显分节，8～10横排的粒鳞成一节，每节背部有一横列锥状疣鳞，腹面为覆瓦状鳞；尾部其余部分满覆粒鳞。

识别要点：头颈较长，尾粗短。躯干背部有3条白色环带。次成体尾较长。

生境及分布：常生活在山洞里。

生活习性：晚上到洞边的岩壁上活动。

丽棘蜥 | 英文名：Scale-bellied Tree Lizard
学名：*Acanthosaura lepidogaster*

别名： 变色龙

濒危等级： 无危（LC）

形态特征： 全长20~25cm。体粗壮，头体长小于尾长。雌性略大于雄性。背腹略扁平，吻钝圆，头长大于头宽，头顶前部较平；头背部鳞片大小几乎一致，仅中央有数枚略大的鳞片。眼大，两眼间的头顶不部略有凹陷，吻长大于眼径，吻棱显著。眼后棘1枚，长度约为眼径的一半。鼻孔位于吻棱的下方，略近吻端，眼径与眼耳间距相等。鼓膜裸露，其上方有一发达的棘，其下方有一小棘。尾细长而侧扁，四肢强壮，其背面鳞片较腹面鳞片为大，指、趾均有爪，后肢贴体前伸趾尖达吻眼间，或眼后、鼓膜等处。头背部为淡黑灰色，体躯灰棕色，体前背中央有一菱形黑斑，体背具有黑褐色斑纹，体两侧带有浅绿黄色；四肢背面具黑褐色横纹，并有少数黄色斑；体腹面色浅，有分散不规则黑点斑。尾背有棕黑色环纹7~16个。

识别要点： 眼后棘不发达，长度不到眼径的一半；体鳞大小不一，间杂有大棱鳞；颈鬣发达，与背鬣不连续。后肢贴体前伸达吻眼之间。尾长约为头体长的1/5倍，尾背有黑褐色横斑。

生境及分布： 常活动在路边、溪流边、灌丛下及林下落叶处。

生活习性： 行动迅速，爬行时常四肢接触地，身体略抬起，有时停止行动环视周围，受惊后又继续逃跑。繁殖期6~8月。

细鳞树蜥 | 英文名：Small-scaled Variable Lizard
学名：*Calotes microlepis*

别名：无

濒危等级：无危（LC）

形态特征：全长18～24cm。头较大，前额较平，头高与头宽几相等，头长将近头宽的两倍。鼓膜圆形，裸露不下陷，直径约为眼眶直径的1/2。体明显侧扁。后肢贴体前伸最长趾端达肩前。背鳞大小一致，排列规则整齐成行，平滑或具弱棱，鳞端尖出，腹鳞略大于背鳞，起强棱；背鬣不发达。四肢细弱，尾侧扁，被棱鳞，尾背正中1行鳞扩大形成锯齿状棱。吻鳞宽大于高，从背部不可见；头背鳞片大小不一，具棱，前额大鳞排成倒"V"形，吻棱和上睫脊明显；鼻孔圆形，开口于鼻鳞中部；鼻鳞与吻鳞间有小鳞相隔，与第一上唇鳞相接。

识别要点：头高与头宽约相等，无肩褶，背鳞棱尖斜向后下方，环体中段鳞62～73行，后肢贴体前伸最长趾端达腋部至肩部。

生境及分布：生活于海拔600～800m的山区。

生活习性：以昆虫为食。卵生，繁殖期6～8月。

变色树蜥 | 英文名：Bloodsucker
学名：*Calotes versicolor*

别名： 雷公马、变色龙

濒危等级： 无危（LC）

形态特征： 全长25~40cm。体侧扁，躯干断面略成三角形。头长大于头宽，额部较平，略有凹陷；吻钝圆而扁平，吻长略大于眼眶直径，吻棱及上睫脊明显。眶后无棘。鼻孔位于吻棱下方，眼眶直径小于眼耳间距，大于鼓膜直径，鼓膜裸露。尾细长而略侧扁，四肢适中，后肢贴体前伸最长趾端达鼓膜或眼。背面浅褐色、灰色或具黑褐色横点或短线纹；眼眶四周有6~8条黑色辐射纹。额鳞三角形，高大于宽；颌片沿下颌两侧弧形排列。鬣鳞侧扁而发达，颈鬣与背鬣相连续，长度由前向后依次递减，体后呈锯齿状，尾部逐渐消失。无肩褶。背鳞大小一致，较腹鳞大，具强棱，鳞尖向后上方；头背面鳞片平滑或微弱起棱；头侧鼓膜上方有2枚分散的棘鳞。

识别要点： 背鳞大于腹鳞，棱尖向后上方；尾长一般为头体长的3倍左右；无肩褶；无眶后棘。

生境及分布： 生活于海拔80~580m的地区。

生活习性： 以昆虫及其幼虫、蜘蛛等为食，也能吞食小鸟。卵生，产卵期4~9月，每次产多为5~6枚，也有的可达12枚。

斑飞蜥 | 英文名: Orange-winged Flying Lizard
学名: *Draco maculatus*

别名: 飞蜥

濒危等级: 无危 (LC)

形态特征: 全长15～23cm。头大小适中，头长略大于头宽；吻长与眼眶直径相等或略长；鼓膜被鳞。喉囊与颈侧囊相连，其上覆以与腹鳞等大之鳞片；体侧有由5条延长的肋骨支撑的翼状皮膜。翼膜腹面均为灰白色。吻鳞宽大；吻棱及眶前区鳞侧扁而直立；头背面被覆大小不一的棱鳞；颏鳞三角形。背鳞大小一致，平滑或微起棱，其中最大者与腹鳞等大或略大；体背两侧各有一排不连续大棱鳞；腹鳞起强棱。四肢较扁平，侧缘鳞片较长大，形成栉状缘。指和趾细长而侧扁，两侧亦有由鳞片突出形成的栉状缘，指和趾的爪短而利。尾细长，其上被以棱鳞，两侧鳞片扩展成栉状缘。

识别要点: 体侧有延长肋骨支撑的橘黄色翼膜；翼膜上有由黑色斑点缀成的纵线纹。

生境及分布: 低矮的山林边缘。

生活习性: 树栖，以昆虫为食。卵生，每次产2～5枚。

海南脆蛇蜥 | 英文名：Hainan Legless Lizard
学名：*Ophisaurus hainanensis*

别名： 蛇蜥、脆蛇蜥

濒危等级： 易危（VU）

形态特征： 全长65cm左右。体圆柱形。肛孔横裂。全身粉红色，头体背正中8行鳞片具深褐色细点斑，并延伸到尾端，尾的两侧各有一深色细线纹。吻鳞半圆形；前额鳞3枚，排成2列，前列单数，后列2枚，左右相接，并列在单数前额鳞和额鳞之间；鼻鳞与单枚前额鳞之间有2枚小鳞；顶间鳞宽于顶鳞；眶上鳞5枚。上唇鳞11枚；下睫鳞与上唇鳞之间有一列眶下鳞；颏鳞小，呈三角形；下唇鳞与颏片间有2行小鳞。耳孔极小，远小于鼻孔，呈针尖状。两侧沟间背鳞纵列20行，横列94行。背鳞仅在后部体长2/3处的中间6行鳞片带有弱棱，其余光滑无棱；腹鳞光滑，纵行10行，横列94列。尾上鳞起棱，尾下鳞光滑。

识别要点： 体形似蛇，无四肢或仅有退化的后肢。

生境及分布： 见于海拔950m左右的山区地带。

生活习性： 营地下生活。

圆鼻巨蜥 | 英文名：Common Water Monitor
学名：*Varanus salvator*

别名： 巨蜥

濒危等级： 极危（CR），国家 I 级

形态特征： 大型蜥蜴，一般全长1～2m。吻较长，吻背正中呈一凹槽；头窄长，头长约为头宽的2倍，略呈三角形，吻端圆。鼻孔大，扁圆形。眼位于鼻孔与耳孔之间略近耳孔；瞳孔圆形；眶上脊发达，后延至眼后角的后方，前伸至眼与鼻孔之间的中部；躯干壮实而略平扁。四肢粗壮，爪长而坚硬。尾侧扁如鞭，尾基较粗，往后渐侧扁而细，唯尾腹较宽而略圆，尾背则由并列2行鳞片形成棱脊，尾末端略圆钝，数枚小鳞中央围一锥鳞，坚硬而上翘。背面黑褐色为主，杂有稀疏黄点，颈侧、体侧与尾侧的黄点较密集。尾后半局部的黑褐色较深，显出7条宽黑纹。腹面黄白色，头腹与颈腹各4条及5条由背侧延伸来的黑纹在腹中线相遇。

识别要点： 大型蜥蜴，一般全长1～2m，幼体亦长30cm以上。四肢强壮，尾长而侧扁。

生境及分布： 分布于海拔200m左右的山区，多活动于山区溪流及水塘附近。

生活习性： 以鱼、蛙及小型兽类为食，也吃鸟、鸟卵及动物尸体。卵生，夏季产卵，每产10～30余枚，卵产于岸边土内或树洞中，自然孵化。

台湾地蜥 | 英文名：Kuhne's Grass Lizard
学名：*Platyplacopus kuehnei*

别名：无

濒危等级：无危（LC）

形态特征：全长25cm左右。吻端钝圆，吻部前方渐窄，整个头部略似一窄长的三角形；眼较大，略凸出，瞳孔圆形，下眼睑被鳞；耳孔直立椭圆形（后缘略成直线），鼓膜略下陷。四肢较纤弱，指和趾细长，末节侧扁略呈一弓形；指和趾均具爪，爪位于背腹两枚鳞片之间；尾圆柱形，基部较膨大，末端尖细。每侧有5个鼠蹊孔。由眼后经耳孔、前肢上部至体侧前段有一白色线纹。腹面灰白色，腹部颜色略深。

识别要点：头背鳞片正常；体背被覆起棱大鳞，排成纵行；体侧被粒鳞；鼠蹊孔每侧5个；指趾末节侧扁，略呈弓形。

生境及分布：分布于海拔1000m以下的山区，栖息于树林中或草丛中。

生活习性：营树栖生活。卵生。以昆虫为食。

南草蜥

英文名：Oriental Long-tailed Grass Lizard
学名：*Takydromus sexlineatus*

别名：无

濒危等级：无危（LC）

形态特征：全长12～25cm。体圆长。吻端稍尖窄；耳孔圆形或直立椭圆形，鼓膜略下陷；舌黑色或灰色，前端深分叉，两侧瓣状。体背及四肢背面黑褐色，尾背棕褐色，眼后经体侧至尾侧前段有一明显的镶黑边的淡绿色线纹；下颌经耳孔、前肢上缘至腋胯间也有淡绿色线纹（后段呈断续状）；体侧粒鳞上有5～7个镶黑边的白色点斑；尾背正中有一黑线纹，至尾后部逐渐淡化消失。吻鳞宽大于高，无上鼻鳞；额鼻鳞卵圆形；前额鳞近三角形，彼此相切或分隔；额鳞较大，长明显大于宽，前宽后窄；额顶鳞1对，在中间相接较宽；间顶鳞小。

识别要点：眶上鳞3枚；背部起棱大鳞4行；尾长为头体长的3～4倍以上；鼠蹊孔1对。

生境及分布：生活于海拔700～750m的山地草丛中。

生活习性：主要捕食昆虫。卵生，每次产2～3枚卵，藏在土里或草根处。

光蜥 | 英文名：Chinese Forest Skink
学名：*Ateuchosaurus chinensis*

别名：无

濒危等级：无危（LC）

形态特征：全长15～19cm。尾长略大于头体长。吻短而钝圆；眼较小；鼻孔圆形，位于鼻鳞前下缘；耳孔圆形，无瓣突，周围被小鳞；鼓膜下陷；四肢短小，前肢前伸达耳孔部位，前后肢贴体相向时，相隔甚远；指、趾短，略侧扁。尾基部粗大，向后渐细尖。背部黑褐色，体侧、尾侧及四肢背面有前黑后白的眼状斑。体腹浅黄色，头部腹面或有黑色点斑，前密后疏。尾腹灰白色。无上鼻鳞；额鼻鳞与吻鳞和额鳞相接较宽。

识别要点：体较粗壮。四肢短小，前后贴体相向，相距甚远；无上鼻鳞；鼓膜小而深陷；额鳞很长，中部缢缩；无扩大的肛前鳞。

生境及分布：沼泽深草丛。

生活习性：主食昆虫。卵生，产卵5～6枚。

中国石龙子

英文名：Chinese Blue-tailed Skink
学名：*Eumeces chinensis*

别名：石龙子、四脚蛇

濒危等级：无危（LC）

形态特征：全长19～25cm。吻吨圆，吻长与眼耳间距几相等。耳孔小，卵圆形；鼓膜深陷。四肢发达，前后肢贴体相向时，指趾端相遇，部分最长趾端可达腕部。头背浅棕色，体背黑褐色，尾背褐色，斑纹不显，或略可看出体背有数条浅色纵线。腹面灰白色，躯干部颜色略深。吻鳞较大；上鼻鳞1对，在吻鳞后相接；额鼻鳞一般与前颊鳞相接；前额鳞一般大于上鼻鳞，相接构成中缝沟；额鳞相对较短；额顶鳞一般大于前额鳞，相接构成鳞沟；身体背腹均为覆瓦状排列之圆鳞，光滑无棱。

识别要点：体较粗壮。背鳞为覆瓦状排列的平滑圆鳞。尾腹面正中1行鳞扩大。

生境及分布：生活于低海拔的山区、住宅附近、公路旁的草丛中及树林下的落叶杂草中等处。

生活习性：以昆虫等无脊椎动物为食，亦可食蝌蚪、小型蛙类等脊椎动物。卵生。

四线石龙子 | 英文名：Four-striped Skink
学名：*Eumeces quadrilineatus*

别名：无

濒危等级：无危（LC）

形态特征：吻短，在背面可见部分小于额鼻鳞的一半。背面深灰褐色，体背黑色，有4条银白色纵线纹，背侧2条从吻部开始，经顶鳞外缘，耳孔上方沿第2行鳞直达尾部1/3处；体侧浅纵线纹从唇鳞起，经耳孔下方延伸至胯部。头背浅黄褐色，间顶鳞部位色较深。

腹面白色，大多数腹鳞前缘有4～5枚横向排列的黑色小点。雄性背面深灰色，有4条浅色纵线纹；咽喉部至尾浅黄褐色。头背浅褐色，其腹面浅灰色。

识别要点：背中部两行鳞片显著大于相邻的鳞片；背部具4条浅色纵纹。

生境及分布：栖息在通风潮湿的石缝或倒榜。

生活习性：卵生，繁殖期5～7月。捕食昆虫。

长尾南蜥

英文名：Longtail Mabuya
学名：*Mabuya longicaudata*

别名：无

濒危等级：无危（LC）

形态特征：头体长6～10cm。体粗壮。吻端钝圆；耳孔小，卵圆形，耳孔前缘有1～3枚瓣突，周围鳞片略小于侧鳞，鼓膜深陷；指、趾长，第四趾趾下瓣23～27枚；前后肢体相向时，后肢趾端达前肢掌或指。液浸的标本体背古铜色，体侧黑褐色，杂有白色斑点，上下颌及耳孔附近白点较密集。身体腹面青灰色。

识别要点：上鼻鳞彼此相接，每片背鳞具2～3条明显纵棱；尾长为头体长的2倍以上。

生境及分布：栖息于热带地区长满杂草的岩石上及住宅附近。

生活习性：以昆虫及其幼虫为食，卵生，3～7月产卵，每次产6～8枚。

多线南蜥 | 英文名：Many-striped Skink
学名：*Mabuya multifasciata*

别名：无

濒危等级：无危（LC）

形态特征：全长18～26cm。体粗壮。吻端钝圆；耳孔小，几为圆形，前缘具瓣突4，周围有小鳞；鼓膜深陷；尾易断；四肢大小适中，前后肢贴体相向时，最长趾端可达腕部甚至达肘关节；指、趾下瓣平滑或微起棱；第四趾趾下瓣15～19枚。体背棕褐色，体侧黑褐色。身体腹面灰白色。背鳞与侧鳞几等大，覆瓦状排列，体、尾、四肢背面每个鳞片具3条纵棱；腹鳞平滑，仅咽喉部微起棱。

识别要点：上鼻鳞彼此不相切；每一背鳞有3～5条明显的纵棱；尾长为头体长的1.5倍左右。

生境及分布：见于海拔数米至500m不等的开阔地，而以200m左右的丘陵地区居多。常在耕作地、路边草丛及坡地沟边活动。

生活习性：卵生，每次产卵5～7枚。

铜蜓蜥

英文名：Brown Forest Skink
学名：*Sphenomorphus indicus*

别名：无

濒危等级：无危（LC）

形态特征：体型中等大小，全长25cm左右。吻短而钝，吻长约等于眼耳间距。鼓膜小而深陷；耳孔卵圆形，较大，略小于眼径，前缘无瓣突。尾基至尾尖逐渐缩小成圆锥形。四肢较弱，前后肢贴体相向时，最长趾达肘关节；指趾略侧扁，具爪。体背古铜色，体侧有不明显黑纵纹；由眼前角经耳孔至前肢基部有一白线纹；体侧各有1条断续的念珠状白色纹；四肢背面有许多黑点纹。

识别要点：背面古铜色，背脊有黑脊纹，体两侧各有一黑色纵带，其上不间杂白色斑点或点斑，纵带上缘镶以浅色窄纵纹。

生境及分布：生活于平原及低山阴湿的草丛、灌丛、石堆及有裂缝的石壁中。

生活习性：中午出来活动。捕食昆虫及蜘蛛等无脊椎动物；卵胎生，产仔期7～8月，每次产仔5条以上。

股鳞蜓蜥 | 英文名：SouthChina Forest Skink
学名：*Sphenomorphus incognitus*

别名：无

濒危等级：无危（LC）

形态特征：全长12～20cm。体背部为灰褐色，身体两侧边由吻部经眼延伸至尾基附近有一深黑色的纵带，身体腹面为白色，后腿内侧近股部则有一大鳞片且排列较不规则的区域，幼体之尾末端常带有红色。

识别要点：体色是以黑白色调为主，腹面为白色。

生境及分布：喜栖息于树林边缘。

生活习性：日行性，卵生。以昆虫及其他小型无脊椎动物为食。

南滑蜥

英文名：Reeves' Smooth Skink
学名：*Scincella reevesii*

别名：无

濒危等级：无危（LC）

形态特征：全长9～12cm。吻端钝圆，四肢侧扁，前后肢贴体相向时，指趾端相遇；耳孔椭圆形，长径约为短径的1.5倍，前缘无瓣突。指趾长，侧扁，尾基部圆柱形，向后渐细而尖，尾腹面正中一行鳞片横向扩大。体侧黑纵纹自吻端经鼻孔、颊鳞上方、眼后，沿体侧向后延伸至尾末端，上缘较平，下缘波浪状，在腋胯间占3鳞行宽，其间杂以白色斑点。体腹面白色。吻鳞宽大于高，从背面可见，无上鼻鳞；鼻鳞较大，完整，鼻孔圆形，位于鼻鳞中央；额鼻鳞1枚；前额鳞2枚，多数彼此相接。

识别要点：无上鼻鳞；2枚前额鳞相接；无颈鳞或具1～3对略微扩大的颈鳞；背鳞等于或略大于侧鳞；体侧黑纵纹约跨3鳞行。

生境及分布：生活于低海拔山区。

生活习性：白昼活动，常在路边落叶或橡胶林下的草丛中。卵胎生。

海南棱蜥

英文名：Hainan Water Skink
学名：*Tropidophorus hainanus*

别名：无

濒危等级：无危（LC）

形态特征：全长8～12cm。鼓膜与眼等大，不下陷。前后肢贴体相向时达肘部。上下颌均有60枚左右牙齿，很矮，尖端钝。舌黑色，侧缘呈瓣状，前端分叉。体背及尾背有镶黑边的"V"形白色横斑，有些个体颈后有一白色"O"形斑；体侧分布有边缘带黑色的白色大斑点。腹部灰白色，有些个体腹面特别是头部腹面满布黑色或棕褐色斑纹。背、侧、腹均为覆瓦状排列之圆鳞，环体中段鳞29～35行。背鳞和侧鳞明显起棱，前后缀成行；四肢背面鳞亦具棱。

识别要点：颊鳞4枚；上唇鳞6枚，第四枚最大；额鳞和额鼻鳞完整；头背鳞片具线纹；背鳞明显起棱。

生境及分布：生活于山区小溪流边的阴暗潮湿处。

生活习性：卵生。捕食昆虫。

大头扁龟

英文名：Big-headed Turtle
学名：*Platysternon megacephalum*

别名：平胸龟、鹰嘴龙尾龟、鹰嘴龟、鹰龟、龙尾麒麟龟

濒危等级：极危（CR）

形态特征：背甲长可达20cm。头大，呈三角形，且头背覆以大块角质硬壳，上喙钩曲呈鹰嘴状，眼大，无外耳鼓膜。背甲棕褐色，长卵形且中央平坦，前后边缘不呈齿状。腹甲呈橄榄色，较小且平，背腹甲借韧带相连，背甲与腹甲之间具3～5枚下缘盾。四肢灰色，具瓦状鳞片，后肢较长，除外侧的指、趾外，有锐利的长爪；指间和趾间均有半蹼。尾长，个别已超过自身背甲的长度，尾上覆以环状短鳞片。

识别要点：体极扁平。头大，呈三角形；上颌钩曲呈鹰嘴状；尾长，覆以环状排列的矩形鳞片；头、尾和四肢均不能缩入壳内。

生境及分布：水陆两栖，主要生活在高山溪流及两侧附近。

生活习性：主要觅食螺、虾、蟹和昆虫等，夜间活动频繁。繁殖期5～8月，每次产卵1～2枚。

三线闭壳龟 | 英文名：Chinese Three-striped Box Turtle
学名：*Cuora trifasciata*

别名： 金钱龟

濒危等级： 极危（CR）

形态特征： 背甲长可达30cm。头背部黄色或黄橄榄色，喙缘及鼓膜黄色，并连成一线，向后延伸，头侧栗色或橄榄色，中间色较浅，上下缘色深。瞳孔黑色，虹膜黑中带金黄色，颏及咽黄色。吻端略突出，上喙中央微钩曲。背甲淡棕色或棕色，中心疣轮棕黑色，并有棕黑色放射纹。卵圆形，前缘微凹或平，后缘圆，具3条黑色纵棱，脊棱明显。

识别要点： 头顶部光滑无鳞，金黄色。背甲具3条黑色纵棱，呈"川"形。腹甲的前后两叶可向上活动并与背甲完全闭合。头、尾、四肢均可缩入甲内。

生境及分布： 生活于山谷溪流中，喜欢选择较隐蔽的地方栖息。

生活习性： 杂食性，主要以小鱼、小虾、蚯蚓、水生昆虫等动物为食，亦吃一些植物果实。繁殖期4~10月，每年产卵1次，每窝卵2~8枚。

黄额闭壳龟

英文名：Indo-Chinese Box Turtle
学名：*Cuora galbinifrons*

别名：海南闭壳龟

濒危等级：极危（CR）

形态特征：背甲长7～18cm。头橄榄色、淡黄色或金黄色，有不规则的棕黑色斑。头顶部皮肤平滑无鳞，枕部被小鳞。眼大，眼径大于吻长，眼后有1条金色纵纹达鼓膜。颈部背面灰黑色，腹面浅黄色。背甲高隆，中央与周缘为棕黑色，两侧为浅黄或金黄色，不同个体背甲颜色有差异。颈盾极窄长；椎盾5枚，宽大于长；肋盾4对；缘盾11对，前后两侧缘略向上翻，有些个体略呈锯齿状；臀盾1对。腹甲黑褐色，并散布着少量浅黄色。前后缘均圆而无凹缺，四肢被覆鳞片，呈覆瓦状排列。前肢黄色，外侧有黑褐色宽纵纹。后肢背面灰褐色，腹面浅黄色。

识别要点：背甲高隆，中央为宽棕褐色纵斑，脊棱黄色，两侧肋板多为黄色，杂有棕褐色斑纹。腹甲前后叶以韧带相连，能完全关闭背甲。

生境及分布：主要分布在海拔500～1000m的竹林中。

生活习性：杂食性龟类，雷雨天气活动频繁。繁殖期5～6月，每窝卵数1～3枚。

平顶闭壳龟 | 英文名：Keeled Box Turtle
学名：*Cuora mouhotii*

别名： 八角龟、锯齿龟、锯像摄龟

濒危等级： 极危（CR）

形态特征： 背甲长5～18cm。头顶浅棕黄色，前部平滑，后部具不规则的大鳞，头背部为灰褐色至红褐色，散有蠕虫状花纹，上喙钩曲，眼较大。背甲呈棕黄色至棕红色，具3条嵴棱，背甲中央平坦，两侧几成直角向下，微向外斜达甲缘，背甲前缘无齿状突，后缘呈明显锯齿状（具8齿）；颈盾长而窄，部分个体缺失。腹甲大而平坦且呈黄色，边缘具有不规则的大黑斑，前缘平切，后缘缺刻深；背、腹间及胸、腹间具不发达的韧带；腹甲仅前半可活动，龟壳后缘不能完全闭合。无腋盾及胯盾。尾短，四肢具覆瓦状鳞片，趾指间具半蹼。

识别要点： 背甲由3条纵棱形成平坦的脊部，其后缘具8枚锯齿状缘盾。

生境及分布： 主要栖息于热带和亚热带地区的丘陵山区，生活于较阴湿的环境中。

生活习性： 杂食性龟类，半水栖。雷雨天活动频繁。繁殖期4～6月，窝卵数2～4枚。

黄喉拟水龟 | 英文名: Asia Yellow Pond Turtle
学名: *Mauremys mutica*

别名: 石龟、石金钱龟

濒危等级: 濒危 (EN)

形态特征: 背甲长可达17cm。头顶平滑，橄榄绿色，上喙正中凹陷，鼓膜清晰，头侧有两条黄色线纹穿过眼部，喉部淡黄色。背甲扁平，棕黄绿色或棕黑色，具3条嵴棱，中央的一条较明显，后缘略呈锯齿状。腹甲黄色，每一块盾片外侧有大黑斑。四肢较扁，外侧棕灰色，内侧黄色，前肢五指，后肢四趾，指趾间有蹼，尾细短。

识别要点: 头部光滑无鳞。眼后沿鼓膜上、下各有1条黄色纵纹，咽喉部黄色无斑，腹盾外侧有黑色大斑。

生境及分布: 栖息于丘陵地带，半山区的山涧盆地和河流水域。

生活习性: 杂食性，取食范围广，喜食鱼虾、贝类、蜗牛、水草等食物。繁殖期5~9月，每年可产卵1~4次，每次产卵4~7枚。

四眼斑水龟

英文名：Four Eye-spotted Turtle
学名：*Sacalia quadriocellata*

别名：六眼龟、四眼斑龟

濒危等级：濒危（EN）

形态特征：背甲长5～15cm。雄性的头顶部呈深橄榄绿色，眼部为淡橄榄绿色，中央有一黑点，每1对眼斑的周围有一白环包围，每1对眼斑的周围有1条白纹包围，颈的背部有3条黄色粗纵条纹，颈腹部有数条黄色纵纹，颈基部条纹呈橘红色，前肢及颈腹部有橘红色斑点；雌性的头顶部呈棕色，眼斑为黄色，中央有一黑点，每1对眼斑均前小后大，且周围有灰色暗环包围，颈背部的3条粗纵条纹和颈腹部的数条纹均为黄色，在繁殖期，龟体散发出异样臭味。

识别要点：头顶皮肤光滑无鳞，上喙不呈钩状，头后侧各有2对眼斑，每个眼斑中有一黑点，颈部有条纵纹。

生境及分布：常见于山区丛山溪中，喜欢水流缓慢、水底多为砂石及水质清澈的水域。

生活习性：杂食性。性情胆小，喜栖于水底黑暗处，如石块下、拐角处。繁殖期1～4月，每次产卵1～3枚。

锯缘叶龟
英文名：Black-breasted Leaf Turtle
学名：*Geoemyda spengleri*

别名：地龟、锯齿龟

濒危等级：濒危（EN）

形态特征：背甲长6～10cm。头部较小，浅棕色的。嘴巴上喙钩曲，有些像鹰嘴。眼睛大而且向外突出。头部两侧有浅黄色条纹。前后肢散布有红色的鳞片。背部比较平滑，背甲是金黄色或橘黄色，中央有3条纵向的棱。背甲的前后边缘有齿状的突起，腹甲棕黑色，两侧有浅黄色斑纹，甲桥明显，背腹甲间借骨缝相连。后肢浅棕色，散布有红色或黑色斑纹，指、趾间蹼，尾细短。

识别要点：体型较小，背甲前后缘呈强锯齿状，具3条纵棱，嵴棱宽而明显。

生境及分布：栖息于山高林密的沟谷雨林中。

生活习性：杂食性，摄取昆虫、蠕虫，植物的叶和果实等为食。6～8月产卵繁殖。

中华条颈龟 | 英文名：Chinese Stripe-necked Turtle
学名：*Mauremys sinensis*

别名：花龟、中华花龟

濒危等级：濒危（EN）

形态特征：背甲长可达30cm。头背面栗色，侧面及腹面色较淡。眼大，眼裂斜置。有鲜明的黄色细纹从吻端经眼和头侧并沿头的背、腹向颈部延伸，约40条，在咽部还形成黄色的圆形花纹。体较扁。背甲具3条纵棱，脊棱明显。背甲的每盾片皆有同心圆纹。腹甲黄色，每块盾片均有黑斑。四肢具黄色纵纹，略呈圆柱状，前缘

有横列的大鳞。尾渐尖细，亦有黄色纵纹。

识别要点：头和颈侧至少有8条镶暗色边的黄色纵纹。四肢及尾满布黄色细线纹。

生境及分布：主要栖息于低海拔的池塘、运河以及缓流的河流中。

生活习性：野外以植食性为主，也捕食螺、虾等动物性食物。繁殖期2～5月，窝卵数为5～19枚。

红耳龟

英文名：Red-eared Slider Turtle
学名：*Trachemys scripta*

别名：巴西龟、红耳彩龟、七彩龟

濒危等级：未评估（NE）

形态特征：背甲长可达25cm。头部宽大，吻钝，头颈处具有黄绿相镶的纵条纹，眼后有1对红色条纹。背甲扁平，为翠绿色或苹果色，背部中央有条显著的嵴棱。盾片上具有黄、绿相间的环状条纹。腹板淡黄色，具有左右对称的不规则黑色圆形、椭圆形、棒形色斑。四肢淡绿色，有灰褐色纵条纹。

识别要点：头颈处具有黄绿相镶的纵条纹，眼后有1对红色条纹。

生境及分布：此种为外来入侵物种，各河流、水库均能生存。

生活习性：水栖性，群居，杂食性，繁殖力强，年产卵量可达30枚。

第四章

鸟类

海南岛地形复杂，水热条件相差悬殊，植被类型多样。地处海南岛的吊罗山气候温暖湿润，雨量充沛，生境类型涉及原生林、次生林、灌丛、草地、溪流和湖泊等。各生境中以果、虫和花蜜等为食的鸟类物种多样性丰富。迄今海南岛记录到鸟类超过400种，文献记载吊罗山鸟类为166种，本书收录了海南吊罗山自然保护区鸟类13目36科164种。

鸟类常用分类检索名词术语

全长：将鸟体仰置于一平面上，喙前伸达于自然位置，然后测量自喙尖到尾端的长度。

尾长：为自尾羽基部至末端的直线距离。

翅长：自翼角（翼的弯折处，相当于腕关节）至翼尖的直线距离。

展翅长：将双翅拉开平伸，测量从一翼尖到另一翼尖的距离。

喙长：从喙基与羽毛的交界处沿喙正中背方的隆起线，一直量到上喙喙尖的直线距离。

跗蹠长：为胫跗骨与跗蹠骨之间的关节处至跗趾骨与中间趾的关节处的距离。

额：与上喙基部相接连的头的最前部。

头顶：额后的头顶正中部。

枕部：或称后头，为头的最后部。

冠纹：头顶中央的纵纹。

冠羽：头顶上伸出的长羽，常成簇后伸。

枕冠：枕部伸出的成簇长羽。

顶部：常用来指额、头顶、后头前部直到眉纹以上的一大块区域。

围眼部：眼周围区域，有时为裸皮。

颊：为一使用不甚规范的术语，指眼下的颧部区后方；

耳羽：眼后的耳孔上方区域。

眉纹：位于眼上方的类似"眉毛"的斑纹。

过眼纹：自眼先穿过眼（及眼周）延伸至眼后的纵纹。

颊纹：自喙基侧方贯穿颊部的纵纹。

颚纹：自下喙基部侧下缘向后延伸的纵纹。

颏纹：纵贯于颏部中央的纵纹。

颏：喙基部腹面所持续的一小块羽区。

后颈：与头的枕部相接近的颈后部。

颈冠：着生于后颈部的长羽。

翎领：着生于后颈四周的长羽，形成领状。

披肩：着生于后颈的披肩状长羽。

喉：紧接颏部的羽区。

喉囊：喉部可伸缩的皮囊，食鱼鸟类常具。

背：自颈后至腰前的背方羽区。

肩：背的两侧、翅基部的长羽区域。

翕：上背部、肩部及翅的内侧覆羽所合成的一块羽区。

腰：下背部之后、尾上覆羽前的羽区。

胸：龙骨突起所在区域。

胁：体侧相当于肋骨所在区域。

腹：胸部以后至尾下覆羽前的羽区，可以泄殖腔孔为后界。

肛周：围绕泄殖腔四周的一圈短羽。

会合线：自嘴角至喙尖的咬合线，其边缘称啮缘。

隆端：喙端的隆起部。

鼻孔：喙基的成对开孔。

鼻沟：上喙侧部的一对深沟，鼻孔位于沟内，见于某些海鸟。

嘴须：嘴角上方的成排长须，在某些飞捕昆虫的鸟类发达。

副须：头部除嘴须以外的成排小须，依着生部位可分别称为鼻须或颏。

飞羽：为翅的一列大型羽毛，依着生部位可分为：着生于掌指骨的初级飞羽，多为9～10枚；着生于尺骨上的次级飞羽；着生于肱骨上的三级飞羽。三级飞羽数目不多，仅在少数种类特别加长，成为分类特征之一，而大多数种类不甚发达，统称为内侧飞羽。

覆羽：为覆盖在飞羽基部的小型羽毛。

翼角：翼的腕关节弯折处。

翼镜：以上特别明显的色斑，通常为初级飞羽或次级飞羽的不同羽色区段所构成。

腋羽：翼基下的覆羽。

肩羽：位于翼背方最内侧的覆盖三级飞羽的多层羽毛，当翅合拢时恰好位于肩部。

缺刻：初级飞羽羽片的外翈先端突然变窄，致使这一段的外翈几乎贴紧羽干，形成"缺刻"，是许多鸟类的种间分类依据。

尾上覆羽：上体腰部之后、覆盖尾羽羽根的羽毛。

尾下覆羽：下体泄殖腔开口之后、覆盖尾羽羽根的羽毛。

中央尾羽：居于中央的一对尾羽。其外侧者统称外侧尾羽。

鳞片：主要在跗趾部，包括大型横裂的盾状鳞、小型多角形的网状鳞和连成整片的靴状鳞。

距：自跗趾部后缘伸出的角质刺突，其内常有骨质突。某些种类（例如雉类）的雄性距发达，为求偶斗争及性选择的特征性结构。

趾型：鸟类的趾型有常态足、对趾足、异趾足、转趾足、并趾足、离趾足、前趾足和索趾足。

蹼型：鸟类的蹼型有：蹼足、凹蹼足、半蹼足、全蹼足和瓣蹼足。

羽饰斑纹：通常用于分类学上的有：点斑、鳞斑、横斑、蠹状斑、条纹、块斑及羽干纹。

鸟类外部特征图示

鸟类飞羽特征图示

山皇鸠 | 英文名：Mountain Imperial Pigeon
学名：*Ducula badia*

别名：大山鸽、灰头皇鸠、灰头南鸠、栗背皇鸠、山白鸽

濒危等级：无危（LC）

形态特征：体长大约46cm。体羽深色。前额、头顶和头侧浅灰色，后颈和翕淡紫红色；肩、上背、翅上小覆羽和中覆羽紫红褐色或紫栗色，下背、腰和尾上覆羽灰褐色；尾黑褐色，具有宽的灰褐色端斑；飞羽黑色，内侧次级飞羽同背，大覆羽灰褐色，具淡栗色羽缘；颏、喉白色，头两侧和前颈灰色；胸、腹酒红灰色，两胁和腋羽灰色；尾下覆羽皮黄色或淡棕白色；虹膜灰白色；嘴橙红色或暗橙红色，尖端暗褐色；脚橙红色或淡紫橙红色。

识别要点：头、颈、胸及腹部酒红灰色，上背及翼覆羽深紫，背及腰灰褐色。

生境及分布：主要栖息于海拔2000m以下的山地常绿阔叶林中。

生活习性：常成小群活动，偶尔也见有40只左右的大群。多活动在林中高大乔木的树冠层。早晨和傍晚常栖于大树顶端枯枝上沐浴阳光。飞行快而有力，两翅扇动频繁，常发出呼呼作响的振翅声，特别是在大雨到来之前常成群低飞，十分活跃。叫声深沉，给人以悲哀的感觉，鸣叫时弯腰叩头。主要以植物果实为食，尤其喜吃橄榄、乌榄和琼南等果实。繁殖期4~6月，每窝产卵1枚，偶尔2枚。

斑尾鹃鸠 | 英文名：Bar-tailed Cuckoo Dove
学名：*Macropygia unchall*

别名：花斑咖追

濒危等级：无危（LC）

形态特征：体长约38cm，且尾长的褐色鹃鸠。背及尾满布黑色或褐色横斑；头灰，颈背呈亮蓝绿色；胸偏粉，渐至白色的臀部；雌鸟颈背无亮绿色。背上横斑较密，尾部横斑有别于分布于同地区的其他鹃鸠；虹膜黄色或浅褐色；嘴黑色；脚红色。

识别要点：背及尾满布黑色或褐色横斑，头灰色。

生境及分布：栖息于山地森林中，冬季也常出现于低丘陵和山脚平原地带的耕地和农田。

生活习性：通常成对活动，偶尔单只，很少成群活动。落地时尾上举。行动从容，不甚怕人，见人后并不立刻飞走，总要停留对视片刻才起飞。叫声低沉似"coo-um-coo-um"声。主要以榕树果实和其他植物浆果、种子、草籽为食，有时也吃稻谷等农作物。繁殖期5~8月，成对营巢于茂密森林或竹林，巢由枯枝和草筑成，每窝产卵1~2枚。

珠颈斑鸠 | 英文名：Spotted Dove
学名：*Streptopelia chinensis*

别名： 鸪雕、鸪鸟、中斑、花斑鸠、花脖斑鸠、珍珠鸠、斑颈鸠、珠颈鸽、斑甲

濒危等级： 无危（LC）

形态特征： 中等体型，体长约30cm的粉褐色斑鸠；头为鸽灰色；上体大都褐色；下体粉红色；后颈有宽阔的黑色，其上满布以白色细小斑点形成的领斑，在淡粉红色的颈部极为醒目；尾长，外侧尾羽黑褐色，末端白色在飞翔时极明显；嘴暗褐色；脚红色。

识别要点： 后颈有宽阔的黑色，其上满布以白色细小斑点形成的领斑，在淡粉红色的颈部极为醒目。

生境及分布： 栖息于有稀疏树木生长的平原、草地、低山丘陵和农田地带，也常出现于村庄附近的杂木林、竹林及地边树上或住家附近。

生活习性： 常成小群活动，有时也与其他斑鸠混群活动。常三三两两分散栖于相邻的树枝头。栖息环境较为固定，如无干扰，可以较长时间不变。觅食多在地上，受惊后立刻飞到附近树上。飞行快速，但不能持久。飞行时两翅扇动较快。鸣声响亮，鸣叫时作点头状。鸣声似"ku-ku-u-ou"。反复重复鸣叫。繁殖期5~7月，每窝产卵2~3枚。

火斑鸠

英文名：Red Collared Dove
学名：*Streptopelia tranquebarica*

别名：红鸠、红斑鸠、斑甲、红咖追、火鸪鵻

濒危等级：无危（LC）

形态特征：体长约23cm的酒红色斑鸠；颈部的黑色半领圈前端白色；雄鸟头部偏灰，下体偏粉，翼覆羽棕黄色，初级飞羽近黑色，青灰色的尾羽羽缘及外侧尾端白色。雌鸟色较浅且暗，头暗棕色，体羽红色较少。虹膜褐色；嘴灰色；脚红色。

识别要点：体小且酒红色，颈部的黑色半领圈前端白色。

生境及分布：栖息于开阔的平原、田野、村庄、果园和山麓疏林及宅旁竹林地带，也出现于低山丘陵和林缘地带。

生活习性：常成对或成群活动，有时亦与山斑鸠和珠颈斑鸠混群活动。喜欢栖息于电线上或高大的枯枝上。飞行速度快，常发出"呼呼"的振翅声。主要以植物浆果、种子、果实为食，常吃稻谷、玉米、荞麦、小麦、高粱、油菜子等农作物种子，有时也吃动物性食物，如白蚁、蛹及其他其他昆虫等。繁殖期2～8月，每窝产卵2枚。

绿翅金鸠 | 英文名：Emerald Dove
学名：*Chalcophaps indica*

别名： 金鸠、金咖追、绿背金鸠

濒危等级： 无危（LC）

形态特征： 中等体型。体长约25cm，尾甚短。属地栖型斑鸠。胸、腹部粉红；头顶灰色；额白；腰灰；两翼具亮绿色。雌鸟头顶无灰色。虹膜褐色；嘴红色，嘴尖橘黄；脚红色。

识别要点： 胸、腹部粉红色，头顶灰色，额白，腰灰，两翼具亮绿色。飞行时背部两道黑色和白色的横纹清晰可见。

生境及分布： 低地及山麓的原始林及次生林。

生活习性： 通常单个或成对活动于森林下层植被浓密处。极快速地低飞，穿林而过，起飞时振翅有声。常于溪流及池塘边饮水。繁殖季节3～5月，每窝产卵2枚。

厚嘴绿鸠

英文名：Thick-billed Green Pigeon
学名：*Treron curvirostra*

别名：粗嘴绿鸠、青咖追

濒危等级：无危（LC）

形态特征：体型似家鸽，体长25～28cm。嘴短而厚，呈淡黄绿色或铅白色，嘴基的两侧呈珊瑚红色；眼睛内的虹膜分为两圈，外圈为橙红色，内圈灰蓝色，眼睛的周围还有铜绿色的裸露皮肤；雄鸟的羽毛从额到头顶略呈灰色，背部为深栗红色，翅膀黑色，并有亮黄色的翼带，中央尾羽呈橄榄绿色，下面为灰褐色，并具有灰色的先端；尾羽的羽干除中央2枚为浅褐色外，其余均为黑色；胁部、腿上的覆羽和肛周均为暗绿色，并杂以白斑，尾下的覆羽为肉桂色；雌鸟和雄鸟相似，但背部不呈暗栗红色而为暗橄榄绿色，下体羽色略较雄鸟为浅，尾下的覆羽为暗绿色，并杂以白色的斑块；脚珊瑚红色，爪褐色。

识别要点：嘴短而厚，呈淡黄绿色或铅白色爪为角褐色。眼睛内的虹膜分为两圈，外圈为橙红色，内圈灰蓝色，眼睛的周围还有铜绿色的裸露皮肤，背部为深栗红色，翅膀黑色，并有亮黄色的翼带，中央尾羽呈橄榄绿色。

生境及分布：生活在一般栖息于山地或丘陵的原始森林、次生林中，多栖于乔木上以及偶见于灌木丛间，也喜欢栖息于热带和亚热带山地丘陵带阴暗潮湿的原始森林、常绿阔叶林和次生林中。

生活习性：留鸟。大多在早晚活动，喜欢栖息于枯立树枝的顶上。由于嗜食榕树的果实，所以经常出现在果树林中，特别是榕树林中。在老榕树丰富的地方往往招致大量的厚嘴绿鸠，甚至在该林地中定居。厚嘴绿鸠吃食的时候常常发出喧闹的叫声，或"咕、咕"地像小孩啼哭，或似富有旋律的吹哨声。在村寨附近和山丘的常绿阔叶林等没有榕树的地方，它们也吃其他植物的果实与种子。饱餐之后就在树上隐伏休息，黄昏时才离开觅食地到密林深处去过夜。繁殖期4～9月，窝卵数2枚。

红翅绿鸠 | 英文名：White-bellied Green-Pigeo
学名：*Treron sieboldii*

别名： 白腹楔尾鸠、白腹楔尾绿鸠

濒危等级： 无危（LC）

形态特征： 中型鸟类，体长28～33cm。雄鸟的前额和眼先为亮橄榄黄色，头顶橄榄色，微缀橙棕色；头侧和后颈为灰黄绿色，颈部较灰，常形成一个带状斑，其余上体和翅膀的内侧为橄榄绿色；翅膀上的飞羽和大覆羽黑色，并有大块的紫红栗色斑，而且大覆羽和次级飞羽的黄色羽缘较宽，在形成二道翅斑；中央1对尾羽为橄榄绿色，其余两侧尾羽从内向外由灰绿色至灰黑色，并具有黑色次端斑和窄的灰绿色端斑，在尾羽的两侧形成黑边；额部、喉部为亮黄色，胸部为黄色而沾棕橙色，两胁具灰绿色条纹；腹部和其余下体为乳白色或淡棕黄色，比其他绿鸠类腹部的颜色淡，是它与其他绿鸠的明显不同之一；腋羽和翼下覆羽灰色，覆腿羽黄褐色或棕白色，而缀有灰绿色。雌鸟的羽色与雄鸟相似，但颏部、喉部为淡黄绿色，头顶和胸部没有棕橙色，背部和翅膀上也没有栗红色，

均被暗绿色所取代。虹膜的外圈为紫红色，内圈为蓝色，嘴为灰蓝色，端部较暗，脚为淡紫红色。

识别要点： 雄鸟的前额和眼 先为亮橄榄黄色，头顶橄榄色，微缀橙棕色，头侧和后颈为灰黄绿色，颈部较灰，常形成一个带状斑；翅膀上的飞羽和大覆羽黑色，并有大块的紫红栗色斑。雌鸟的羽色与雄鸟相似，但颏部、喉部为淡黄绿色，头顶和胸部没有棕橙色，背部和翅膀上也没有栗红色，均被暗绿色所取代。

生境及分布： 栖息于海拔2000m以下的山地针叶林和针阔叶混交林中，有时也见于林缘耕地。

生活习性： 留鸟。仅有少部分迁徙，常成小群或单独活动。飞行快而直，能在飞行中突然改变方向，飞行时两翅扇动快而有力，常可听到"呼呼"的振翅声。鸣叫声则似小孩的啼哭声。主要以山樱桃、草莓等浆果为食，也吃其他植物的果实与种子。多在乔、灌木树上，或地上觅食。繁殖期5～6月，窝卵数2枚。

红翅凤头鹃 | 英文名：Chestnut-winged Cuckoo
学名：*Clamator coromandus*

别名： 红翅凤头额咕
濒危等级： 无危（LC）
形态特征： 体长约45cm。嘴侧扁，嘴峰弯度较大；头上有长的黑色羽冠，头顶、头侧及枕部也为黑色而具蓝色光泽；后颈白色，形成一个半领环；背、肩，及翼上覆羽，最内侧次级飞羽黑色而具金属绿色光彩；腰和尾黑色，具深蓝色光泽；尾长，凸尾，中央尾羽均具窄的白色端斑；两翅栗色，飞羽尖端苍绿色；颏、喉和上胸淡红褐色；下胸和腹白色；跗蹠基部被羽，覆腿羽灰色。尾下覆羽黑色；腋羽淡棕色；翼下覆羽淡红褐色。

识别要点： 具显眼的直立凤头，顶冠及凤头黑色，背及尾黑色而带蓝色光泽，喉及胸橙褐色，颈圈白色，腹部白色。
生境及分布： 主要栖息于低山丘陵和山麓平原等开阔地带的疏林和灌木林中。也见活动于园林和宅旁树上。
生活习性： 多单独或成对活动，常活跃于高而暴露的树枝间，飞行快速，但不持久。鸣声清脆，似"ku-kuk-ku"声，不断呈三或二声反复鸣叫。主要以白蚁、毛虫、甲虫等昆虫为食。偶尔也吃植物果实。繁殖期为5～7月。

鹰鹃 | 英文名：Large Hawk-Cuckoo
学名：*Hierococcyx sparverioides*

别名：大鹰喀咕

濒危等级：无危（LC）

形态特征：体型略大，体长约40cm灰褐色鹰样杜鹃；外形除嘴外酷似小红隼。头和颈侧灰色；眼先近白色；上体和两翅表面淡灰褐色；尾上覆羽较暗，具宽阔的棕红色次端斑和窄的近灰白色或棕白色端斑；尾灰褐色，具5道暗褐色和3道淡灰棕色带斑，尾基部还在覆羽下隐掩着一条白常单独活动色带斑；初级飞羽内侧具多道白色横斑；颏暗灰色至近黑色，有一灰白色髭纹；其余下体白色；喉、胸具栗色和暗灰色纵纹；下胸及腹具较宽的暗褐色横斑；虹膜橘黄色；嘴上嘴黑色，下嘴黄绿色；脚浅黄色。

识别要点：尾部次端斑棕红，尾端灰白色或棕白色；胸栗色，具白色及灰色斑纹；腹部具白色及褐色横斑而染棕。

生境及分布：多见于山林中，高至海拔1600m，冬天常到平原地带。

生活习性：常单独活动，多隐藏于树顶部枝叶间鸣叫。或穿梭于树干间由一棵树飞到另一棵树上。飞行时先是快速拍翅飞翔，然后又滑翔。飞行姿势似雀鹰。鸣声清脆响亮，为3音节，其声似"贵贵一阳，贵贵一阳"。繁殖期间几乎整天都能听见它的叫声。主要以昆虫为食，特别是鳞翅目幼虫、蝗虫、蚂蚁和鞘翅目昆虫最为喜欢。繁殖期4～7月，产卵1～2枚。

四声杜鹃 | 英文名：Indian Cuckoo
学名：*Cuculus micropterus*

别名：光棍背钮、光棍好过、花喀咕、快快割麦、豌豆八哥、印度喀咕

濒危等级：无危（LC）

形态特征：额暗灰沾棕；眼先淡灰色；头顶至枕暗灰色，头侧灰色显褐；后颈、背、腰、翅上覆羽和次级、三级飞羽浓褐色；初级飞羽浅黑褐色，内侧具白色横斑；翼缘白色，中央尾羽棕褐色，具宽阔的黑色近端斑，先端微具棕白色羽缘；沿羽干及两侧具棕白色斑块，羽缘微具棕色；其余尾羽褐色具黄白色横斑；羽干及两侧尾端和羽缘白色，沿羽干斑块较中央尾羽大而显著；颏、喉、前颈和上胸淡灰色；胸和颈基两侧浅灰色，羽端浓褐色并具棕褐色斑点，形成不明显的棕褐色半圆形胸环；下胸、两胁和腹白色，具宽的黑褐色横斑，横斑间的间距也较大；下腹至尾下覆羽污白色，羽干两侧具黑褐色斑块；虹膜红褐；眼圈黄色；嘴上嘴黑色，下嘴偏绿；脚黄色。

识别要点：似大杜鹃，区别在于尾羽具黑色次端斑，且虹膜较暗，灰色头部与深灰色的背部成对比。雌鸟较雄鸟多褐色。亚成鸟头及上背具偏白的皮黄色鳞状斑纹。

生境及分布：栖息于山地森林和山麓平原地带的森林中，尤以混交林、阔叶林和林缘疏林地带活动较多。有时也出现于农田地边树上。

生活习性：活动性较大，无固定的居留地。性机警，受惊后迅速起飞。飞行速度较快，每次飞行距离也较远。声音似"花-花-苞-谷"，或"光-棍-好-苦"。叫声为响亮清晰的四声哨音，不断重复，第四声较低。多单独或成对活动，从未见到成群现象。主要以昆虫为食，尤其喜吃鳞翅目幼虫，如松毛虫，树粉蝶幼虫、蛾类等，有时也吃植物种子等少量植物性食物。繁殖期5~7月，自己不营巢。

乌鹃 | 英文名：Drongo Cuckoo
学名：*Surniculus lugubris*

别名： 卷尾鹃、乌喀咕

濒危等级： 无危（LC）

形态特征： 中等体型，长约23cm的黑色杜鹃；通体大致黑色而具蓝色光泽，仅腿白；最外侧1对尾羽及尾下覆羽具白色横斑。初级飞羽第一枚的内侧有1块白斑，第三枚以内有一斜向的白色横斑横跨于内侧基部，翼缘也缀有白色。比较老的鸟枕部常有白色斑点。下体黑色，微带蓝色或辉绿色；幼鸟具不规则的白色点斑；尾羽开如卷尾；虹膜褐色（雄鸟），黄色（雌鸟）；嘴黑色；脚蓝灰色。

识别要点： 通体大致黑色而具蓝色光泽，仅腿白，翼缘隐见白色斑块。

生境及分布： 栖息于山地和平原茂密的森林中，也出现于林缘次生林、灌木林和耕地及村屯附近稀树草坡地带。

生活习性： 主要在树上栖息和活动。飞行时无声无息，呈起伏地波浪式飞行。紧迫时也能快速地直线飞行。站立时姿势较垂直。鸣声为6音节，似口哨声，音阶渐次升高。有时亦发出"Wee-whip"的双音节声。繁殖期3～5月，自己不营巢。

噪鹃 | 英文名：Asian Koel
学名：*Eudynamys scolopacea*

别名： 哥好雀、嫂鸟

濒危等级： 无危（LC）

形态特征： 体长约42cm；尾较长。雄鸟通体蓝黑色，具蓝色光泽，下体沾绿；雌鸟上体暗褐色，略具金属绿色光泽，并满布整齐的白色小斑点，头部白色小斑点略沾皮黄色，且较细密，常呈纵纹头状排列；背、翅上覆羽及飞羽，以及尾羽常呈横斑状排列；颏至上胸黑色，密被粗的白色斑点；其余下体具黑色横斑；虹膜深红色；鸟喙白至土黄色或浅绿色，基部较灰暗；脚蓝灰。

识别要点： 全身黑色（雄鸟）或白色杂暗褐色（雌鸟），嘴绿色。

生境及分布： 栖息于山地，丘陵，山脚平原地带林木茂盛的地方，如稠密的红树林、次生林、森林及人工林中。多栖息在海拔1000m以下，也常出现在村寨和耕地附近的高大树上。多单独活动。

生活习性： 多单独活动。常隐蔽于大树顶层茂盛的枝叶丛中，一般仅能听见其声而不见其影。若不鸣叫，很难发现。主要以榕树、芭蕉、无花果的果实等植物果实、种子和昆虫为食物。繁殖期3~5月，自己不营巢。

绿嘴地鹃 | 英文名：Green-billed Malkoha
学名：*Phaenicophaeus tristis*

别名：灰毛鸡、大绿嘴地鹃

濒危等级：无危（LC）

形态特征：体长约55cm。嘴粗厚而大，嘴峰甚弯曲；眼周裸露无羽呈红色；翅短圆；尾特长，凸尾；跗跖较粗长，爪甚弯曲；头顶至上背淡绿灰色，头顶杂有黑色纵纹；额侧及鼻孔至耳后和眼下缀有白色；背中部、三级飞羽、翼上覆羽及尾上覆羽暗金属绿色，其余上体、翅和尾暗蓝绿色或暗绿色；尾具白色端斑；额至胸淡棕灰色；上胸以上具黑色羽干纹，下胸、腹和翅下覆羽暗灰棕色，腹以后灰色；虹膜褐色；眼周裸皮红色；嘴绿色；脚灰绿。

识别要点：头及上背淡绿灰色，下体暗灰棕色，喉及胸具深色羽干纹，背、翼及尾暗金属绿色，尾羽端白。

生境及分布：主要栖息于低山丘陵和山脚林缘地带的灌木丛、竹丛和丛林中。

生活习性：常单独或成对活动。多在林下地面或灌木丛中上下跳跃觅食。有时也活动在较高的树枝上，有危险即窜入下面灌木丛。休息时多栖于近地面的低枝上，不动也不叫。受惊后起飞，飞行较快，但每次飞行距离较短，多做短距离飞行。少鸣叫。叫声柔和，似鸦鹃叫声。主要吃象甲、金龟甲、蝽象、毛虫、蝗虫等鞘翅目和鳞翅目昆虫，也吃蜘蛛和其他小型无脊椎动物。偶尔也吃植物果实和种子。繁殖期3～7月，一年2窝，每窝产卵2～4枚。

褐翅鸦鹃 | 英文名：Greater Coucal
学名：*Centropus sinensis*

别名：大毛鸡、红鹑、红毛鸡、黄蜂、绿结鸡、落谷、乌鸦雉、毛鸡

濒危等级：无危（LC）

形态特征：体长约52cm，尾较长。体羽全黑，仅上背、翼及翼覆羽为纯栗红色；虹膜红色；嘴黑色；脚黑色。

识别要点：体羽全黑，仅上背、翼及翼覆羽为纯栗红色。

生境及分布：主要栖息于1000m以下的低山丘陵和平原地区的林缘灌丛、稀树草坡、河谷灌丛、草丛和芦苇丛中，也出现于靠近水源的村边灌丛和竹丛等地方，但很少出现在开阔地带。

生活习性：喜欢单个或成对活动，很少成群。平时多在地面活动，休息时也栖息于小树枝丫，或在芦苇顶上晒太阳，尤其在雨后。善于隐蔽，遇到干扰或有危险的时候很快藏在地上草丛或灌丛中。也善于在地面行走，跳跃取食，行动十分迅速，还常把尾、翅展成扇形，上下急扭。飞行时急扑双翅，尾羽张开，上下摆动，速度不快，通常飞不多远又降落在矮树上。鸣声连续不断，从单调低沉到响亮，其声似"嗷，嗷"声，似远处的狗吠声，数里之外都能听见，尤以早晨和傍晚鸣叫频繁。食性较杂，主要以毛虫、蝗虫、象甲、蜚蠊、蚁和蜂等昆虫为食，也吃蜈蚣、蟹、螺、蚯蚓、甲壳类、软体动物及其他无脊椎动物，以及蛇、蜥蜴、鼠类、鸟卵和雏鸟等脊椎动物，有时还吃一些杂草种子和果实等植物性食物。每年3月开始繁殖，每窝产卵3～5枚。

小鸦鹃 | 英文名：Lesser Coucal
学名：*Centropus bengalensis*

别名： 印度小鸦鹃、小毛鸡、小乌鸦雉、小雉喀咕、小黄蜂

濒危等级： 无危（LC）

形态特征： 体长为30~40cm；头、颈、上背及下体黑色，具深蓝色光彩和亮黑色的羽干纹；下背和尾上覆羽为淡黑色，具蓝色光泽；尾羽为黑色，具绿色金属光泽和窄的白色尖端；肩部和两翅为栗色，翅端和内侧次级飞羽较暗褐，显露出淡栗色羽干；翅下覆羽的颜色为红褐色或栗色；虹膜为深红色；嘴黑色；脚为铅黑色。

识别要点： 头、颈、上背及下体黑色，肩部及两翼的栗色较浅且现黑色。

生境及分布： 栖息于低山丘陵和开阔鲍山脚平原地带的灌丛、草丛、果园和次生林中。

生活习性： 常单独或成对活动。性机智而隐蔽，稍有惊动，立即奔入稠茂的灌木丛或草丛中。鸣叫声尖锐而清脆，有时很急促。主要以蝗虫、蝼蛄、金龟甲、蝽象、白蚁、螳螂、蠹斯等昆虫和其他小型动物为食，也吃少量植物果实与种子。繁殖期3~8月，每窝产卵3~5枚。

栗鸮 | 英文名：Oriental Bay Owl
学名：*Phodilus badius*

别名：猴面鹰

濒危等级：无危（LC）

形态特征： 小型鸟类，体长约29cm，体重311～360g。额、面盘、颏和喉浅葡萄红色，眼先和内侧眼缘深栗色。颈侧至胸围以一道白色而杂有褐色和栗色的项翎，后头及后颈深栗色。上背、肩和翅上内侧覆羽棕黄色而具栗色羽缘和近端黑色斑点；下背浅栗色，亦杂有黑色斑点。两翅大都棕栗色而具黑色横斑，第一枚初级飞羽外翈和小覆羽均缘以白色，第二枚初级飞羽近端处缀有3个白点，尾浅栗色，亦具多道黑色横斑。下体和覆腿羽葡萄红色，亦缀黑色斑点。上胸沾橙黄色，下腹中部及肛周羽色较浅。几近白色。翅下覆羽和腋羽浅棕色或栗色，近翼缘处有一栗色斑块。虹膜深褐色，嘴乳黄色，脚黄褐色，爪黄色，中爪内缘具栉状突。

识别要点： 体长约29cm，体重311～360g。额、面盘、颏和喉浅葡萄红色，眼先和内侧眼缘深栗色。

生境及分布： 栖息于山地常绿阔叶林、针叶林和次生林中。

生活习性： 留鸟。白日坐姿平展，夜行性，主要在晚上、黄昏和黎明前活动。常单独或成对活动，有时亦见2～3只的小群。主要以鼠类、小鸟、蜥蜴、蛙、昆虫等动物性食物为食。繁殖期3～7月，每窝产卵3～5枚。

斑头鸺鹠 | 英文名：Barred Owlet
学名：*Glaucidium cuculoides*

别名： 横纹小鸺、流离、猫王鸟、训狐、鬼车

濒危等级： 无危（LC）

形态特征： 体长约24cm。遍具棕褐色横斑，面盘不明显，头侧无直立的簇状耳羽。头、胸和整个背面几乎均为暗褐色；头部和全身的羽毛均具有细的白色横斑；腹部白色；下腹部和肛周具有宽阔的褐色纵纹；喉部还具有两个显著的白色斑；尾羽上有6道鲜明的白色横纹，端部白缘。虹膜黄色；嘴黄绿色，基部较暗；蜡膜暗褐色；趾黄绿色，具刚毛状羽，爪近黑色。

识别要点： 遍具棕褐色横斑；无耳羽簇；上体棕栗色而具白色横斑，沿肩部有一道白色线条将上体断开；下体几全褐，具褐色横斑；臀片白，两胁栗色；白色的颏纹明显，下线为褐色和皮黄色。

生境及分布： 栖息于平原、低山丘陵、海拔2000m左右的中山地带的阔叶林、混交林、次生林和林缘灌丛，也出现于村寨和农田附近的疏林和树上。

生活习性： 常光顾庭院、村庄、原始林及次生林。主为夜行性，但有时白天也活动。多在夜间和清晨作叫。主要以蝗虫、甲虫、螳螂、蝉、蟋蟀、蚂蚁、蜻蜓、毛虫等各种昆虫及其幼虫为食，也吃鼠类、小鸟、蚯蚓、蛙和蜥蜴等动物。繁殖期3~6月，每窝产卵3~5枚。

领鸺鹠 | 英文名：Collared Owlet
学名：*Glaucidium brodiei*

别名： 小鸺鹠、衣领小鸮

濒危等级： 无危（LC）

形态特征： 体长约16cm。上体灰褐色，遍被狭长的浅橙黄色横斑；头部较灰；眼先及眉纹白色；眼先羽干末端呈黑色须状羽；无耳簇羽，面盘不显著；前额、头顶和头侧有细密的白色斑点；后颈有显著的棕黄色或皮黄色领圈，其两侧各有一黑色斑纹；肩羽外翈有大的白色斑点，形成2道显著的白色肩斑，其余上体包括两翅覆羽和内侧次级飞羽暗褐色具棕色横斑；飞羽黑褐色，除第一枚初级飞羽外，外翈均具棕红色斑点，内翈基部具白色斑，越往内白色斑越大，到最内侧飞羽则成横斑状；尾上覆羽褐色，有白色横斑及斑点，尾暗褐色具6道浅黄白色横斑和羽端斑；颊白色，向后延伸至耳羽后方；额、喉白色，喉部具一道细的栗褐色横带，其余下体白色；体侧有大型褐色末端斑，形成褐色纵纹；尾下覆羽白色，先端杂有褐色斑点；覆腿羽褐色，具少量白色细横斑；跗跖被羽（指名亚种）；虹膜鲜黄色；嘴和趾黄绿色；爪角褐色。

识别要点： 纤小而多横斑，眼黄色，颈圈棕黄至皮黄，无耳羽簇。上体暗褐色而具棕色横斑；头顶灰色，具白"或皮黄色的小型眼状斑"；喉白而满具褐色横斑。

生境及分布： 栖息于山地森林和林缘灌丛地带。

生活习性： 除繁殖期外都是单独活动。主要在白天活动，中午也能在阳光下自由地飞翔和觅食。飞行时常急剧地拍打翅膀作鼓翼飞翔，然后再做一段滑翔，交替进行。黄昏时活动也比较频繁，晚上还喜欢鸣叫，几乎整夜不停，鸣声较为单调，大多呈4音节的哨声，反复鸣叫。休息时多栖息于高大的乔木上，并常常左右摆动着尾羽。主要以昆虫和鼠类为食，也吃小鸟和其他小型动物。繁殖期3~7月，每窝产卵2~6枚。

普通夜鹰 | 英文名：Grey Nightjar
学名：*Caprimulgus indicus*

别名： 鬼鸟、贴树皮、蚊母鸟、夜燕

濒危等级： 无危（LC）

形态特征： 体长约28cm。体灰褐色，密杂以黑褐色和灰白色虫蠹斑；额、头顶、枕具宽阔的绒黑色中央纹；背、肩羽羽端具绒黑色块斑和细的棕色斑点；有的标本在黑色块斑前还有白色斑纹；两翅覆羽和飞羽黑褐色；其上有锈红色横斑和眼状斑；最外侧3对初级飞羽内侧近翼端处有一大形棕红色或白色斑，与此相对应的外侧也具有棕白色或棕红色块斑；中央尾羽灰白色，具有宽阔的黑色横斑，横斑间还杂有黑色虫蠹斑；最外侧4对尾羽黑色，具宽阔的灰白色和棕白色横斑，横斑上杂有黑褐色虫蠹斑；额、喉黑褐色，羽端具棕白色细纹；下喉具一大形白斑；胸灰白色，满杂以黑褐色虫蠹斑和横斑；腹和两胁红棕色，具密的黑褐色横斑；尾下覆羽红棕色或棕白色，杂以黑褐色横斑。

识别要点： 体灰褐色，密杂以黑褐色和灰白色虫蠹斑；额、头顶、枕具宽阔的绒黑色中央纹；背、肩羽羽端具绒黑色块斑和细的棕色斑点。

生境及分布： 主要栖息于海拔3000m以下的阔叶林和针阔叶混交林；也出现于针叶林、林缘疏林、灌丛和农田地区竹林和丛林内。

生活习性： 单独或成对活动。夜行性，白天多蹲伏于林中草地上或卧伏在阴暗的树干上，故名"贴树皮"。由于体色和树干颜色很相似，很难发现。黄昏和晚上才出来活动。尤以黄昏时最为活跃，不停地在空中回旋飞行捕食。飞行快速而无声，常在鼓翼飞翔之后伴随着一阵滑翔。繁殖期间常在晚上和黄昏鸣叫不息，其声似不断快速重复的"chuck"或"tuck"。主要以天牛、金龟子、甲虫、夜蛾、蚊、蚋等昆虫为食。主要在飞行中捕食，尤以黄昏时捕食活动较频繁。繁殖期5～8月，每窝产卵2枚。

林夜鹰

英文名：Savannah Nightjar
学名：*Caprimulgus affinis*

别名：贴树皮、蚊母鸟

濒危等级：无危（LC）

形态特征：体长约22cm。上体灰褐色，具有非常细的黑色虫蠹斑；头顶和枕具宽的箭头状的黑色斑，后颈具棕皮黄色斑点，形成一条不明显的领环，有时很难看到；尾皮黄色，具宽的黑色横斑和虫蠹斑，两对外侧尾羽白色，仅尖端杂有暗色；肩羽同背，但具粗著的茶黄色斑和窄的黑色纵纹；翅覆羽和内侧次级飞羽同；外侧4对初级飞羽黑色，最外侧一对在内侧具一大的白斑，外侧常常呈棕色，其余三对在中部具一宽的白色横带，常常具棕色羽缘和尖端杂有细小暗色斑点；内侧初级飞羽和外侧次级飞羽也为黑色，具棕色横斑，尖端具淡色斑；白色喉斑常在喉中部被暗色分隔成左右两块；其余额、喉、胸具黑色、灰色虫蠹斑和微缀茶黄色；下胸和腹茶黄色，具黑色横斑；尾下覆羽纯茶黄色。雄鸟特征为外侧尾羽白色，白色喉带分裂成两块斑。雌鸟多棕色但尾部无白色斑纹。

识别要点：上体灰褐色具黑色虫蠹斑，后颈具棕皮黄斑纹。

生境及分布：主要栖息于开阔而干燥的低山阔叶林和林缘地带，也出现于河边和沟谷灌丛草地。

生活习性：常单独或成对活动。夜行性。白天多栖息于地面上或树枝上，黄昏和晚上活动。鸣声为低沉的单音。飞行时振翅缓慢，轻快无声，飞行姿势忽上忽下。主要以昆虫为食。猎食活动多在黄昏和夜间，尤以黄昏较频繁，常在飞行中猎食。繁殖期4~7月，每窝产卵4~5枚。

灰喉针尾雨燕

英文名：Silver-backed Needletail
学名：*Hirundapus cochinchinensis*

别名： 无

濒危等级： 无危（LC）

形态特征： 体长19～21cm。额部、头顶、两翼、尾上覆羽和尾羽为黑色，并闪烁有蓝色的光辉；枕部为烟灰色；背上的马鞍形斑、腰及略显短钝的针尾浅褐色；前颈、胸部、腹部和两胁为暗褐色；尾羽羽干突出呈刺状；颏及喉偏灰；尾下覆羽白色；三级飞羽内有白斑，肩部、背部至腰部为褐灰色；眼线无白色；虹膜深褐；嘴黑色；脚暗紫。

识别要点： 背上的马鞍形斑、腰及略显短钝的针尾浅褐色。

生境及分布： 主要栖息在亚热带或热带潮湿低地森林。

生活习性： 结群快速飞越森林及山脊。有时低飞于水上取食。每年的5月下旬前后及8月下旬至10月中旬常能见到。主要以各种昆虫为食。繁殖期2～3月，每窝产卵3枚。

小白腰雨燕 | 英文名：House Swift
学名：*Apus affinis*

别名：无

濒危等级：无危（LC）

形态特征：体长约14cm.偏黑色；头顶灰褐色，头两侧灰褐色；虹膜深褐色；嘴黑色；喉白色；后颈灰褐色；背部黑褐色；腰白色；下体暗灰褐色；脚黑褐色；尾黑褐色有绿色光泽，尾上覆羽暗褐色，上有铜色光泽。

识别要点：喉及腰为白色，尾部几乎为平切状。

生境及分布：主要栖息于开阔的林区、城镇、悬岩和岩石海岛等各类生境中。

生活习性：成群栖息和活动，在开阔地上空捕食。有时亦与家燕混群飞翔于空中。飞翔快速而平稳，常在快速振翅飞行一阵之后又伴随着一阵滑翔，二者常交替进行。主要以膜翅目等飞行性昆虫为食。多在飞行中捕食。营巢于屋檐下、悬崖或洞穴口。繁殖期4～7月，每窝产卵2～4枚。

棕雨燕 | 英文名：Asian Palm Swift
学名：*Cypsiurus balasiensis*

别名：无

濒危等级：无危（LC）

形态特征：体长约11cm。全身深褐色，体型纤小；两翼大而窄；尾部窄并具有深分叉；四趾向前，分两对；虹膜深褐；嘴黑色；脚偏紫。

识别要点：全身深褐色；两翼较大而窄；尾部大叉开。

生境及分布：主要栖息于低山丘陵、平原等开阔地区，尤以林缘、灌丛、城镇、村寨和有棕榈树的田间地区。

生活习性：常成群在开阔的旷野上空飞翔。天气晴朗时飞得较高，阴天飞得较低，成天频繁的在天空穿梭飞翔捕食。尤以黄昏时分最为活跃。主要以昆虫为食。在飞行中捕食昆虫。常以蒲葵属植物为营巢和歇息地点，巢紧贴于棕榈树的叶下。繁殖期5～7月，每窝产卵2～3枚。

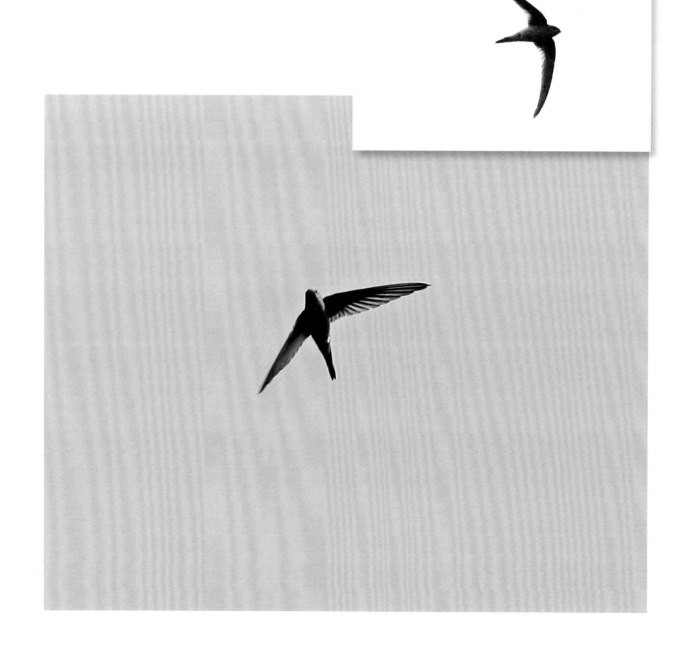

红头咬鹃

英文名：Red-headed Trogon
学名：*Harpactes erythrocephalus*

别名：红姑鸪

濒危等级：无危（LC）

形态特征：体长约33cm。雄头颈暗绯红色，雌鸟头颈黄褐色；背、肩锈褐色；两翅黑色，翅上覆羽和内侧飞羽密被白色细虫蠹斑纹，初级飞羽黑色，外侧具白色羽缘；腰和尾上覆羽较多锈色，中央尾羽深栗色，具黑色羽干纹和端斑，紧邻中央尾羽的1对外侧尾羽羽轴栗色，外侧棕色，内侧黑色，或内外侧全为黑色；其余3对外侧尾羽黑色，具宽的白色端斑；颏、喉暗褐色沾红；颏部有1撮向前弯曲的须状羽；上胸暗绯红色，下胸锈红色，有一窄的白色半月形横带位于上下胸之间；其余下体绯红色。

识别要点：雄鸟头部暗绯红色，胸部红色上具狭窄的半月形白环。雌鸟头部黄褐色，腹部红色，胸部具半月形白环。

生境及分布：主要栖于海拔1500m以下的常绿阔叶林和次生林中，在云南高黎贡山可达2300m的中山地区。

生活习性：多单独或成对活动。性胆怯而孤僻，常一动不动的垂直的站在树冠层低枝上或藤条上。飞行时多在林间呈上下起伏的波浪式飞行。主要以昆虫为食，也吃植物果实。常通过飞行在空中捕食，但也可在地上捕食。繁殖期4~7月，窝卵数3~4枚。

冠鱼狗 | 英文名：Crested Kingfisher
学名：*Megaceryle lugubris*

别名： 花斑钓鱼郎、冠翠鸟

濒危等级： 无危（LC）

形态特征： 体型大（41cm）的鱼狗。冠羽发达，上体青黑并多具白色横斑和点斑，蓬起的冠羽也如是；大块的白斑由颊区延至颈侧，下有黑色髭纹。具黑色的胸部斑纹，两胁具皮黄色横斑；雄鸟翼线白色，雌鸟黄棕色；虹膜褐色；嘴黑色；脚黑色。

识别要点： 冠羽发达，上体青黑并多具白色横斑和点斑，下体白色。

生境及分布： 栖息于山麓、小山丘或平原森林河溪间。

生活习性： 与翠鸟的捕食方法相同，常在水面掠取，或是潜入水中捕食；有时甚至能全身消失在水中；也有时鼓动双翅，停翔于离水约3～10m的空中，好像悬在水面上，一见食饵，立即直入水中猎取鱼类，也食虾、蟹、水生昆虫及蝌蚪等。繁殖期2～8月，窝卵数4～7枚。

三趾翠鸟

英文名：Three-toed Kingfisher
学名：*Ceyx erithacus*

别名：小黄鱼狗

濒危等级：无危（LC）

形态特征：体长约14cm的红黄色翠鸟；额黑色；头、颈橙红色；肩羽灰褐色，羽毛端部具深蓝色羽缘；上背深蓝；下背、腰、尾上覆羽、尾羽橙红色，除尾羽外，其他各部位中央紫红色，具反光；翼灰褐色。颏白色；喉淡蛋黄白色；耳羽紫红色，具反光；嘴下至胸、腹、尾下覆羽蛋黄色，嘴以下至胸、尾下覆羽较深，腹部较浅。虹膜棕色；嘴、脚红色；趾仅3个；尾较嘴短；翼形尖长；羽色非黑白色。嘴粗直，长而坚，嘴脊圆形；鼻沟不著；翼尖长，第一片初级飞羽稍短，第三、四片最长；尾短圆；体羽艳丽而具光辉。

识别要点：红黄色翠鸟，头、颈橙红色；肩羽灰褐色，羽毛端部具深蓝色羽缘；上背深蓝；下背、腰、尾上覆羽、尾羽橙红色。

生境及分布：栖息于常绿的原始森林、次森林和河岸近水的地方。

生活习性：一般单独或情侣共同捕食，常在树叶或泥土中寻找猎物。主要食物是昆虫，如蝗虫、苍蝇，以及蜘蛛，也吃各种水生动物如水甲虫、小螃蟹、青蛙和小鱼。繁殖期5～7月，窝卵数3～7枚。

白胸翡翠

英文名：White-throated Kingfisher
学名：*Halcyon smyrnensis*

别名： 白胸鱼狗、翠碧鸟、翠毛鸟、红嘴吃鱼鸟、鱼虎
濒危等级： 无危（LC）
形态特征： 体长约27cm。成鸟的头、后颈、上背褐色；下背、腰、尾上覆羽、尾羽亮蓝色；翼也亮蓝色，但初级飞羽端部黑褐色，中部内羽片为白色，飞时形成一大白斑，中覆羽黑色，小覆羽棕赤色；颏、喉、前胸和胸部中央白色；眼下、耳羽、颈的两侧、胸侧、腹、尾下覆羽棕赤色；虹膜褐色；嘴、脚珊瑚红或赤红色。

识别要点： 颏、喉及胸部白色；头、颈及下体余部褐色；上背、翼及尾蓝色鲜亮如闪光（晨光中看似青绿色）；翼上覆羽上部及翼端黑色。

生境及分布： 在平原和海拔1500m的高度均有分布。
生活习性： 一般单独或情侣共同捕食。主要食物是无脊椎动物，如蟋蟀、蜘蛛、蝎子和蜗牛，也吃小型脊椎动物，如小鱼、小蛇和蜥蜴等。繁殖期1~8月，窝卵数4~7枚。

蓝翡翠 | 英文名：Black-capped Kingfisher
学名：*Halcyon pileata*

别名：蓝鱼狗、鱼腥

濒危等级：无危（LC）

形态特征：身长29～31cm，体重71～138g。寿命10年，是一种以蓝色、白色及黑色为主的翡翠鸟。以头黑为特征，翼上覆羽黑色，上体其余为亮丽华贵的蓝紫色。两胁及臀沾棕色。飞行时白色翼斑显见。虹膜深褐色；嘴红色；脚红色。尾羽较喙长，翅形短圆，头顶黑色，颈有白圈，额至上颈、喙角、颊至颈侧，以及内侧翼上覆羽等均绒黑色，此下具一小型白斑。上体辉紫蓝色，腰部更辉亮。额和喉白色，下体其余部分均为棕黄色。

识别要点：以头黑为特征，翼上覆羽黑色，上体其余为亮丽华贵的蓝紫色。

生境及分布：喜大河流两岸、河口及红树林。栖于河边的枝头。

生活习性：以鱼为食，也吃虾、螃蟹和各种昆虫。常单独站立于水域附近的电线杆顶端，或较为稀疏的枝丫上，伺机猎取食物。晚间到树林或竹林中栖息。繁殖期5～7月，窝卵数4～6枚。

普通翠鸟 | 英文名：Common Kingfisher
学名：*Alcedo atthis*

别名：鱼虎、鱼狗、钓鱼翁、金鸟仔、大翠鸟、蓝翡翠、秦椒嘴

濒危等级：无危（LC）

形态特征：体长15cm。上体金属浅蓝绿色，体羽艳丽而具光辉，头顶布满暗蓝绿色和艳翠蓝色细斑；眼下和耳后颈侧白色，体背灰翠蓝色，肩和翅暗绿蓝色，翅上杂有翠蓝色斑；喉部白色，胸部以下呈鲜明的栗棕色；颈侧具白色点斑；下体橙棕色，颏白；橘黄色条带横贯眼部及耳羽；雄鸟上嘴黑色，下嘴红色；虹膜褐色；嘴黑色（雄鸟），下颚橘黄色（雌鸟）；脚红色。

识别要点：上体金属浅蓝绿色，颈侧具白色点斑；下体橙棕色，颏白。橘黄色条带横贯眼部及耳羽。

生境及分布：栖息于有灌丛或疏林、水清澈而缓流的小河、溪涧、湖泊以及灌溉渠等水域。

生活习性：单独活动，平时常独栖在近水边的树枝上或岩石上，伺机猎食，食物以小鱼为主，兼吃甲壳类和多种水生昆虫及其幼虫，也啄食小型蛙类和少量水生植物。翠鸟扎入水中后，眼睛能迅速调整在水中因为光线造成的视角反差，所以捕鱼本领很强。繁殖期4~7月，窝卵数6~7枚。

栗喉蜂虎

英文名： Blue-tailed Bee-eater
学名： *Merops philippinus*

别名： 红喉吃蜂鸟

濒危等级： 无危（LC）

形态特征： 体长约30cm。中央尾羽甚延长且较狭细，其超出侧尾羽的长度远超过跗蹠的2倍长度；尾和腰蓝色；喉栗色。眼先、后及覆耳羽黑色；其下以及一狭形眉纹淡蓝绿色；自额至背及翅表辉绿色；腰及尾上覆羽、尾羽表面亮绿蓝色；中央尾羽末段近黑色，侧尾羽内 缘以淡红栗色；初、次级飞羽具淡黑色羽端，最外侧几枚的外翈及最内侧几枚的暴露部分呈淡绿色；翅底面呈橙黄色。颏鲜黄色；喉鲜栗色；自胸以下浅黄绿至浅绿色；尾下覆羽银蓝色。

识别要点： 黑色的过眼纹上下均淡蓝绿色，头及上背绿，腰、尾蓝，额黄，喉栗，腹部浅绿色。飞行时下翼羽橙黄色。中央尾羽甚延长且较狭细。

生境及分布： 常见于海拔1200m以下的开阔生境。

生活习性： 结群聚于开阔地捕食。栖于裸露树枝或电线，懒散地迂回滑翔寻食昆虫。繁殖期4~6月，窝卵数4~7枚。

蓝喉蜂虎

英文名：Blue-throated Bee-eater
学名：*Merops viridis*

别名： 红头吃蜂鸟

濒危等级： 无危（LC）

形态特征： 中等体型（28cm，包括延长的中央尾羽）的偏蓝色蜂虎。成鸟：头顶及上背巧克力色，过眼线黑色，翼蓝绿色，腰及长尾浅蓝，下体浅绿，以蓝喉为特征。亚成鸟尾羽无延长，头及上背绿色。虹膜红色或褐色，嘴黑色，脚灰色或褐色。

识别要点： 喉部蓝色，头顶及上背巧克力色，过眼线黑色，翼蓝绿色，腰及长尾浅蓝，下体浅绿。

生境及分布： 主要栖息于近海低洼处的开阔原野及林地。

生活习性： 繁殖期群鸟聚于多沙地带。较蓝喉蜂虎少飞行或滑翔，宁呆在栖木上等待过往昆虫。偶从水面或地面拾食昆虫。繁殖期5~7月，窝卵数4枚。

（蓝须）夜蜂虎 | 英文名：Blue-bearded Bee-eater
学名：*Nyctyornis athertoni*

别名：蓝袍吃蜂鸟

濒危等级：无危（LC）

形态特征：体长30cm。夏羽：上体自额至头顶前部辉淡蓝色，余部及头颈两侧、翅、尾表面草绿沾蓝色，外侧飞羽具黑褐色羽端及黄色内缘，侧尾羽内翈具棕黄色的基部和黑褐色的先端；下体自颏至胸两侧与背同色；喉中央淡蓝色；前颈至上胸的中央（长形羽）转暗蓝色；自下胸以下赭黄色；除尾下覆羽外，各羽具绿褐色的中央条纹。冬羽：头顶、背、肩部及喉侧均无蓝色沾染；上体仅额部沾有蓝色。虹膜红色，嘴黑褐色，脚紫绿色，爪黑色。

识别要点：顶冠淡蓝，腹部棕黄带绿色纵纹。尾羽腹面黄褐。蓝色的胸羽蓬松，嘴厚重而下弯。

生境及分布：栖息于山地或丘陵地带，草地上或山坡、沟谷、河边、村旁等林间乔木中层或树冠。

生活习性：有时栖于树梢上，见虫飞过即腾空而起捕食，不论成功与否均马上以一弧圈形滑翔而下回原位；有时盘旋于树冠之上或穿飞于树丛之间以追捕昆虫，常且飞且叫，叫声带沙哑，似"ko-r-r：ko-r-r"，鸣时喉、胸部的长羽显著地松开。繁殖期3~6月，窝卵数4~6枚。

戴胜 | 英文名：Eurasian Hoopoe
学名：*Upupa epops*

别名： 臭姑姑、臭姑鸪、担斧、发伞鸟、发伞头鸟、呼勃勃、鸡冠鸟、廉姑、山鼓鼓、山和尚、屎姑姑

濒危等级： 无危（LC）

形态特征： 体长30cm。头、颈、胸淡棕栗色；羽冠色略深且各羽具黑端，在后面的羽黑端前更具白斑；胸部还沾淡葡萄酒色；上背和翼上小覆羽转为棕褐色；下背和肩羽黑褐色而杂以棕白色的羽端和羽缘；上、下背间有黑色、棕白色、黑褐色3道带斑及1道不完整的白色带斑，并连成的宽带向两侧围绕至翼弯下方；腰白色；尾上覆羽基部白色，端部黑色，部分羽端缘白色；尾羽黑色，各羽中部向两侧至近端部有一白斑相连成一弧形横带；翼外侧黑色、向内转为黑褐色，中、大覆羽具棕白色近端横斑，初级飞羽（除第一枚外）近端处具1列白色横斑，次级飞羽有4列白色横斑，三级飞羽杂以棕白色斜纹和羽缘；腹及两胁由淡葡萄棕转为白色，并杂有褐色纵纹，至尾下覆羽全为白色；虹膜褐至红褐色；嘴黑色，基部呈淡铅紫色；脚铅黑色。

识别要点： 具长而尖黑的耸立型淡棕栗色丝状冠羽。头、上背、肩及下体淡棕，两翼及尾具黑白相间的条纹。嘴长且下弯。

生境及分布： 栖息于山地、平原、森林、林缘、路边、河谷、农田、草地、村屯和果园等开阔地方，尤其以林缘耕地生境较为常见。

生活习性： 多单独或成对活动。常在地面上慢步行走，边走边觅食，受惊时飞上树枝或飞一段距离后又落地，飞行时两翅扇动缓慢，成一起一伏的波浪式前进。停歇或在地上觅食时，羽冠张开，形如一把扇，遇惊后则立即收贴于头上。性情较为驯善，不太怕人。鸣声似"扑-扑-扑"，粗壮而低沉。鸣叫时冠羽耸起，旋又伏下，随着叫声，羽冠一起一伏。主要以襀翅目、直翅目、膜翅目、鞘翅目和鳞翅目的昆虫和幼虫，如蝗虫、蝼蛄、石蝇、金龟子、跳螭、蛾类和蝶类幼虫及成虫为食，也吃蠕虫等其他小型无脊椎动物。觅食多在林缘草地上或耕地中，常常把长长的嘴插入土中取食。繁殖期4~6月，窝卵数6~8枚。

黑眉拟啄木鸟

英文名： Black-browed Barbet
学名： *Megalaima oorti*

别名： 五色鸟、山拟啄木鸟

濒危等级： 无危（LC）

形态特征： 体长约20cm的绿色拟啄木鸟；头部有蓝红黄黑4种。与其他拟啄木鸟区别在于体型略小，眉黑，颊蓝，喉黄，颈侧具红点。亚成鸟色彩较黯淡。虹膜褐色，嘴黑色，脚灰绿。

识别要点： 眉黑，颊蓝，喉黄，颈侧具红点，体为绿色。

生境及分布： 常栖息于海拔1000～2000m的亚热带森林中。

生活习性： 典型的冠栖拟啄木鸟。繁殖季节常隐栖于树冠中鸣叫，叫声单调而响亮，如一连串的敲打木鱼声。繁殖期5～6月，窝卵数3枚。

灰头（绿）啄木鸟

英文名：Grey-headed Woodpecker
学名：*Picus canus*

别名： 海南绿啄木鸟、黑枕绿啄木鸟、黄啄木、绿啄木鸟、山啄木、山鴷

濒危等级： 无危（LC）

形态特征： 体长约27cm。雄鸟额基灰色杂有黑色，额、头顶朱红色，头顶后部、枕和后颈灰色或暗灰色、杂以黑色羽干纹，眼先黑色，眉纹灰白色，耳羽、颈侧灰色，颚纹黑色宽而明显。背和翅上覆羽橄榄绿色，腰及尾上覆羽绿黄色；中央尾羽橄榄褐色，两翈具灰白色半圆形斑，端部黑色，羽轴辉亮黑色，外侧尾羽黑褐色具暗色横斑；初级飞羽黑色，外翈具白色方形横斑，内翈基部亦具白色横斑，次级飞羽外翈沾橄榄黄色，白斑不明显；下体颏、喉和前颈灰白色，胸、腹和两胁灰绿色，尾下覆羽亦为灰绿色，羽端草绿色；雌鸟额至头顶暗灰色，具黑色羽干纹和端斑，其余同雄鸟；雄性幼鸟嘴基灰褐色，额红色，呈近圆形斑并具橙黄色羽缘；头顶暗灰绿色具淡黑色羽轴点斑，头侧至后颈暗灰色，两胁、下腹至尾下覆羽灰白色并杂以淡黑色斑点和横斑；其余同成鸟；虹膜红色；嘴灰黑色；脚和趾灰绿色或褐绿色。

识别要点： 下体全灰色，颊及喉亦灰色。雄鸟前顶冠朱红，眼先及狭窄颊纹黑色。枕及尾黑色。雌鸟顶冠灰色而无红斑。嘴相对短而钝。

生境及分布： 主要栖息于低山阔叶林和混交林，也出现于次生林和林缘地带，很少到原始针叶林中。

生活习性： 常单独或成对活动，很少成群。飞行迅速，成波浪式前进。常在树干的中下部取食，也常在地面取食，尤其是地上倒木和蚁冢上活动较多。平时很少鸣叫，叫声单纯，仅发出单音节"ga-ga-"声。但繁殖期间鸣叫却甚频繁而洪亮，声调亦较长而多变，其声似"gao-gao-gao-"。繁殖期4~6月，窝卵数8~11枚。

栗啄木鸟 | 英文名：Rufous Woodpecker
学名：*Celeus brachyurus*

别名： 无

濒危等级： 无危（LC）

形态特征： 体长21cm。雄性成鸟整个头棕色，但稍淡；眼下有一宽阔血红色纵纹；翕部深棕色，背、腰、尾上覆羽、尾羽也是深棕色；除尾羽外，各羽均具黑色横斑；尾羽则具黑色点斑；翼也是深棕色，不论飞羽和覆羽，均具宽阔的黑色横斑，而第一片至第三初级飞羽端部全为黑色；下体的颏、喉浅棕色，各羽均具棕白色羽缘；胸、腹、尾下覆羽、两胁也是深棕色，腹部羽毛末端有污黑色，两胁羽毛有黑色横斑；雌性成鸟与雄鸟相似，只是眼下无血红色纵纹；腹和两胁黑色横斑较多；虹膜暗褐或淡红褐色；嘴暗角黑色，下嘴基沾绿黄色；脚暗褐或褐黑色。

识别要点： 通体红褐色，两翼及上体具黑色横斑，下体也具较模糊横斑；雄鸟眼下和眼后部位具一红斑。

生境及分布： 主要栖息于低海拔的开阔林地、次生林、森缘地带、园林及人工林。

生活习性： 啄錾声少能听见。叫声似短而急的"kwee、kwee、kwee、kwee……"音，5～10个音符一降。錾木声短而渐缓。繁殖期5～8月，窝卵数5～6枚。

大黄冠啄木鸟 | 英文名：Greater Yellownape
学名：*Picus flavinucha*

别名：无

濒危等级：无危（LC）

形态特征：体长约33mm，雄鸟额、头顶和头侧暗橄榄褐色，额和头顶缀有棕栗色，枕冠金黄色或橙黄色，整个上体和内侧飞羽辉黄绿色，初级飞羽黑褐色，除翼端外，概具宽阔的深棕色横斑；内侧飞羽外翈绿色，内翈黑色，具深棕色横斑。其余两翅表面与背同色，尾羽黑褐色，中央尾羽基部羽缘绿色。颏、喉柠檬黄色。前颈褐色沾绿，杂有白色条纹。胸暗橄榄褐色，其余下体逐渐转为橄榄灰色。雌鸟与雄鸟相似，但上喉栗色，下喉白色而具粗著的黑色纵纹。虹膜棕红色，嘴铅灰色，先端淡黄色，脚和趾铅灰沾绿，爪角褐色。

识别要点：雄鸟额、头顶和头侧暗橄榄褐色，枕冠金黄色，颏、喉柠檬黄色。雌鸟与雄鸟相似，但上喉栗色，下喉白色而具粗著的黑色纵纹。

生境及分布：主要栖息于海拔2000m以下的中、低山常绿阔叶林内。罕见于海拔800～2000m的亚热带混交林、松林及次生丛。

生活习性：主要以昆虫为食，有时也吃植物种子和浆果。常单独或成对活动。多往返于树干间，沿树干攀缘和觅食，有时也到地上活动和觅食。飞行呈波浪式。叫声与黑枕绿啄木鸟相似，主要为慢声的"chup"或"chup，chup"继以断续的急音。繁殖期4～6月，窝卵数3～4枚。

黄冠啄木鸟 | 英文名：Lesser Yellownape
学名：*Picus chlorolophus*

别名：海南小黄颈啄木鸟

濒危等级：无危（LC）

形态特征：体长约26cm。雄鸟额红色或橄榄绿色鼻羽至眼上方黑色，头顶和颈侧橄榄绿色，枕具一金黄色羽冠；一条细长的红色眉纹前端与额部红色相连，后端和金黄色枕冠相连；眼先经眼下到颈侧有一白色或黄白色颊纹，颚纹红色，耳羽和颈侧同色；上体草绿色而有光泽，两翅褐色，头两枚飞羽外翈具不明显的白色横斑，其余飞羽外翈栗红色；边缘微缀以棕色，往内飞羽绿色逐渐增加，直至与背同色；尾黑褐色，中央尾羽具铜绿色或橄榄绿色狭缘；颏、喉淡白色而具橄榄褐色斑杂状，下喉和胸暗橄榄褐色；胸以下的整个下体，包括尾下覆羽、腋羽和翼下覆羽全为褐色和白色相间横斑，白色常缀有淡黄色或橄榄色；雌鸟和雄鸟相似，但额不具鲜红色，仅从眼后到枕有一条宽的鲜红色带；虹膜红色或朱红色；嘴黑色或灰黄色，先端和嘴峰角褐色；跗蹠和趾绿黑色或灰绿褐色；爪黑褐色或角黄色。

识别要点：额和眉纹鲜红色，头顶和耳羽橄榄绿色，枕部具有鲜黄色羽冠，极为醒目。颊部有一条白纹。上体和胸草绿色或橄榄绿色，腹至尾下覆羽淡黄白色而具褐色横斑。飞翔时飞羽上面无横斑，翅下具黑白色横斑，内侧初级飞羽和外侧次级飞羽多数为栗红色。

生境及分布：主要栖息于海拔2000m以下的常绿阔叶林和混交林中，也出现于竹林和林缘灌丛地带。

生活习性：常单独或成对活动。本种为喧闹惹眼的啄木鸟，时以小群或跟随混合的大鸟群移动。繁殖期4～7月，窝卵数2～4枚。

大斑啄木鸟 | 英文名：Great Spotted Woodpecker
学名：*Dendrocopos major*

别名：赤鴷、花啄木、白花啄木鸟、啄木冠、叨木冠

濒危等级：无危（LC）

形态特征：体长约24cm。雄鸟额棕白色，眼先、眉、颊和耳羽白色，头顶黑色而具蓝色光泽，枕具一辉红色斑，后枕具一窄的黑色横带；后颈及颈两侧白色，形成一白色领圈，肩白色，背辉黑色，腰黑褐色而具白色端斑；两翅黑色，翼缘白色，飞羽内翈均具方形或近方形白色块斑，翅内侧中覆羽和大覆羽白色，在翅内侧形成一近圆形大白斑；中央尾羽黑褐色，外侧尾羽白色并具黑色横斑；颚纹宽阔呈黑色，向后分上下支，上支延伸至头后部，另一支向下延伸至胸侧；颏、喉、前颈至胸以及两胁污白色，腹亦为污白色，略沾桃红色，下腹中央至尾下覆羽辉红色；雌鸟头顶、枕至后颈辉黑色而具蓝色光泽，耳羽棕白色，其余似雄鸟（东北亚种）；幼鸟（雄性）整个头顶暗红色，枕、后颈、背、腰、尾上覆羽和两翅黑褐色，较成鸟浅淡；前颈、胸、两胁和上腹棕白色，下腹至尾下覆羽浅桃红色。虹膜暗红色，嘴铅黑或蓝黑色，跗和趾褐色。

识别要点：雄鸟枕部具狭窄红色带而雌鸟无。两性尾下覆羽均为红色，但带黑色纵纹的近白色胸部上无红色或橙红色。

生境及分布：栖息于山地和平原针叶林、针阔叶混交林和阔叶林中，尤以混交林和阔叶林较多，也出现于林缘次生林和农田地边疏林及灌丛地带。

生活习性：常单独或成对活动，繁殖后期则成松散的家族群活动。多在树干和粗枝上觅食。觅食时常从树的中下部跳跃式地向上攀缘，如发现树皮或树干内有昆虫，就迅速啄木取食，用舌头探入树皮缝隙或从啄出的树洞内钩取害虫。如啄木时发现有人，则绕到被啄木的后面藏匿或继续向上攀缘，搜索完一棵树后再飞向另一棵树，飞翔时两翅一开一闭，成大波浪式前进，有时也在地上倒木和枝叶间取食。叫声"jen-jen-"。繁殖期4～5月，窝卵数3～8枚。

星头啄木鸟 | 英文名：Grey-capped Woodpecker
学名：*Dendrocopos canicapillus*

别名：北啄木鸟、红星啄木、小鴷、一点红

濒危等级：无危（LC）

形态特征：体长约15cm。黑白色条纹的啄木鸟。下体无红色，头顶灰色；雄鸟眼后上方具红色条纹，近黑色条纹的腹部棕黄色。亚种*D. c. nagamichii*少白色肩斑；*D. c. omissus*，*D. c. nagamichii*及*D. c. scintilliceps*背白具黑斑。

识别要点：黑白色条纹的啄木鸟。头顶灰色；雄鸟眼后上方具红色条纹，近黑色条纹的腹部棕黄色。

生境及分布：栖于各种林区及园林。

生活习性：单独或成对活动。有时混入其他鸟群。繁殖期4~6月，窝卵数4~5枚。

黄嘴栗啄木鸟

英文名：Bay Woodpecker
学名：*Blythipicus pyrrhotis*

别名： 黄嘴红啄

濒危等级： 无危（LC）

形态特征： 体长约30cm。是体型略大的啄木鸟；雄鸟颈侧及枕具绯红色块斑。嘴黄色，嘴端呈截平状；体羽大都栗色，上下体均有横斑；上体大都棕褐色，下背以下暗褐色；自枕下至颈侧及耳羽后有一大赤红斑；头顶羽具淡色轴纹；背、尾及翅具黑横斑；下体暗褐色，胸具淡栗色细羽干纹；雌鸟颈项及颈侧均无红斑；幼鸟头上羽干纹较粗，下体较暗褐色；雄鸟虹膜棕红，雌鸟虹膜灰褐色；嘴黄，基部沾绿色；跗蹠和趾淡褐黑色，爪角绿色。

识别要点： 体羽大都栗色，上下体均有横斑；上体大都棕褐色，下背以下暗褐色；自枕下至颈侧及耳羽后有一大赤红斑。

生境及分布： 较罕见，在海拔500～2200m的常绿林。

生活习性： 不錾击树木。鸣声为沙哑的嘎嘎声。以昆虫为食。高处营巢，繁殖期4～6月，窝卵数5～7枚。

银胸丝冠鸟

英文名：Silver-breasted Broadbill
学名：*Serilophus lunatus*

别名：海南宽嘴

濒危等级：无危（LC）

形态特征：体长15cm。雄鸟前额基部白色，往前额逐渐转为淡蓝灰色，头顶、枕灰棕色，一条宽阔的黑色眉纹自眼先延伸至后颈两侧；上背和肩烟灰褐色微沾蓝色或锈色，下背、腰至尾上覆羽由棕红色逐渐转为栗色；尾黑色、呈凸尾形，中央两对尾羽纯黑色，其余尾羽具宽的白色端斑；两翅覆羽黑色，翼缘白色，翼角沾浅蓝灰色。第一枚初级飞羽外翈黑色，最内侧两对飞羽栗色，其外翈基部亮蓝色，内翈基部白色，其余飞羽黑色，中段外翈蓝色，内翈白色；外侧初级飞羽外翈末端白色，内翈端部缀蓝灰色，次级飞羽外翈端部蓝灰色和白色，内翈端部棕栗色；下体淡银灰白色，颏、喉近白色，胸有的沾淡棕黄色，亦有的腹部微缀葡萄红色；翼下覆羽黑褐色具灰白色细斑，腋羽灰白色，尾下覆羽纯白色，腿覆羽和跗蹠上部被羽黑色；雌鸟羽色和雄鸟相似，但上胸具有一银白色环带；虹膜暗褐色；眼周裸露皮肤黄色，围眼蓝绿色；嘴天蓝色，嘴基部橙黄色；跗蹠蓝绿色。

识别要点：阔嘴，具黑色的弯曲眉纹和蓝色的翼斑，肩、背及腰栗色。尾黑，窄边及尾端白色。

生境及分布：主要栖息于热带和亚热带山地森林中，海拔高度多在1500m以下。

生活习性：常成小群活动，尤以10~20余只的结群较常见。多活动在树冠层下。喜静栖，不善跳跃和鸣叫，鸣声低弱，似"唧……唧……"声。不甚怕人，对枪声反应亦较迟钝，有时多次鸣枪采集标本仍不飞走。留鸟，不迁徙。繁殖期4~6月，窝卵数4~5枚。

家燕 | 英文名：Barn Swallow
学名：*Hirundo rustica*

别名：观音燕、燕子、拙燕、玉燕

濒危等级：无危（LC）

形态特征：体长20cm。雌雄羽色相似；前额深栗色；上体从头顶一直到尾上覆羽均为蓝黑色而富有金属光泽；两翼小覆羽、内侧覆羽和内侧飞羽亦为蓝黑色而富有金属光泽；初级飞羽、次级飞羽和尾羽黑褐色微具蓝色光泽，飞羽狭长；尾长、呈深叉状；最外侧一对尾羽特形延长，其余尾羽由两侧向中央依次递减，除中央一对尾羽外，所有尾羽内翈均具一大型白斑，飞行翈时尾平展，其内翈上的白斑相互连成"V"字形；颏、喉和上胸栗色或棕栗色，其后有一蓝黑色环带，有的黑环在中段被侵入栗色中断，下胸、腹和尾下覆羽白色或棕白色，也有呈淡棕色和淡赭桂色的，随亚种而不同，但均无斑纹；虹膜暗褐色；嘴黑褐色；跗蹠和趾黑色；幼鸟和成鸟相似，但尾较短，羽色亦较暗淡。

识别要点：上体钢蓝色；胸栗色或棕栗色而具一道蓝黑色环带，腹白；尾甚长，近端处具白色点斑。

生境及分布：喜欢栖息在人类居住的环境。

生活习性：善飞行，整天大多数时间都成群地在村庄及其附近的田野上空不停地飞翔，飞行迅速敏捷，有时飞得很高，像鹰一样在空中翱翔，有时又紧贴水面一闪而过，时东时西，忽上忽下，没有固定飞行方向，有时还不停地发出尖锐而急促的叫声。活动范围不大，通常在栖息地2km²范围内活动。每日活动时间较长，据在长白山的观察，一般早晨4：00多即开始活动，直到傍晚7：00多钟才停止活动。其中尤以7：00~8：00和17：00~18：00最为活跃，中午常作短暂休息。有时亦与金腰燕一起活动。繁殖期4~7月，窝卵数2~4枚。

白鹡鸰

英文名：White Wagtail
学名：*Motacilla alba*

别名：白颤儿、白颊鹡鸰、白面鸟、马兰花儿、眼纹鹡鸰

濒危等级：无危（LC）

形态特征：体长20cm。额头顶前部和脸白色，头顶后部、枕和后颈黑色；背、肩黑色或灰色，飞羽黑色；翅上小覆羽灰色或黑色、中覆羽、大覆羽白色或尖端白色，在翅上形成明显的白色翅斑；尾长而窄，尾羽黑色，最外两对尾羽主要为白色；颏、喉白色或黑色，胸黑色，其余下体白色；虹膜黑褐色；嘴和跗蹠黑色。

识别要点：额头顶前部和脸白色，头顶后部、枕和后颈黑色；背、肩黑色或灰色，飞羽黑色。

生境及分布：主要栖息于河流、湖泊、水库、水塘等水域岸边，也栖息于农田、湿草原、沼泽等湿地，有时还栖于水域附近的居民点和公园。

生活习性：常单独成对或呈3～5只的小群活动。迁徙期间也见成10多只至20余只的大群。多栖于地上或岩石上，有时也栖于小灌木或树上，多在水边或水域附近的草地、农田、荒坡或路边活动，或是在地上慢步行走，或是跑动捕食。遇人则斜着起飞，边飞边鸣。鸣声似"jilin-jilin-"，声音清脆响亮，飞行姿势呈波浪式，有时也较长时间地站在一个地方，尾不住地上下摆动。繁殖期4～7月，窝卵数4～7枚。

黄鹡鸰 | 英文名：Yellow Wagtail
学名：*Motacilla flava*

别名： 无

濒危等级： 无危（LC）

形态特征： 体长18cm的带褐色或橄榄色的鹡鸰；似灰鹡鸰但背橄榄绿色或橄榄褐色而非灰色；尾较短；飞行时无白色翼纹或黄色腰；亚种各异：较常见的亚种 *M. f. simillima* 雄鸟头顶灰色，眉纹及喉白；*M. f. taivana* 头顶橄榄色与背同，眉纹及喉黄；*M. f. tchutschensis* 头顶及颈背深蓝灰，眉纹及喉白；*M. f. macronyx* 头灰，无眉纹，颜白而喉黄；*M. f. leucocephala* 头顶及头侧白；*M. f. plexa* 头顶及颈背青石灰色；*M. f. melanogrisea* 头顶、颈背及头侧橄榄黑；非繁殖期体羽褐色较重较暗，但3～4月已恢复繁殖期体羽；雌鸟及亚成鸟无黄色的臀部；亚成鸟腹部白；虹膜褐色；嘴褐色；脚褐至黑色。

识别要点： 带褐色或橄榄色的鹡鸰。似灰鹡鸰但背橄榄绿色或橄榄褐色而非灰色，尾较短，飞行时无白色翼纹或黄色腰。

生境及分布： 栖息于低山丘陵、平原以及海拔4000m以上的高原和山地。常在林缘、林中溪流、平原河谷、村野、湖畔和居民点附近活动。

生活习性： 多成对或成3～5只的小群，迁徙期亦见数十只的大群活动。喜欢稻田、沼泽边缘及草地。常结成甚大群，在牲口及水牛周围取食。停栖在河边或河心石头上，尾不停地上下摆动。有时也沿着水边来回不停地走动。飞行时两翅一收一伸，呈波浪式前进行。常常边飞边叫，鸣声"ji-ji-"。繁殖期5～7月，窝卵数5～6枚。

灰鹡鸰 | 英文名：Grey Wagtail
学名：*Motacilla cinerea*

别名： 黄腹灰鹡鸰、黄鹡、灰鹡、马兰花儿

濒危等级： 无危（LC）

形态特征： 体长19cm。雄鸟前额、头顶、枕和后颈灰色或深灰色；肩、背、腰灰色沾暗绿褐色或暗灰褐色；尾上覆羽鲜黄色，部分沾有褐色，中央尾羽黑色或黑褐色、具黄绿色羽缘，外侧3对尾羽除第一对全为白色外，第二、三对外翈黑色或大部分黑色，内翈白色；两翅覆羽和飞羽黑褐色，初级飞羽除第一、二、三对外，其余初级飞羽内翈具白色羽缘，次级飞羽基部白色，形成一道明显的白色翼斑，三级飞羽外翈具宽阔的白色或黄白色羽缘；眉纹和颧纹白色，眼先、耳羽灰黑色；颏、喉夏季为黑色，冬季为白色，其余下体鲜黄色；雌鸟和雄鸟相似，但雌鸟上体较绿灰，颏、喉白色、不为黑色；虹膜褐色，嘴黑褐色或黑色，跗蹠和趾暗绿色或角褐色。

识别要点： 腰黄绿褐色，下体鲜黄，上背灰色，飞行时白色翼斑和黄色的腰显现，且尾较长。

生境及分布： 主要栖息于溪流、河谷、湖泊、水塘、沼泽等水域岸边或水域附近的草地、农田、住宅和林区居民点，尤其喜欢在山区河流岸边和道路上活动，也出现在林中溪流和城市公园中。海拔高度从2000m的平原草地到2000m以上的高山荒原湿地均有栖息。

生活习性： 常单独或成对活动，有时也集成小群或与白鹡鸰混群。飞行时两翅一展一收，呈波浪式前进，并不断发出"ja-ja-ja-ja-"的鸣叫声。常停栖于水边、岩石、电线杆、屋顶等突出物体上，有时也栖于小树顶端枝头和水中露出水面的石头上，尾不断地上下摆动。被惊动以后则沿着河谷上下飞行，并不停地鸣叫。常沿河边或道路行走捕食。繁殖期5～7月，窝卵数4～6枚。

树鹨

英文名：Orienfnl Tree Pipit
学名：*Anthus hodgsoni*

别名： 木鹨、麦加蓝儿、树鲁

濒危等级： 无危（LC）

形态特征： 体长约15cm。上体橄榄绿色或绿褐色，头顶具细密的黑褐色纵纹，往后到背部纵纹逐渐不明显；眼先黄白色或棕色，眉纹自嘴基起棕黄色，后转为白色或棕白色、具黑褐色贯眼纹；下背、腰至尾上覆羽几纯橄榄绿色、无纵纹或纵纹极不明显；两翅黑褐色具橄榄黄绿色羽缘，中覆羽和大覆羽具白色或棕白色端斑；尾羽黑褐色具橄榄绿色羽缘，最外侧一对尾羽具大型楔状白斑，次一对外侧尾羽仅尖端白色；额、喉白色或棕白色，喉侧有黑褐色颧纹，胸皮黄白色或棕白色，其余下体白色，胸和两胁具粗著的黑色纵纹；虹膜红褐色；上嘴黑色，下嘴肉黄色；跗蹠和趾肉色或肉褐色。

识别要点： 橄榄色鹨，具粗显的白色眉纹，上体纵纹较少，喉及两胁棕白色，胸及两胁黑色纵纹浓密。

生境及分布： 繁殖期间主要栖息在海拔1000m以上的阔叶林、混交林和针叶林等山地森林中，在中国北方可达海拔4000m左右的高山森林地带。夏季主要在高山矮曲林和疏林灌丛栖息。迁徙期间和冬季，则多栖于低山丘陵和山脚平原草地。

生活习性： 多常成对或成3～5只的小群活动，迁徙期间亦集成较大的群。多在地上奔跑觅食。性机警，受惊后立刻飞到附近树上，边飞边发出"chi-chi-chi"的叫声，声音尖细。站立时尾常上下摆动。常活动在林缘、路边、河谷、林间空地、高山苔原、草地等各类生境，有时也出现在居民点。繁殖期5～8月，窝卵数4～5枚。

田鹨 | 英文名：Paddyfield Pipit
学名：*Anthus rufulus*

别名：花鹨

濒危等级：无危（LC）

形态特征：体长约16cm。上体主要为黄褐色或棕黄色，头顶、两肩和背具暗褐色纵纹，后颈和腰纵纹不显著或无纵纹；尾上覆羽较棕、无纵纹，尾羽暗褐色具沙黄色或黄褐色羽缘，中央1对尾羽羽缘较宽，最外侧1对尾羽大都白色或几全为白色，仅内翈近羽基处羽缘灰褐色，次一对外侧尾羽外翈白色，内翈羽端具较窄的楔状白斑，羽轴暗褐色；翼上覆羽黑褐色，小覆羽具淡黄棕色羽缘，中覆羽和大覆羽具较宽的棕黄色羽缘；初级飞羽和次级飞羽暗褐色具窄的棕白色羽缘，三级飞羽黑褐色具宽的淡棕色羽缘；眉纹黄白色或沙黄色；额、喉白色沾棕，喉两侧有一暗色纵纹；胸和两胁皮黄色或棕黄色，胸具暗褐色纵纹，下胸和腹皮黄白色或白色沾黄；虹膜褐色；嘴角褐色，上嘴基部和下嘴较淡黄；脚角褐色。

识别要点：上体主要为黄褐色或棕黄色，头顶、两肩和背具暗褐色纵纹，后颈和腰纵纹不显著或无纵纹；尾上覆羽较棕、无纵纹，尾羽暗褐色具沙黄色或黄褐色羽缘。

生境及分布：主主要栖息于开阔平原、草地、河滩、林缘灌丛、林间空地以及农田和沼泽地带。

生活习性：常单独或成对活动，迁徙季节亦成群。有时也和云雀混杂在一起在地上觅食。多栖于地上或小灌木上。飞行呈波浪式，多贴地面飞行。主要以昆虫为食，常见种类有鞘翅目甲虫、直翅目蝗虫、膜翅目蚂蚁以及鳞翅目成虫和幼虫等。在蝗虫发生地区，以食蝗虫为主，是消灭蝗虫天然助手。多在地上奔跑觅食。夏季食昆虫，秋冬吃草籽。起伏飞行时鸟鸣重复发出"chew–ii, chew–ii"或"chip–chip–chip"及细弱的叫声"chup–chup"。繁殖期5~8月，窝卵数4~5枚。

红喉鹨 | 英文名：Red-throated Pipit
学名：*Anthus cervinus*

别名： 红嘴鹨

濒危等级： 无危（LC）

形态特征： 体长约15cm。眉纹显著，棕红色，贯眼纹、颊纹黑褐色，头侧、喉至上胸为棕红色，胸部微具黑褐色纵纹，头顶至上体棕色，具显著黑褐色纵纹；翼上黑褐色，具棕色、棕白色羽缘；下体胸以下淡棕色至棕白色，胁部有黑褐色纵纹并有黑褐色斑块；尾羽黑褐色具棕色羽缘；嘴灰褐色，基部黄色，脚棕黄色；与树鹨的区别在于上体黑褐色较重，腰部多纵纹并有黑褐色斑块，胸部较少粗黑褐色纵纹，喉部棕红色较多。

识别要点： 眉纹显著，棕红色，贯眼纹、颊纹黑褐色，头侧、喉至上胸为棕红色，头顶至上体棕色，具显著黑褐色纵纹；下体胸以下淡棕色至棕白色，胁部有黑褐色纵纹并有黑褐色斑块。

生境及分布： 栖息于海拔4000m左右的灌丛、草甸地带、开阔平原和低山山脚地带，有时出现在林缘、林中草地、河滩、沼泽、草地、林间空地及居民点附近。

生活习性： 多成对活动，在地上岩枝节走觅食，受惊动即飞向树枝或岩石上。食物主要为昆虫，多为鞘翅目、膜翅目、双翅目的昆虫，食物缺乏时吃少量植物性食物。飞行时发出尖细的pseeoo叫声，比其他鹨的叫声悦耳。繁殖期6~7月，窝卵数4~6枚。

大鹃鵙

英文名：Large Cuckooshrike
学名：*Coracina macei*

别名：无

濒危等级：无危（LC）

形态特征：体长约28cm。脸及额黑色；雄鸟上体及胸灰色，飞羽黑色具近白色羽缘，尾黑，尾中线深灰，尾端棕灰，腹部偏白，眼先及眼圈黑色，喉深灰。雌鸟色较浅，下胸及两胁具灰色横斑；亚成鸟似雌鸟，但多偏褐色，下体及腰部横斑粗重。虹膜近红色，嘴黑色，脚黑色。

识别要点：脸及额黑色；上体及胸灰色，飞羽黑色具近白色羽缘，尾黑，尾中线深灰，尾端棕灰，腹部偏白，眼先及眼圈黑色，喉深灰。雌鸟下胸及两胁具灰色横斑。

生境及分布：主要栖息于平原至海拔2000m的开阔次生阔叶林或针阔混交林，也见于雨林。

生活习性：通常单独或成对活动。常停留在林间空地边缘最高树木的树顶上。繁殖期5～6月，窝卵数通常2枚，偶尔3枚。

暗灰鹃鵙 | 英文名：Black-winged Cuckooshrike
学名：*Coracina melaschistos*

别名： 黑翅山椒鸟、平尾龙眼燕

濒危等级： 无危（LC）

形态特征： 体长约23cm。灰色及黑色。雄鸟青灰色，两翼亮黑，尾下覆羽白色，尾羽黑色，3枚外侧尾羽的羽尖白色。雌鸟似雄鸟，但色浅，下体及耳羽具白色横斑，白色眼圈不完整，翼下通常具一小块白斑。虹膜红褐色，嘴黑色，脚铅蓝色。

识别要点： 雄鸟青灰色，两翼亮黑，尾下覆羽白色，尾羽黑色，3枚外侧尾羽的羽尖白色。雌鸟似雄鸟，但色浅，下体及耳羽具白色横斑，白色眼圈不完整，翼下通常具一小块白斑。

生境及分布： 主要栖息于平原、山区、栖于以枥树为主的落叶混交林、阔叶林缘、松林、热带雨林、针竹混交林以及山坡灌木丛中、开阔的林地及竹林。

生活习性： 冬季从山区森林下移越冬。罕见至地区性常见于低地及高至海拔2000m的山区。鸣声为3～4个缓慢而有节奏的下降笛音"wii wii jeeow jeeow"。杂食性，主食 鞘翅目、直翅目昆虫，以及蝉等，也吃蜘蛛、蜗牛、少量植物种子。繁殖期4～5月，窝卵数2～5枚。

灰喉山椒鸟

英文名： Grey-throated Winivet
学名： *Pericrocotus solaris*

别名： 十字鸟

濒危等级： 无危（LC）

形态特征： 体长约17cm。雄鸟：上体从前额、头顶至上背、肩黑色或烟黑色具蓝色光泽，下背、腰和尾上覆羽赤红或洋红色；尾黑色，中央尾羽仅外翈端缘赤红或橙红色，有的中央尾羽全为黑色，次一对尾羽大都黑色，仅先端和外翈大部分为橙红色，其余尾羽由内向两侧红色范围逐渐扩大，黑色范围逐渐缩小，仅局限于羽基，到最外侧一对尾羽几全为橙红色；两翅黑褐色，翅上大覆羽具赤红色羽端，除第一至第三枚初级飞羽外，其余飞羽近基部赤红色，内翈亦为赤红色、但稍淡，这些赤红色与大覆羽的赤红色共同形成赤红色翼斑；眼先黑色，颊、耳羽、头侧以及颈侧灰色或暗灰色；喉灰色、灰白色或沾黄色，其余下体鲜红色，尾下覆羽橙红色。雌鸟：自额至背深灰色，下背橄榄绿色，腰和尾上覆羽橄榄黄色，两翅和尾与雄鸟同色，但红色被黄色取代；眼先灰黑色，颊、耳羽、头侧和颈侧灰色或浅灰色，额、喉浅灰色或灰白色，胸、腹和两胁鲜黄色，翼缘和翼下覆羽深黄色。虹膜褐色，嘴、脚黑色。

识别要点： 雄鸟从头顶到上背石板黑色，下背至尾上覆羽赤红至深红色。尾黑色，外侧尾羽先端红色。翅黑色具红色翅斑。下体除喉为灰色、灰白色和黄色外，其余皆为橙红色。雌鸟从头顶到上背暗石板灰色，下背至尾上覆羽橄榄黄色，喉灰白色或沾有黄色，其余下体鲜黄色。翅和尾与雄鸟相同，但其红色翼斑被黄色取代。

生境及分布： 主要栖息于平原和山区杂木林、阔叶林、针叶林以至茶园间。

生活习性： 常成小群活动，有时亦与赤红山椒鸟混杂在一起。性活泼，飞行姿势优美，常边飞边叫，叫声尖细，其音似"咻咻－咻"或"咻－咻"，声音单调，第一音节缓慢而长，随之为急促的短音或双音。喜欢在疏林和林缘地带的乔木上活动，觅食也多在树上，很少到地上活动。冬季也常到低山和山脚平原地带的次生林、小块丛林甚至茶园间活动。繁殖期5～6月，窝卵数3～4枚。

赤红山椒鸟 | 英文名：Scarlet Minivet
学名：*Pericrocotus flammeus*

别名： 红十字鸟

濒危等级： 无危（LC）

形态特征： 体长约19cm。雄鸟整个头、颈、背、肩和翅上小覆羽辉黑色，腰和尾上覆羽以及整个下体朱红色或橙红色，有的仅腹和尾下覆羽或多或少缀有橙色；翅上大覆羽几全为朱红色；初级覆羽黑色，初级飞羽亦为黑色，除第一、二枚或第一、二、三枚初级飞羽外，其余初级飞羽基部具一宽阔的朱红色带斑，横跨在这些初级飞羽的基部，次级飞羽黑色，最内侧次级飞羽外翈具朱红色椭圆形斑，从而在翅上形成两道互不相连的红色翅斑；中央尾羽黑色，外翈先端朱红色，有时内翈尖端亦为红色，其余尾羽朱红色，仅羽基黑色；下体胸以上黑色，胸以下朱红色，翼缘和翼下覆羽橙红色。雌鸟前额、头顶前部和一短窄的眉纹深黄色，头顶前部往后逐渐变灰，头顶后部、枕、后颈、背、肩褐灰色或灰，翅上小覆羽亦为褐灰或灰色、但常常缀有橄榄黄绿色；腰和尾上覆羽橄榄黄色，或黄色而缀绿色；翅上大覆羽黑色具黄色端斑；飞羽黑色，除第一、二枚或第一、二、三枚初级飞羽外，所有初级飞级基部都具有黄色斑，次级飞羽黑色、基部亦具黄色斑，最内侧次级飞羽外翈还具黄色椭圆形斑，从而在翅上也形成两道翅斑；中央一对尾羽黑色，次一对亦为黑色，内翈端部和外翈先端大部为黄色，其余尾羽仅基部黑色其余部黄色；眼先灰黑色，眼后稍淡，眼下、颊、耳羽黄色；颈侧和整个下体黄色或亮黄色，胸部较浓著，体侧有时沾橄榄绿色。虹膜红褐色或棕色，嘴、脚黑色。

识别要点： 雄鸟蓝黑，胸、腹部、腰、尾羽羽缘及翼上的两道斑纹红色。雌鸟背部多灰色，黄色替代雄鸟的红色，且黄色延至喉、额、耳羽及额头。比长尾山椒鸟显矮胖而尾短，翼部斑纹复杂。

生境及分布： 主要栖息于海拔2000m以下的低山丘陵和山脚平原地区的次生阔叶林、热带雨林、季雨林等森林中，也见于针阔叶混交林、针叶林、稀树草坡和地边树丛。

生活习性： 除繁殖期成对活动外，其他时候多成群活动，冬季有时集成数十只的大群，有时亦见与灰喉山椒鸟、粉红山椒鸟混群活动。性活泼，常成群分散活动在树冠层，很少停息。当从一棵向另一树转移时，常由一鸟领头先飞，其余相继跟着飞走，常边飞边叫，叫声单调尖细。觅食在树冠层枝叶间或树枝上，也在空中飞翔捕食。主要以昆虫为食，所吃食物主要为甲虫、蝗虫、蜻象、蝉等，偶尔也吃少量植物种子。繁殖期5～7月，窝卵数2～4枚。

短嘴山椒鸟

英文名：Short-billed Minivet
学名：*Pericrocotus brevirostris*

别名：无

濒危等级：无危（LC）

形态特征：体长19cm。雄鸟：额、头顶、头侧、脸、颊、颏、喉、颈等整个头部以及背、肩均黑色具金属光泽，腰和尾上覆羽朱红色，两翅黑色，除第一至第四枚初级飞羽外，其余飞羽基部具朱红色宽斑，翅上覆羽亦为黑色，大覆羽具朱红色端斑，与飞羽基部的红色共同形成红色翼斑；中央尾羽黑色，次一对中央尾羽亦为黑色，端部内外均为红色，形成一大的红色楔状端斑，越往两侧尾羽，端部红斑越大，而基部黑斑越小；颏、喉及上胸黑色，且与头、背黑色融为一体，其余下体朱红色，翼缘红色，翼下覆羽浅红色。雌鸟前额和头顶前部深黄色，尤以额基较深，前头较浅；头顶、后颈一直到背、肩暗污灰色微沾绿色，腰和尾上覆羽黄色或橄榄黄色；两翅和尾与雄鸟同色、但其上的红色被黄色取代；颊和耳羽黄色，后部转浅灰；下体自颏至尾下覆羽鲜红色，胸部略深，翼缘和翼下覆羽黄色。虹膜褐色；嘴、脚黑色。

识别要点：雄鸟从头至背黑色，腰和尾上覆羽朱红色，两翅黑色具赤红色翼斑，中央尾羽黑色，外侧尾羽基部黑色，端部红色。下体颏、喉黑色，其余下体朱红色。雌鸟额和头顶前部深黄色，头顶至背污灰色，颊和耳羽黄色，腰和尾上覆羽深橄榄黄色。两翅黑色具黄色翅斑。中央尾羽黑色，外侧尾羽基部黑色，端部黄色。

生境及分布：栖息在海拔1000~2500m的山地常绿阔叶林、落叶阔叶林、针阔叶混交林和针叶林等各类森林中，尤以常绿阔叶林和混交林及林缘疏林地带较常见。夏季栖息在山中上部地区，冬季多下到山中下部、山脚及紧邻的山脚平原疏林地带。

生活习性：常成对或成小群活动在高大的树冠层，有时亦集成30~40只的大群。活动时常分散开来，彼此用叫声保持联系，如群中有一只鸟飞到一定距离外的新树上活动后，其他鸟亦陆续伴随飞走。性活泼，不怕人，天气晴朗时活动频繁，阴雨天较少活动。繁殖期5~7月，窝卵数2~4枚。

钩嘴林鵙 | 英文名：Large Woodshrike
学名：*Tephrodornis gularis*

别名：森林伯劳

濒危等级：无危（LC）

形态特征：体长约20cm的灰褐色似鹃鵙的鸟。雄鸟上体灰褐，头顶及颈背灰。雌鸟上体褐色；腰及下体白色，胸沾灰，具深色眼纹，嘴尖端带钩。虹膜黄至褐色；嘴及脚黑色。

识别要点：雄鸟上体灰褐，头顶及颈背灰。雌鸟上体褐色；腰及下体白色，胸沾灰，具深色眼纹，嘴尖端带钩。

生境及分布：主要栖息于海拔约1500m以下的平原和山地的次生阔叶林和针阔混交林、也见于雨林和季雨林缘以及少见于阴暗茂密的林间。

生活习性：成对或结小群，性喧闹，穿飞于树顶。于飞行中捕捉被惊起的昆虫，常从栖处捕食，也于水面捕食昆虫。喜林缘及林间空地。

白头鹎

英文名：Light-vented Bulbul
学名：*Pycnonotus sinensis*

别名：白头婆、白头翁

濒危等级：无危（LC）

形态特征：体长约19cm。额至头顶纯黑色而富有光泽，头顶两侧自双眼后开始各有1条白纹，向后延伸至枕部相连，形成1条宽阔的枕环，有的标本枕羽具黑端，有的头顶后和枕全白色（两广亚种无白色枕环，额至枕全黑色）；颊、耳羽、颧纹黑褐色，耳羽后部转为污白色或灰白色；上体褐灰或橄榄灰色、具黄绿色羽缘，使上体形成不明显的暗色纵纹；尾和两翅暗褐色具黄绿色羽缘；颏、喉白色，胸淡灰褐色，形成一道不明显的淡灰褐色横带；其余下体白色或灰白色，羽缘黄绿色，形成稀疏而不明显的黄绿色纵纹；虹膜褐色，嘴黑色，脚亦为黑色。

识别要点：额至头顶黑色，两眼上方至后枕白色，形成一白色枕环（大陆亚种无此白环，头顶至枕全黑色）。耳羽后部有一白斑。上体灰褐或橄榄灰色具黄绿色羽缘。颏、喉白色，胸灰褐色，形成不明显的宽阔胸带。腹白色具黄绿色纵纹。

生境及分布：主要栖于丘陵或平原中散生有小树、灌丛的次生林、针竹混交林，也见于村落附近庭园中，或见于针叶林。

生活习性：常呈3～5只至10多只的小群活动，冬季有时亦集成20～30多只的大群。多在灌木和小树上活动，性活泼，不甚怕人，常在树枝间跳跃，或飞翔于相邻树木间，一般不做长距离飞行。善鸣叫，鸣声婉转多变，伴有颤音。繁殖期4～8月，窝卵数3～5枚。

红耳鹎 | 英文名：Red-whiskered Bulbul
学名：*Pycnonotus jocosus*

别名：红颊鹎

濒危等级：无危（LC）

形态特征：成鸟全长20～22cm，翼展约28cm，体重23～42g。头顶及枕部黑色，具长的直立羽冠，眼下后方具红色块斑，颊部白色，颊纹黑色，喉部白色，两侧自下颈达胸部各有一条黑色带纹，带纹后边缘转为褐色。上体、尾羽褐色，外侧尾羽具白色端斑，下体白色，尾下覆羽红色。虹膜褐色，嘴及脚黑色。

识别要点：头顶及枕部黑色，具长的直立羽冠，眼下后方具红色块斑，颊部白色。

生境及分布：主要栖息于海拔1500m以下的低山和山脚丘陵地带的雨林、季雨林、常绿阔叶林等森林中，也见于林缘、路旁、溪边和农田地边等开阔地带的灌丛与稀树草坡地带，有时甚至到庭院和村寨附近的竹林、树上或灌丛中。

生活习性：留鸟。常结群活动，性活泼善鸣。喜栖于突出物上，常站在小树最高点鸣唱或叽叽叫。繁殖期4～8月，窝卵数2～4枚。

白喉冠鹎

英文名：White-throated Bulbul
学名：*Alophoixus pallidus*

别名：无

濒危等级：无危（LC）

形态特征：体长约23cm。冠羽长而尖且显散乱，上体橄榄色，头侧灰色，下体黄，白色的喉膨出而带髭须。与黄腹冠鹎易混淆，区别为本种下体较黯淡，腹部黄色较浅。虹膜褐色，嘴黑色，脚褐色。

识别要点：冠羽长而尖且显散乱，上体橄榄色，头侧灰色，白色的喉膨出而带髭须，下体较黯淡，腹部黄色较浅。

生境及分布：主要栖息于海拔1500m以下的低山丘陵阔叶林、次生林、常绿阔叶林、季雨林和雨林中，尤以溪流、沟谷沿岸较为开阔的次生阔叶林较常见。

生活习性：常成小群活动在乔木树冠层，也到林下灌木层活动和觅食。很少到地上活动，有时也见活动在林缘或林外一些散生的树木上。性喧闹。繁殖期4~8月，窝卵数2~4枚。

绿翅短脚鹎 | 英文名：Mountain Bulbul
学名：*Hypsipetes mcclellandii*

别名：绿膀布鲁布鲁

濒危等级：无危（LC）

形态特征：体长约24cm。额至头顶、枕栗褐或棕褐色，羽形尖，先端具明显的白色羽轴纹，到头顶后部白色羽轴纹逐渐不显和消失，颈浅栗褐色；背、肩、腰橄榄绿色（指名亚种）、橄榄褐色或灰褐色、微沾橄榄绿色（云南亚种）或橄榄棕色（华南亚种）；尾橄榄绿色，两翅覆羽橄榄绿色，飞羽暗褐或黑褐色，外 橄榄绿色；眼先沾灰白色，耳羽、颊锈色或红褐色，颈侧较耳羽稍深；额、喉灰色，胸浅棕或灰棕色，从颏至胸有白色纵纹，其余下体棕白色或淡棕黄色，两胁淡灰棕色，尾下覆羽淡黄色，翼缘淡黄或橄榄绿色，翼下覆羽棕白色；虹膜暗红、朱红、棕红或紫红色，嘴黑色，跗蹠肉色、肉黄色至黑褐色。

识别要点：羽冠短而尖，颈背及上胸棕色，喉偏白而具纵纹。头顶深褐具偏白色细纹。背、两翼及尾偏绿色。腹部及臀偏白。

生境及分布：主要栖息于海拔约2300m以下的次生阔叶林、混交林、松、杉针叶林，也见于溪流河畔或村寨附近的竹林、杂木林丛中。

生活习性：常3～5只或10多只的小群活动。多在乔木树冠层或林下灌木上跳跃、飞翔，并同时发出喧闹的叫声，鸣声清脆多变而婉转，其声似"spi-spi-"。以野生植物果实与种子为食，也吃部分昆虫，食性较杂。繁殖期5～8月，窝卵数2～4枚。

栗背短脚鹎 | 英文名：Chestnut Bulbul
学名：*Hemixos castanonotus*

别名：灰短脚鹎

濒危等级：无危（LC）

形态特征：体长约20cm。额至头顶前部、眼先、颊栗色，头顶、头顶上短的羽冠、枕逐渐转为黑栗色或黑色。上体栗色或栗褐色，尾羽暗褐沾棕色，外侧尾羽具灰白色羽缘；两翼暗褐色，翅上小覆羽缀以栗毛，大覆羽、内侧初级飞羽和次级飞羽外 具灰白色或黄绿色羽缘。耳羽至颈侧棕色或棕栗色，额、喉白色、其余下体白色或灰白色，胸和两胁沾灰色，腹中央和尾下覆羽白色。虹膜褐色或红褐色，嘴黑褐色，脚暗褐色或棕褐色。

识别要点：额至头顶前部、眼先、颊栗色，头顶、头顶上短的羽冠、枕逐渐转为黑栗色或黑色。

生境及分布：主要栖息于低山丘陵地区的次生阔叶林、林缘灌丛和稀树草坡灌丛及地边丛林等生境中。

生活习性：主要以植物性食物为食，也吃昆虫等动物性食物，属杂食性。所吃食物主要为洋伞果、核果、乌饭果等植物果实与种子以及鞘翅目、双翅目、鳞翅目、膜翅目、直翅目等昆虫。常成对或成小群活动在乔木树冠层，也到林下灌木和小树上活动和觅食。繁殖期4~6月，窝卵数3~5枚。

黑（短脚）鹎

英文名：Madagascar Bulbul
学名：*Hypsipetes leucocephalus*

别名：白头公、白头黑布鲁布鲁、山白头

濒危等级：无危（LC）

形态特征：体长约20cm的黑色鹎；尾略分叉，嘴、脚及眼亮红色；部分亚种头部白色，西部亚种的前半部分偏灰；与红嘴椋鸟的区别在胸及背部色深；亚成鸟偏灰，略具平羽冠。虹膜褐色，嘴红色，脚红色。

识别要点：黑色鹎，尾略分叉，嘴、脚及眼亮红色。

生境及分布：主要栖息于次生林、阔叶林、常绿阔叶林和针阔叶混交林及其林缘地带，冬季有时也出现在疏林荒坡、路边或地头树上。

生活习性：常单独或成小群活动，有时亦集成大群，特别是冬季，集群有时达100只以上，偶尔也见和黄臀鹎混群。性活泼，常在树冠上来回不停地飞翔，有时也在树枝间跳来跳去，或站于枝头。偶尔也见栖立于电线上，很少到地上活动。善鸣叫，有时站在树顶梢鸣叫，有时成群边飞边鸣，鸣声粗厉，单调而多变，显得较为嘈杂。繁殖期4~7月，窝卵数2~4枚。

橙腹叶鹎 | 英文名：Orange-bellied Leafbird
学名：*Chloropsis hardwickii*

别名：彩绿、橙腹木叶鸟

濒危等级：无危（LC）

形态特征：体长约20cm。雄鸟上体绿色，下体浓橘黄色，两翼及尾蓝色，脸罩及胸兜黑色，髭纹蓝色。雌鸟不似雄鸟显眼，体多绿色，髭纹蓝色，腹中央具一道狭窄的赭石色条带。虹膜褐色，嘴黑色，脚灰色。

识别要点：上体绿色明显，雌雄鸟区别为雄鸟下体为橘黄色而雌鸟通体绿色，并具有黑色脸罩和胸兜。

生境及分布：主要栖息于从滨海的平原至海拔约2200m的山地，以及栖息于开阔的针阔混交林、阔叶林、沟谷林、季雨林以至公路边的林间。

生活习性：性活跃，以昆虫为食，栖于森林各层。繁殖期5～7月，窝卵数3枚。

红尾伯劳 | 英文名：Brown Shrike
学名：*Lanius cristatus*

别名：大头蛮子、缟鹖、花虎伯劳、土虎伯劳、小伯劳

濒危等级：无危（LC）

形态特征：体长约20cm。普通亚种额和头顶前部淡灰色（指名亚种额和头顶红棕色），头顶至后颈灰褐色；上背、肩暗灰褐色（指名亚种棕褐色），下背、腰棕褐色；尾上覆羽棕红色，尾羽棕褐色具有隐约可见不甚明显的暗褐色横斑；两翅黑褐色，内侧覆羽暗灰褐色，外侧覆羽黑褐色，中覆羽、大覆羽和内侧飞羽外翈具棕白色羽缘和先端；翅缘白色、眼先、眼周至耳区黑色，连结成一粗著的黑色贯眼纹从嘴基经眼直到耳后；眼上方至耳羽上方有一窄的白色眉纹；额、喉和颊白色，其余下体棕白色，两胁较多棕色，腋羽亦为棕白色。雌鸟和雄鸟相似，但羽色较苍淡，贯眼纹黑褐色。幼鸟上体棕褐色，各羽均缀黑褐色横斑和棕色羽缘，下体棕白色，胸和两胁满杂以细的黑褐色波状横斑。虹膜暗褐色，嘴黑色，脚铅灰色。

识别要点：成鸟：前额灰，眉纹白，宽宽的眼罩黑色，头顶及上体褐色，下体皮黄。亚成鸟：似成鸟但背及体侧具深褐色细小的鳞状斑纹。

生境及分布：主要栖息于低山丘陵和山脚平原地带的灌丛、疏林和林缘地带，尤其在有稀矮树木和灌丛生长的开阔旷野、河谷、湖畔、路旁和田边地头灌丛中较常见，也栖息于草甸灌丛、山地阔叶林和针阔叶混交林林缘灌丛及其附近的小块次生杨桦林内。

生活习性：单独或成对活动，性活泼，常在枝头跳跃或飞上飞下。有时亦高高的站立在小树顶端或电线上静静地注视着四周，待有猎物出现时，才突然飞去捕猎，然后再飞回原来栖木上栖息。繁殖期间则常站在小树顶端仰首翘尾地高声鸣唱，鸣声粗犷、响亮、激昂有力，有时边鸣唱边突然飞向树顶上空，快速地扇动翅膀原地飞翔一阵后又落入枝头继续鸣唱，见到人后立刻往下飞入茂密的枝叶丛中或灌丛中。繁殖期5～7月，窝卵数5～7枚。

棕背伯劳 | 英文名：Long-tailed Shrike
学名：*Lanius schach*

别名：海南鹛、大红背伯劳
濒危等级：无危（LC）
形态特征：体长约25cm。成鸟：额、眼纹、两翼及尾黑色，翼有一白色斑；头顶及颈背灰色或灰黑色；背、腰及体侧红褐；额、喉、胸及腹中心部位白色；头及背部黑色的扩展随亚种而有不同；亚成鸟：色较暗，两胁及背具横斑，头及颈背灰色较重。虹膜褐色，嘴及脚黑色。
识别要点：在伯劳中尾巴明显长，具黑色眼罩，头和颈背部灰色，背部红褐色。
生境及分布：一般栖息于开阔平原和低山一带，有时也到园林、农田、村宅河流附近。
生活习性：平时常栖止于芦苇梢处，东瞻西望，一见地上有食物，就直下捕杀。亦能在空中捕食飞行的昆虫和小鸟。好居于树冠、跨空电缆上鸣叫，鸣叫时常昂头翘尾，激健有力，并能仿效它鸟鸣声。繁殖期4~7月，窝卵数3~6枚。

黑枕黄鹂 | 英文名：Black-naped Oriole
学名：*Oriolus chinensis*

别名：黄伯劳、黄鹂、黄鸟、黄丝散拉、黄莺、青鸟

濒危等级：无危（LC）

形态特征：体长约26cm。雄鸟头和上下体羽大都金黄色；下背稍沾绿色、呈绿黄色，腰和尾上覆羽柠檬黄色；额基、眼先黑色并穿过眼经耳羽向后枕延伸，两侧在后枕相连形成一条围绕头顶的黑色宽带，尤以枕部较宽；两翅黑色，翅上大覆羽外翈和羽端黄色，内翈大都黑色，小翼羽黑色，初级覆羽黑色，羽端黄色，其余翅上覆羽外翈金黄色，内翈黑色；初级飞羽黑色，除第一枚初级飞羽外，其余初级飞羽外翈均具黄白色或黄色羽缘和尖端，次级飞羽黑色，外翈具宽的黄色羽缘，三级飞羽外翈几全为黄色；尾黑色，除中央一对尾羽外，其余尾羽均具宽阔的黄色端斑，且愈向外侧尾羽黄色端斑愈大；雌鸟和雄鸟羽色大致相近，但色彩不及雄鸟鲜亮，羽色较暗淡，背面较绿、呈黄绿色；幼鸟与雌鸟相似，上体黄绿色，下体淡绿黄色，下胸、腹中央黄白色，整个下体均具黑色纵纹。

识别要点：过眼纹及颈背黑色，飞羽多为黑色。雄鸟体羽余部艳黄色。雌鸟色较暗淡，背色绿色。亚成鸟背部橄榄色，下体近白而具黑色纵纹。

生境及分布：主要栖息于低山丘陵和山脚平原地带的天然次生阔叶林、混交林，也出入于农田、原野、村寨附近和城市公园的树上，尤其喜欢天然栎树林和杨树林。

生活习性：常单独或成对活动，有时也见或3～5只的松散群。主要在高大乔木的树冠层活动，很少下到地面。繁殖期间喜欢隐藏在树冠层枝叶丛中鸣叫，鸣声清脆婉转，富有弹音，并且能变换腔调和模仿其他鸟的鸣叫，清晨鸣叫最为频繁，有时边飞边鸣，飞行呈波浪式。繁殖期5～7月，窝卵数3～5枚。

黑卷尾 | 英文名：Black Drongo
学名：*Dicrurus macrocercus*

别名： 黑黎鸡、篱鸡、铁炼甲、铁燕子、黑乌秋、吃杯茶

濒危等级： 无危（LC）

形态特征： 体长约30cm。雄性成鸟（繁殖羽）：全身羽毛呈辉黑色；前额、眼先羽绒黑色；上体自头部、背部至腰部及尾上覆羽，概深黑色，缀铜绿色金属闪光；尾羽深黑色，羽表面沾铜绿色光泽；中央一对尾羽最短，向外侧依次顺序增长，最外侧一对最长，其末端向外上方卷曲，尾羽末端呈深叉状；翅黑褐色，飞羽外翈及翅上覆羽具铜绿色金属光泽；下体自颏、喉至尾下覆羽均呈黑褐色，仅在胸部铜绿色金属光泽较著；翅下覆羽及腋羽黑褐色。雌性成鸟：体色似雄鸟，仅其羽表沾铜绿色金属光泽稍差。幼鸟：体羽黑褐色，背、肩部羽端微具金属光泽；自上腰至尾上覆羽呈黑褐色，后者具污灰白色羽端，呈鳞状斑缘；尾羽黑褐色；翅角污灰白色；下体腹、胁和尾下覆羽黑褐，均具污灰白色羽缘。雏鸟：巢内雏鸟全身被暗褐黑色绒毛羽。虹膜棕红色，嘴和脚暗黑色，爪暗角黑色。

识别要点： 体蓝黑色而具辉光的卷尾。嘴小，尾长而叉深，在风中常上举成一奇特角度。亚成鸟下体下部具近白色横纹。

生境及分布： 主要栖息于800m以下的山坡、平原丘陵地带阔叶林林，在西藏则栖息在海拔2000～2500m的针阔混交林缘。

生活习性： 常成对或集成小群活动，动作敏捷，边飞边叫。繁殖期6～7月，窝卵数3～4枚。

灰卷尾 | 英文名：Ashy Drongo
学名：*Dicrurus leucophaeus*

别名：白颊乌秋、白颊卷尾、灰龙尾燕、灰黎鸡、铁灵夹

濒危等级：无危（LC）

形态特征：体长约28cm。雄性成鸟（繁殖羽）：全身羽色呈法兰绒浅灰色；鼻须及前额基部绒黑色；眼先，眼周，脸颊部及耳羽区，连成界限清晰的纯白块斑，并稍向后上方，伸延到上颈侧部；上体自头顶、背部、腰部至尾上覆羽均呈法兰绒浅灰色；尾羽淡灰，并具隐约不显的浅灰褐色横斑端稍向外卷曲，外翈窄狭，稍缀褐灰色；双翅表面浅灰色，飞羽轴灰褐色，初级飞羽端尖灰褐色；翅下覆羽及腋羽淡灰白色；下体额部灰褐色；喉胸部淡灰；腹部转为浅淡灰色；下腹至尾下覆羽近灰白色。雌性成鸟：体型较雄鸟为小，羽色近似雄鸟但显然稍为暗淡些；幼鸟：体羽暗灰褐色；头侧脸颊部白块斑的界限不甚清晰；翅角腕关节缘具灰白斑，翅下覆羽及腋羽亦呈灰白斑。虹膜橙红色，嘴、跗蹠与趾、爪均黑色。

识别要点：全身羽色呈法兰绒浅灰色；鼻须及前额基部绒黑色。

生境及分布：主要栖息于平原丘陵地带、村庄附近、河谷或山区，从海拔400～1500m以上山区都有分布。

生活习性：通常成对或单个停留在高大乔木树冠顶端，或山区岩石顶上；也栖于高大杨树顶端枝上；活动于针阔叶混交林和村寨边，成群活动于乔木树冠顶端和林间旷野，飞行时结小群或成对，翻腾于空中追捕空中飞行的昆虫，飞行时而展翅升空，时而闭合双翅，作波浪式滑翔；鸣声粗厉而嘈杂。繁殖期4～6月，窝卵数3～4枚。

古铜色卷尾 | 英文名: Bronzed Drongo
学名: *Dicrurus aeneus*

别名： 大胆鸟（苗）、乌青翅尾

濒危等级： 无危（LC）

形态特征： 体长约23cm。雄性成鸟：嘴形平扁状，鼻孔处的宽度较大于厚度；鼻孔几为羽须所覆盖；前额、眼先为黑色绒状羽；眼后、颊部及耳羽暗黑色；上体自头顶至尾上覆羽黑色，缀古铜色金属光泽鳞状斑，仅腰呈灰黑褐而光泽不著；飞羽黑褐色，外闪古铜蓝色光泽；翅上覆羽黑色，微沾蓝色光泽；尾羽黑色，外翈稍沾蓝色光泽，最外侧一对尾羽端向外上方卷曲；下体颏黑褐色；自喉以下纯黑色，喉、胸缀古铜蓝色光泽；翅下覆羽及腋羽黑褐色，通常多数标本具污灰白色尖端斑。雌性成鸟：酷似雄鸟，唯体型稍小，体羽古铜色金属光泽亦不如雄鸟鲜丽而较暗淡

些。幼鸟：体色呈苍灰褐色，特别在腹部与腰部；仅在头顶、前胸被有稀疏而不甚显现的稍缀光泽的黑褐色羽；初级飞羽和尾羽微沾光泽；翅下覆羽和腋羽似成鸟，虹膜红褐色，嘴、跗蹠、趾及爪均黑色。

识别要点： 黑色而具绿色辉光，体型较小，体羽多光泽，尾略开叉。

生境及分布： 主要栖息于热带树林、山区密林或河谷阔叶林区。

生活习性： 常立于突出树枝上，在森林的上中层突袭昆虫。加入大的鸟群。大胆围攻猛禽及杜鹃等。数鸟有时相互追逐，甚吵嚷。喜林间空地。叫声响亮，包括清晰音及粗哑的不连贯音。杂食性。繁殖期5～7月，窝卵数3～4枚。

大盘尾 | 英文名：Greater Racket-tailed Drongo
学名：*Dicrurus paradiseus*

别名： 大拍卷尾、长尾姑、带箭鸟

濒危等级： 无危（LC）

形态特征： 体长约35cm。雄性成鸟：通体黑色，具金属紫蓝色光泽；额部簇状羽冠甚形发达，耸立在头顶前部，向前把鼻孔覆盖，有的几伸达嘴前端，向后延伸至枕部，冠羽纯黑，羽缘闪光泽；头顶羽端缘呈鳞状斑光泽；眼先、颊及耳羽纯黑色；头颈侧和后颈羽呈披针状，闪紫蓝色光泽；上体背肩部闪金属光泽显著，腰和尾上覆羽仅微沾光泽；尾羽叉状具金属光泽，最外侧一对尾羽的羽轴甚形延长，羽轴干部分裸出，其内翈退化或狭窄，外翈宽阔而发达，故尾羽末端的外翈较内翈显著更宽大，向外曲折并盘卷向上，形成一对"盘状尾"；初级飞羽黑色，内翈黑褐、外翈具较著的紫蓝色金属光泽；翅覆羽黑色闪光泽；下体颏至尾下覆羽黑褐色或黑色；喉胸部鳞状斑光泽较著、腹和胁光泽较弱；翅下覆羽和腋羽黑褐色，常具灰白色尖端斑。雌性成鸟类似雄鸟但体型稍小；羽稍呈黑褐色且金属闪光较弱。幼鸟体羽显然呈黑褐色，光泽不甚显现；头部簇状冠羽短而狭窄，胸部羽及尾下覆羽具灰白色端缘；翅下覆羽及腋羽暗褐黑色，羽端灰白斑大而显著。虹膜红色到深红色，嘴、脚及爪均黑色。

识别要点： 闪光黑色卷尾，外侧尾羽特别延长，终端具网球拍状羽片，网球拍状羽仅外侧有羽且有扭转。

生境及分布： 主要栖息于热带阔叶雨林，原始密林，低山丘陵和山脚平原地带的常绿阔叶林和次生林中，亦遇见于林区间空旷处，或林间草地附近，也经常出现于竹林、农田和村落附近的小块丛林、果园和疏林草坡等开阔地带。

生活习性： 常停息在空旷处的孤树上，偶尔突然起飞，急速追捕过往飞行的昆虫，又返回原栖息枝头处；有时亦飞翔于空旷林间草地，作波浪式的起伏或滑翔，身体后端飘着一对"盘状尾"，追捕地上草丛间受惊飞起昆虫；常单独或成对活动，在食物丰富的地方，有时也见成3～5只的小群。飞行时拖着条长尾，做波浪式飞行，姿态优美，鸣声亦清脆悦耳。繁殖期4～6月，窝卵数3～4枚。

褐柳莺

英文名：Dusky Warbler
学名：*Phylloscopus fuscatus*

别名： 达达跳、嘎巴嘴、褐色柳莺

濒危等级： 无危（LC）

形态特征： 体长约12cm，体褐色或橄榄褐色，两翅内侧覆羽颜色同背，其余覆羽和飞羽暗褐色，外翈羽缘较淡呈淡褐色微缀橄榄色，内翈羽缘浅灰褐色；尾暗褐色，有的上面微沾淡棕色，羽缘亦较淡具明显的橄榄褐色；眉纹棕白色从额基直到枕，贯眼纹暗褐色自眼先经眼向后延伸至枕侧，颊和耳覆羽褐色而杂有浅棕色；颏、喉白色微沾皮黄色，胸淡棕褐色，腹白色微沾皮黄色或灰色，两胁棕褐色，尾下覆羽淡棕色有时微沾褐色，腋羽和翅下覆羽亦为皮黄色。

识别要点： 体褐色或橄榄褐色，眉纹棕白色从额基直到枕，贯眼纹暗褐色自眼先经眼向后延伸至枕侧。

生境及分布： 栖息于从山脚平原到海拔4500m的山地森林和林线以上的高山灌丛地带，尤其喜欢稀疏而开阔的阔叶林、针阔叶混交林和针叶林林缘以及溪流沿岸的疏林与灌丛，不喜欢茂密的大森林。非繁殖期间也见于农田、果园和宅旁附近的小块丛林内。

生活习性： 常单独或成对活动，多在林下、林缘和溪边灌丛与草丛中活动。喜欢在树枝间跳来跳去，或跳上跳下，不断发出近似"嘎叽、嘎叽……"或"答、答、答……"的叫声。繁殖期间常站在灌木枝头从早到晚不停地鸣唱，其声似"欺、欺、欺、欺……"不断重复的连续叫声。有时站在枝头鸣叫，有时又振翅在空中翱翔，有时又从一个枝头飞向另一枝头，遇有干扰，则立刻落入灌丛中。繁殖期5～7月，窝卵数4～6枚。

冠纹柳莺 |

英文名：Blyth's Leaf Warbler
学名：*Phylloscopus reguloides*

别名：无

濒危等级：无危（LC）

形态特征：体长约10.5cm，而色彩亮丽的柳莺；上体绿色，具两道黄色翼斑，眉纹及冠纹艳黄色；下体白染黄，脸侧、两胁及尾下覆羽尤甚；外侧两枚尾羽的内翈具白边。与黑眉柳莺的区别为侧冠纹色淡，两道翼斑较醒目且下体少黄色。与白斑尾柳莺的区别在体型较大且下体黄色较少，也在于两翼轮换鼓振。诸亚种从西至东上体绿色较鲜亮，下体较黄。

识别要点：头顶稍沾灰黑色，中央贯以淡黄色冠纹，眉纹淡黄，大覆羽和中覆羽的先端淡黄绿色，形成二道翼斑。

生境及分布：易出现于针叶林、阔叶林及灌丛中。秋季在低海拔山脚常见。

生活习性：栖于阔叶林及灌丛，常与其他柳莺混群活动于树冠层或树下茂密植被灌林中。繁殖期5～7月，窝卵数4～5枚。

海南柳莺

英文名：Hainan Leaf Warbler
学名：*Phylloscopus hainanus*

别名：无

濒危等级：易危（VU）

形态特征：体长约10cm。上体绿色，下背黄色，下体黄，眉纹及冠纹黄色；通常可见两道翼斑；下嘴粉红。

识别要点：上体绿色，下背黄绿，下体黄色，眉纹及冠纹黄色，通常可见两道翼斑，鸣声为高短而多变的短句。

生境及分布：栖居于海拔600m以上的亚热带、热带潮湿的低地森林、亚热带或热带潮湿的山地森林。多在灌丛及次生植被，活跃于中上层。

生活习性：多在灌丛及次生植被，活跃于中上层。有时加入混合鸟群。

黄眉柳莺 | 英文名：Yellow-browed Warbler
学名：*Phylloscopus inornatus*

别名：树串儿、槐串儿、树叶儿、白目睛丝
濒危等级：无危（LC）
形态特征：体长约11cm。体色为鲜艳橄榄绿色。通常具两道明显的近白色翼斑，纯白或乳白色的眉纹而无可辨的冠纹；下体色彩从白色变至黄绿色。与极北柳莺的区别在上体较鲜亮，翼纹较醒目且三级飞羽羽端白色。与分布无重叠的淡眉柳莺的区别在上体较鲜亮，绿色较浓。与黄腰柳莺及四川柳莺的区别为无浅色冠纹。与暗绿柳莺的区别则在体型较小且下嘴色深。虹膜褐色；上嘴色深，下嘴基黄色；脚粉褐色。

识别要点：有两道明显的近白色翼斑，纯白或乳白色的眉纹，下体色彩从白色变至黄绿色。
生境及分布：栖息于针叶林或阔叶林。
生活习性：嘈杂。不停地发出响亮而上扬的"swe-eeet"叫声。鸣声为一连串低弱叫声，音调下降至消失；也发出双音节的"tsioo-eee"，第二音音调降而后升。性活泼，常结群且与其他小型食虫鸟类混合，栖于森林的中上层。繁殖期5~8月，窝卵数2~5枚。

黄腰柳莺

英文名：Yellow-rumped Warbler
学名：*Phylloscopus proregulu*

别名：槐树串儿、黄尾根柳莺、黄腰丝、帕氏柳莺、树串儿

濒危等级：无危（LC）

形态特征：体长约为9cm。背部绿色，腰柠檬黄色；具两道浅色翼斑；下体灰白，臀及尾下覆羽沾浅黄；具黄色的粗眉纹和适中的冠纹；新换的体羽眼先为橘黄色；嘴细小。

识别要点：体型小，背部呈绿色；腰部柠檬黄色；具两道浅色翼斑。

生境及分布：栖息于森林和林缘灌丛地带，常与其他柳莺混群活动，在林冠层穿梭跳跃。

生活习性：叫声鸣声洪亮有力，为清晰多变的"choo-choo-chee-chee-chee"等声重复4～5次，间杂颤音及嘟声。叫声包括轻柔鼻音"dju-ee"或"swe-eet"及柔声"weesp"，不如黄眉柳莺叫声刺耳。觅食昆虫及其幼虫，偶尔吃杂草种子。繁殖期5～7月，窝卵数4～5枚。

暗绿柳莺 | 英文名：Greenish Warbler
学名：*Phylloscopus trochiloides*

别名： 无

濒危等级： 无危（LC）

形态特征： 体长约为10cm。背深绿色；通常仅具一道黄白色翼斑；尾无白色；长眉纹黄白色，偏灰色的冠纹与头侧绿色几无对比；过眼纹深色，耳羽具暗色的细纹；下体灰白，两胁沾橄榄色，眼圈近白。

识别要点： 背深绿色，通常仅具一道黄白色翼斑，尾无白色，长眉纹黄白色。

生境及分布： 夏季栖于高海拔的灌丛及林地，越冬于低地森林、灌丛及农田。夏季栖于高海拔的灌丛及林地，越冬于低地森林、灌丛及农田。

生活习性： 叫声为响而尖的"tiss-yip"声，似白鹡鸰。也作"pseeeoo"叫声。鸣声似山雀，由叫声导出欢快的短句并以快速的"du"声收尾。繁殖期4~6月，窝卵数4~5枚。

棕脸鹟莺 | 英文名：Rufous-faced Warbler
学名：*Seicercus albogularis*

别名： 无

濒危等级： 无危（LC）

形态特征： 体型略小，体长约10cm。色彩亮丽而有特色；头栗色，具黑色侧冠纹；上体绿，腰黄色；下体白，额及喉杂黑色点斑，上胸沾黄。

识别要点： 头栗色，具黑色侧冠纹；体绿色，腰黄色；与栗头鹟莺的区别在头侧栗色，白色眼圈不显著且无翼斑。

生境及分布： 栖息于常绿林及竹林密丛。

生活习性： 呈小群活动，经常发出尖厉的吱吱叫声。

黄腹鹪莺 | 英文名：Yellow-bellied Prinia
学名：*Prinia flaviventris*

别名： 灰头鹪莺

濒危等级： 无危（LC）

形态特征： 体型略大，体长约13cm。尾长；喉及胸白色，以下胸及腹部黄色为其特征；头灰，有时具浅淡近白的短眉纹；上体橄榄绿色；腿部皮黄或棕色；换羽导致羽色有异；繁殖期尾较短，雄鸟上背近黑色较多，雌鸟炭黑色；冬季粉灰。

识别要点： 体型略大，喉及胸白色，下胸及腹部黄色，头灰，上体橄榄绿色。

生境及分布： 常栖于芦苇沼泽、高草地及灌丛。

生活习性： 甚惧生，藏匿于高草或芦苇中，仅在鸣叫时栖于高杆，扑翼时发出清脆声响。用枯草叶在茅草杆筑巢，巢为杯状开放型。

褐头鹪莺 | 英文名：Plain Prinia
学名：*Prinia subflava*

别名：台湾鹪莺、纯色鹪莺

濒危等级：无危（LC）

形态特征：体型略大，体长约15cm。尾长，尾上覆羽棕褐色，翼羽暗褐，飞羽外缘棕褐；上体灰色，头顶具暗色轴纹；眼先、眉纹及眼周棕白，耳羽淡黄褐色；尾羽褐色，羽端微黄。下体皮黄色，胸部沾棕；背色较浅且较褐山鹪莺色单纯。两胁及尾下覆羽棕褐。

识别要点：体型略大，体型修长，背部及头顶灰色，眉斑白色，腰、颊、胸、腹黄褐色，脚肉色。

生境及分布：常栖息于森林、草原、农田。

生活习性：常单独或成对活动，偶尔亦见成小群。多在灌木下部和草丛中跳跃觅食，性活泼，行动敏捷，一般除受惊后急速从草丛中飞起外，其他时候很少飞翔，特别是很少做长距离飞行，通常起飞后飞不多远又落入附近草丛中，飞行呈波浪式。叫声单调、清脆，其声似"ze-ze-"，繁殖期间雄鸟亦常站在高的灌木枝头鸣唱。巢似黄腹鹪莺但具巢盖。繁殖期5～7月，窝卵数4～6枚。

北灰鹟 | 英文名：Asian Brown Flycatcher
学名：*Muscicapa latirostris*

别名：大眼嘴儿、褐翁、灰砂来、宽嘴翁、阔嘴鹟、小斑翁

濒危等级：无危（LC）

形态特征：体型略小，体长约13cm。灰褐色；上体灰褐，下体偏白，胸侧及两胁褐灰，眼圈白色，冬季眼先偏白色；亚种*M. l. cinereoalba*多灰色。嘴比乌鹟或棕尾褐鹟长且无半颈环；亚成体具狭窄白色翼斑，翼尖延至尾的中部。

识别要点：上体灰褐，下体偏白，胸侧及两胁褐灰，眼圈白色。

生境及分布：常栖息于开放的林地和耕地。

生活习性：能长时间呆在一个地方不动，见昆虫飞起捕食，捕食后又回原处，尾部做独特颤动。

橙胸蓝（姬）鹟

英文名：Rufous-gorgeted Flycatcher
学名：*Ficedula strophiata*

别名： 无

濒危等级： 无危（LC）

形态特征： 体型略小，体长约14cm。尾黑而基部白，上体多灰褐，翼橄榄色；下体灰色。成年雄鸟额上有狭窄白色并具小的深红色冠纹。雌鸟似雄鸟，但项纹小而色浅。

识别要点： 尾黑而基部白，雄鸟额上有狭窄白色并具小的深红色冠纹。

生境及分布： 常栖息于森林和灌丛。

生活习性： 性惧生，栖于密闭森林的地面和较低灌丛。

白腹（姬）鹟 | 英文名：Blue-and-white Flycatcher
学名：*Cyanoptila cyanomelana*

别名： 琉璃鸟、山竹鸟

濒危等级： 无危（LC）

形态特征： 雄鸟体大，长约17cm。特征为脸、喉及上胸近黑，上体闪光钴蓝色，下胸、腹及尾下的覆羽白色。外侧尾羽基部白色，深色的胸与白色腹部截然分开。雌鸟上体灰褐，两翼及尾褐，喉中心及腹部白。与北灰鹟的区别在体型较大且无浅色眼先。雄性幼鸟的头、颈背及胸近烟褐色，但两翼、尾及尾上覆羽蓝色。

识别要点： 脸、喉及上胸近黑，上体闪光钴蓝色，下胸、腹及尾下的覆羽白色。

生境及分布： 原始林及次生林的多林地带，不常见于高至海拔1200m的热带山麓森林。

生活习性： 喜有原始林及次生林的多林地带，在高林层取食。通常在山崖缝隙营巢，窝卵数4~5枚。

棕腹大仙鹟

英文名：Fujian Niltavae
学名：*Niltava davidi*

别名：无

濒危等级：无危（LC）

形态特征：小型鸟类，体长12~16cm。雄鸟前额、眼先和头侧黑色，头顶至后颈、腰、尾上覆羽以及翅上小覆羽和中覆羽均辉蓝色，颈侧有一更为鲜亮的淡蓝色斑；背、肩翅上大覆羽深紫蓝色看起来有点近似黑色，飞羽黑褐色或黑色，羽缘亦为深蓝色；中央一对尾羽钴蓝色，其余尾羽黑色，外翈羽缘钴蓝色；额、喉黑色具深蓝色光泽，胸、腹等其余下体棕色，喉部黑色和胸部色棕相接平直。雌鸟上体灰褐色，头顶后部和枕蓝灰褐色，额淡棕色，眼先和眼周、颊、耳羽棕黄色具细的淡色羽轴纹；腰和尾上覆羽栗棕色，尾羽棕褐色或红褐色，两翅褐色或黑褐色，羽缘棕褐色或深棕色；颈两侧各具一辉蓝色斑；额、喉和上胸淡皮黄色或棕褐色，下胸、腹和两胁橄榄褐色，上胸中部有一白色块斑，下腹和尾下覆羽棕白色，腹中央近白色。虹膜褐色或暗褐色，嘴黑色，脚角褐色或黑色。

识别要点：色彩亮丽，雄鸟上体深蓝，下体棕色，脸黑，额、颈侧小块斑、翼角及腰部亮丽闪辉蓝色。雌鸟灰褐，尾及两翼棕褐，上胸中部有一白色块斑，颈侧具辉蓝色小块斑。

生境及分布：常栖息于亚热带、热带低地雨林和亚热带、热带山地雨林。

生活习性：森林型鹟的典型特性，主要以甲虫、蚂蚁、蛾、蚊、蜂、蟋蟀等昆虫为食，也吃少量植物果实和种子。多在林下灌丛和下层树冠层中单独或成对活动。性较安静，常静静地停息在灌木或幼树枝上，当发现地上有昆虫时，突然飞到地上捕食，有时也飞到空中捕食飞行性昆虫。繁殖期5~7月，窝卵数4枚。

纯蓝仙鹟 | 英文名：Pale Blue Flycatcher
学名：*Cyornis unicolor*

别名：无

濒危等级：无危（LC）

形态特征：体型略大，体长约17cm。雄鸟浅蓝色，雌鸟近褐色；雄鸟上体亮丽钴蓝，眼先黑，喉及胸浅蓝，腹部灰白，尾下覆羽近白；雌鸟上体灰褐，尾多棕褐色，下体灰褐，眼圈及眼先黄褐，有时上嘴基上有狭窄的暗青绿色带。亚成鸟褐色并具黑色及黄褐色杂斑。与铜蓝鹟的区别在嘴较长，体羽无绿色，眼圈黄褐。虹膜褐色；嘴褐色；脚褐色。

识别要点：雄鸟浅蓝色，喉部、胸部浅蓝。雌鸟近褐色，有时上嘴基上有狭窄的暗青绿色带。

生境及分布：常栖息于亚热带、热带低地雨林和亚热带、热带山地雨林。

生活习性：性羞怯，藏匿于原始林。尾有时抽动。叫声响亮甜美似鸫鸟的鸣声，一直下降至最后三个音复又上升，通常以粗哑的"chizz"声收尾；偶尔也有低哑之声。

海南蓝仙鹟 | 英文名：Hainan Blue Flycatcher
学名：*Cyornis hainanus*

别名：石青

濒危等级：无危（LC）

形态特征：体长约14cm。雄鸟上体包括两翅和尾表面蓝色或暗蓝色，前额和眉斑较鲜亮多呈浅青蓝色，额基、眼先、耳羽、头侧由黑色逐渐变为蓝黑色；两翅暗褐色，羽缘蓝色，翅褶合后其外表呈蓝色；中央尾羽蓝色，其余尾羽黑色，外翈蓝色；颏、喉和胸与背相似亦为暗蓝色，下胸和两胁为蓝灰色或灰色，腹和尾下覆羽污白色。雌鸟上体橄榄褐色，眼先、前额、颏尖白色，眉斑不明显，眼圈皮黄色，眼先淡灰色，头部亦较灰；尾上覆羽和尾羽显露部分锈褐色或栗色，翅暗褐色，羽缘栗棕色或栗色，翅褶合时翅表亦为栗色或栗棕色；喉、胸橙皮黄色或黄栗色，颈侧、胸侧橄榄褐色微缀锈色，腹和尾下覆羽白色。虹膜暗褐色，嘴黑色，脚紫黑色或肉黄色。

识别要点：雄鸟上体包括两翅和尾表面蓝色或暗蓝色，中央尾羽蓝色，其余尾羽黑色；雌鸟上体橄榄褐色，尾上覆羽和尾羽显露部分锈褐色或栗色。

生境及分布：主要栖息于低山常绿阔叶林、次生林和林缘灌丛，多见于山区的丘陵地带，亦在村庄附近的灌丛间活动。

生活习性：常单独或成对，偶尔亦见3～5只在一起活动和觅食。频繁地穿梭于树枝和灌丛间，或在树枝上跳来跳去，不时发出"ti、ti"的警戒声。繁殖期间鸣声响亮婉转，甚为悦耳动听，其声为5音节声音、头3声较高、第四音降低，第五音又升高，据说有似英语的"Hello Mummy"声。繁殖期4～6月。

黑枕王鹟 | 英文名：Black-naped Monarch
学名：*Hypothymis azurea*

别名： 黑领蓝鹟

濒危等级： 无危（LC）

形态特征： 体长14~16cm。雄性略大。雄鸟除腹和尾下覆羽白色外，通体包括两翅和尾表面几全为青蓝色，头顶天蓝色，额基黑色，枕有一黑色块斑，胸具一半月形黑色胸带。雌鸟头颈暗青蓝色，背灰蓝褐色，枕无黑斑，胸亦无黑色环带，其余似雄鸟。雄鸟额基黑色，枕部有一绺黑色斑，其余额、枕、后颈、头侧和颈侧辉青蓝色，尤以头顶较鲜亮；背、肩、腰至尾上覆羽以及两翅和尾表面概青蓝色或深蓝色，两翅和尾暗褐色，外翈羽缘蓝色。眼先、颊、耳羽、头侧与头顶相似；下体颏黑色，喉、胸和上体相似亦为青蓝色，下喉和上胸之间有一半月形黑色环带；腹及尾下覆羽白色。两胁淡灰蓝色，腋羽和翅下覆羽白色；雌鸟前额基部和颊尖黑色，其余头部和颈暗青蓝色或深蓝色，到背、肩等上体变为褐色或淡灰褐色，两翅和尾暗褐色，翅上覆羽和飞羽羽缘沾青蓝色；尾羽外翈羽缘亦沾蓝色，枕无黑斑；额、喉为暗青蓝色或灰蓝色，胸暗蓝灰色，腹和尾下覆羽白色，两胁沾淡蓝灰色。虹膜蓝色或暗褐色，嘴钴蓝色或黑色，脚铅蓝色或黑褐色。

识别要点： 雄鸟额基黑色，枕部有一绺黑色斑，其余额、枕、后颈、头侧和颈侧辉青蓝色，尤以头顶较鲜亮，背、肩、腰至尾上覆羽以及两翅和尾表面概青蓝色或深蓝色，两翅和尾暗褐色，外翈羽缘蓝色。

生境及分布： 主要栖息于海拔1000m以下的热带低山丘陵和脚平原地带的常绿阔叶林、次生林、竹林和林缘疏林灌丛中，尤喜欢沟谷与河流沿岸疏林灌丛，有时也出入于农田等开阔地区的稀疏树丛、竹丛和灌丛中。

生活习性： 常单独活动，机警，行动敏捷，在树枝和灌丛间来回飞翔，从一棵树飞至另一棵树，或停息于树枝或灌木顶端，当空中有昆虫出现，则立刻飞去捕猎，也在树枝和林下灌木枝叶间跳跃觅食，边跳边叫，叫声似"几哟，几哟，几哟……"，一般不下到地上活动和觅食。主要以昆虫及其幼虫为食。繁殖期4~7月，窝卵数3~5枚。

白喉扇尾鹟

英文名：White-throated Fantail
学名：*Rhipidura albicollis*

别名： 无

濒危等级： 无危（LC）

形态特征： 中等体型，体长约19cm。颜色较深；几乎全身深灰色，颏、喉、眉纹及尾端白色，下体深灰而有别于白眉扇尾鹟，但有个别个体下体色浅。虹膜褐色；嘴及脚黑色。

识别要点： 全身深灰色，野外看似黑色，颏、喉、眉纹及尾端白色，下体深灰。

生境及分布： 常栖息于森林、灌丛和耕地。

生活习性： 习性似其他扇尾鹟，常加入混合鸟群，常栖于竹林密丛。鸣声高而薄，3个间隔相等的"tut"声接以3个或更多的降音；也发出尖声的"cheet"音。

大山雀

英文名：Great Tit
学名：*Parus major*

别名： 仔伯、仔仔黑、黑子、山仔仔黑、羊粪蛋、白面只、灰山雀、花脸雀、花脸王、白脸山雀

濒危等级： 无危（LC）

形态特征： 体大，全长约有14cm。结实的黑、灰及白色山雀，头及喉辉黑，与脸侧白斑及颈背块斑成强对比；翼上具一道醒目的白色条纹，一道黑色带沿胸中央而下。雄鸟胸带较宽，幼鸟胸带减为胸兜。大山雀雄雌同形同色，体型与麻雀相似，属于山雀属中体型较大的种类；成年大山雀头部整体为黑色，两颊各有1个椭圆形大白斑；头部的黑色在颌下汇聚成1条黑线，这条黑线沿着胸腹的中线一直延伸到下腹部的尾下覆羽；根据亚种的不同，大山雀上背的颜色也有很大变化，从纯灰色到橄榄绿色各自不同；飞羽蓝黑色，大覆羽蓝灰色，端部白色，形成一条白色翅斑，依靠这一特征可以将绿色型的大山雀与近似种绿背山雀相区分，后者具有两道白色翅斑。虹膜、喙、足均为黑色。

识别要点： 体型较大，头部、喉部呈黑色，与脸侧白斑及颈背块斑成强对比，翼上有一道醒目的白色条纹，一道黑色带沿胸中央而下。雄鸟胸带较宽。

生境及分布： 主要栖息于低山和山麓地带的次生阔叶林、阔叶林和针阔叶混交林中，也出入于人工林和针叶林，夏季在北方有时可上到海拔1700m的中、高山地带，在南方夏季甚至上到海拔3000m左右的森林中，冬季多下到山麓和邻近平原地带的次生阔叶林、人工林和林缘疏林灌丛，有时也进到果园、道旁和地边树丛、房前屋后和庭院中的树上。

生活习性： 大山雀的喙钝而短，是典型的食虫鸟，冬季以树皮内的虫卵为食，对森林的益处极大。活泼，胆大易近人，好奇心极强，有非常出色的即兴行为和动作。除睡眠外很少静止下来。它们鸣声悦耳，常光顾红树林、林园及开阔林，时而在树顶雀跃，时而在地面蹦跳。喜爱成对或成小群活动。繁殖期4～8月，窝卵数6～9枚。

冕雀

英文名：Sultan Tit
学名：*Melanochlora sultanea*

别名： 黄冠叶鸟

濒危等级： 无危（LC）

形态特征： 体长20～21cm，体重34～49g。在秋冬长出新羽毛，成年雄鸟从头顶到背面是黄色的羽毛，形成一个细长的山脊；上层部分，包括初级飞羽和次级飞羽有绿蓝色光泽，特别是翁可见黑色间隔；尾部尾羽和飞羽黑色，有一对绿色的外螺纹蓝色光泽；脸颊和耳朵是黑色，腮处有蓝绿色光泽；喉咙和胸部为黑色光泽，下部有美丽的黄色，与黑褐色大腿形成对比；夏季羽毛光泽略减。虹膜褐色，黑色鸟喙的尖端上有一对上颌角，腿和脚是灰蓝色。

识别要点： 具蓬松的黄色长型冠羽，雌鸟似雄鸟，但喉及胸深橄榄黄色，上体沾橄榄色。

生境及分布： 混群栖于原始林及次生林的林冠层，频繁出现于森林，常绿落叶阔叶混合林，常绿森林和稀疏的边缘，也发现于竹林，灌木，再生林地区和农田附近的大树上。

生活习性： 一般不常见于低地的常绿林，普遍在低于海拔1200m的范围活动，成对或集3～12只的小群，常常与其他鸟类混合成群觅食。食物主要是昆虫，但也吃果实和种子。繁殖期4～5月，窝卵数5～7枚。

淡紫鸸 | 英文名：Yellow-billed Nuthatch
学名：*Sitta solangiae*

别名：无

濒危等级：近危（NT）

形态特征：体长约12cm。中等体型。色彩艳丽。嘴黄色，体羽几乎与绒额鸸相同但区别在嘴的色彩。虹膜黄色，眼周裸露皮肤略红；嘴黄色，嘴端黑色；脚红褐色。

识别要点：色彩艳丽，嘴黄色，嘴端黑色，眼周裸露皮肤略红。

生境及分布：常栖息于亚热带、热带低地雨林和亚热带、热带山地雨林。

生活习性：本种较喜山区环境，成对或结群活动于森林的树干和树枝上。叫声为尖而持久的"chit-chit"声或吱吱尖叫"sit-it-it-it-it"声。

纯色啄花鸟

英文名：Plain Flowerpecker
学名：*Dicaeum concolor*

别名：无

濒危等级：无危（LC）

形态特征：体型微小，体长约8cm。上体橄榄绿色，下体偏浅灰色，腹中心奶油色，翼角具白色羽簇；与厚嘴啄花鸟的区别在嘴细且下体无纵纹；虹膜褐色；嘴黑色；脚深蓝灰。

识别要点：体型微小，上体橄榄绿色，下体偏浅灰色，腹中心奶油色，翼角具白色羽簇，嘴细且下体无纵纹。

生境及分布：栖息地包括种植园、亚热带或热带的湿润低地林、乡村花园、亚热带或热带的湿润山地林和耕地。一般见于低山开阔的森林地带以及亦见于林间小道的低矮乔木或傍山公路的行道树上。

生活习性：典型的啄花鸟，栖于山地林、次生植被及耕作区，常光顾寄生槲类植物。叫声断续而刺耳的"tzik"声，鸣声为重复的"tzierrr"声。

朱背啄花鸟 | 英文名：Scarlet-backed Flowerpecker
学名：*Dicaeum cruentatum*

别名：红背红心肝

濒危等级：无危（LC）

形态特征：体小，雄鸟顶冠、背及腰猩红色，两翼、头侧及尾黑色，两胁灰色，下体余部白色；雌鸟上体橄榄色，腰及尾上覆羽猩红，尾黑；亚成鸟清灰色，嘴橘黄色，腰略沾暗橘黄色。虹膜褐色；嘴黑绿；脚黑绿。

识别要点：体小，雄鸟顶冠、背及腰猩红色，两翼、头侧及尾黑，下体白色，雌鸟上体橄榄色，腰及尾上覆羽猩红。

生境及分布：栖息地包括种植园、亚热带或热带的湿润低地林、亚热带或热带的旱林和乡村花园。

生活习性：性活跃，频频光顾次生林、林园及人工林中的寄生植物，高可至海拔1000m。典型叫声为偏高的金属声"tip-tip-tip"；鸣声为重复尖细的"tissit-tissit-"声。

红胸啄花鸟

英文名：Fire-breasted Flowerpecker
学名：*Dicaeum ignipectus*

别名： 红心肝、红胸鸟、火胸啄花鸟、火胸啄花鸟

濒危等级： 无危（LC）

形态特征： 体型纤小，体长10cm。颜色深。雄鸟上体闪辉深绿蓝色，下体皮黄，胸具猩红色的块斑；1道狭窄的黑色纵纹沿腹部而下。雌鸟下体赭皮黄色。亚成鸟似纯色啄花鸟的亚成鸟但分布在较高海拔处。虹膜褐色，嘴及脚黑色。

识别要点： 体型纤小，颜色深，雄鸟上体闪辉深绿蓝色，下体皮黄，胸具猩红色的块斑，一道狭窄的黑色纵纹沿腹部而下；雌鸟下体赭皮黄色。

生境及分布： 栖息地包括亚热带或热带的湿润低地林、亚热带或热带的旱林、亚热带或热带的高海拔疏灌丛、耕地、种植园和亚热带或热带的湿润山地林。一般栖息于开阔的村庄、田野、山丘、山谷等次生阔叶林或溪边树丛间，有时在原始森林的中下层也能见到。

生活习性： 似其他啄花鸟，多见光顾于树顶的桑寄生属*Loranthus*槲类植物。鸣声为高音的金属声啾叫"titty-titty-titty"；叫声为清脆的"chip"。

黄腹花蜜鸟 | 英文名: Olive-backed Sunbird
学名: *Nectarinia jugularis*

别名: 无

濒危等级: 无危（LC）

形态特征: 体小，体长约10cm。腹部灰白色。雄鸟额及胸金属黑紫色，有绯红及灰色胸带，具艳橙黄色丝质羽的肩斑，上体橄榄绿色，繁殖期后金属紫色缩小至喉中心的狭窄条纹。雌鸟无黑色，上体橄榄绿色，下体黄，通常具浅黄色的眉纹。虹膜深褐，嘴及脚黑色。

识别要点: 体小，腹部灰白，雄鸟有艳橙黄色丝质羽的肩斑，上体橄榄绿色，雌鸟无黑色，通常具浅黄色的眉纹。

生境及分布: 栖于海拔700m以下的开阔山林。

生活习性: 性吵闹，结小群在花期的树丛间跳来跳去，雄鸟有时来回互相追逐，常光顾林园、沿海灌丛及红树林。繁殖用树皮、草、树叶等筑侧面开口的长型悬巢，每次产卵2~3枚。

叉尾太阳鸟

英文名：Fork-tailed Sunbird
学名：*Aethopyga christinae*

别名： 燕尾太阳鸟

濒危等级： 无危（LC）

形态特征： 体长只有10cm左右，顶冠及颈背金属绿色，上体橄榄色或近黑，腰黄；尾上覆羽及中央尾羽闪辉金属绿色，中央两尾羽有尖细的延长，外侧尾羽黑色而端白；头侧黑色而具闪辉绿色的髭纹和绛紫色的喉斑；下体余部污橄榄白色。指名亚种两翼较黑。虹膜褐色，嘴黑色，脚黑色。

识别要点： 雄鸟头顶和颈背为绿色，头侧为黑绿色的鱼鳞般发亮的斑纹，喉部如同西部牛仔围了一块绛红色的大方巾，背部为发黑的橄榄色，腰部发黄，喙和脚都是黑色的，尾羽为绿色，同时中央的两根尾羽很像燕子，所以也有人称之为燕尾太阳鸟。雌鸟体型更小，且颜色没有雄鸟那么鲜艳，上体橄榄色，下体浅绿黄色。

生境及分布： 中山、低山丘陵地带的山沟、山溪旁和山坡阔叶林，也见于村寨附近的树丛中以及或活动在热带雨林和油茶林。

生活习性： 栖于森林及有林地区甚至城镇，常光顾开花的矮丛及树木，以花蜜为食。偶尔也会悬停在空中吸取花蜜，故常被戏称为中国蜂鸟。窝卵数2～4枚。

暗绿绣眼鸟 | 英文名：Japanese White-eye
学名：*Zosterops japonicus*

别名： 绣眼儿、粉眼儿、粉燕儿、白眼儿、白日睍

濒危等级： 无危（LC）

形态特征： 体长约11cm。背部羽毛为绿色，胸和腰部为灰色，腹部白色；翅膀和尾部羽毛泛绿光；明显的特征就是眼的周围环绕着白色绒状短羽，形成鲜明的白眼圈，故名绣眼。

识别要点： 小型鸟类，上体绿色，眼周有一白色眼圈极为醒目。下体白色，颏、喉和尾下覆羽淡黄色。

生境及分布： 主要栖息于阔叶林和以阔叶树为主的针阔叶混交林、竹林、次生林等各种类型森林中，也栖息于果园、林缘以及村寨和地边高大的树上。

生活习性： 常单独、成对或成小群活动，迁徙季节和冬季喜欢成群，有时集群多达50～60只。在次生林和灌丛枝叶与花丛间穿梭跳跃，或从一棵树飞到另一棵树，有时围绕着枝叶团团转或通过两翅的急速振动而悬浮于花上，活动时发出"嗞嗞"的细弱声音。繁殖期4～7月，窝卵数3～4枚。

（树）麻雀

英文名： Eurasian Tree Sparrow
学名： *Passer montanus*

别名： 麻雀、家雀、老家贼、霍雀、瓦雀、嘉宾、硫雀、只只、屋角鸟、屋檐鸟、壮阳鸟

濒危等级： 无危（LC）

形态特征： 体型较小，体长14cm左右。体型短圆，具有典型的食谷鸟特征。雄雌同形同色，头顶和后颈为栗色，面部白色，双颊中央各自有一块黑色色块，这块黑色的小脸蛋是鉴别麻雀的关键特征。

识别要点： 雄雌同形同色，头顶和后颈为栗色，面部白色。最明显的特征是颊部具黑斑。

生境及分布： 栖息环境很广，多栖息在居民点或其附近的田野。大多在固定的地方觅食和在固定的地方休息；白天活动的范围大都在2～3km之内，晚上匿藏于屋檐洞穴中或附近的土洞、岩穴内以及村旁的树林中。

生活习性： 鸣声极嘈杂，平时总是三五只或更多的群集，叽叽喳喳叫得不休，特别是集大群时，百米以内均可听到。两翅与其身体相比较，相当短小，故不能远飞，往往仅在短距离间活动。飞行时速度每秒钟不超过8～10m，高度一般在10～20m，而且飞行不能持续到4分钟。找食时很机警，如地上撒有粮食，它总是先向四周巡视后，觉得安全，或见有几只在取食时，更多的鸟才敢飞去，而任何一个突然的声响，都会毫不例外地全被惊飞。虽一年四季均为集群活动，但有不同，春季繁殖期间，雌雄主要成对活动，共同营巢、孵卵、喂养幼鸟；幼鸟长大习飞离巢，先随老鸟一起活动，而后老鸟进行第二次繁殖，幼鸟才自相结群活动。秋后，所有成鸟与当年的幼鸟合群，其数量可达数百以至上千只在田野或仓库等地探食谷物。冬季，仍结群觅食，不过群集变小，活动范围也由散布在田野的情况，渐缩到房院周围，至春初渐分散为更小的群，并开始自相配对。在西北地区，由于季节气候变化剧烈，秋末冬初尚可见到垂直迁移现象。繁殖期3～4月，窝卵数4～6枚。

白腰文鸟 | 英文名：White-rumped Munia
学名：*Lonchura striata*

别名：白背文鸟、尖尾文鸟、十姐妹、白腰算命鸟、禾谷

濒危等级：无危（LC）

形态特征：平均体重约为12.3g，体长只有约11cm。身上颜色大致都是褐色，腰为白色；喙成三角锥状，又厚又尖，上喙黑色，下喙灰色；腰部有条白色宽横纹带，尾部又长而尖。

识别要点：腰部有条白色宽横纹带，尾部又长而尖。

生境及分布：成群出现于海岸湿地、平地到低海拔的草丛中，多见于农作区及山脚地带、也见于小溪、池塘边、庭院内的灌木丛或竹林间、巢多筑于山旁、村庄附近以及溪沟边或庭园内的竹丛、灌丛或针、阔叶树上。

生活习性：性好结群，除繁殖期间多成对活动外，其他季节多成群，常成数只或10多只在一起，秋冬季节亦见数十只甚至上百只的大群，群的结合较为紧密，无论是飞翔或是停息时，常常挤成一团。常在矮树丛、灌丛、竹丛和草丛中，也常在庭院、田间地头和地上活动，晚上成群栖息在树上或竹上。夏秋季节常与麻雀一起站在稻穗和麦穗头上啄食种子，有时还成群飞往粮食仓库盗食，故有"偷仓"之称。冬季群居在旧巢中，一般10只或10余只同居一旧巢，故又有"十姐妹"之称。飞行时两翅扇动甚快，常可听见振翅声，特别是成群飞翔时声响更大，快而有力，呈波浪状前进。性温顺，不畏人，易于驯养。鸣叫时发出"啾－啾－"的声音。繁殖期4～9月，窝卵数3～7枚。

栗腹文鸟 | 英文名: Black-headed Munia
学名: *Lonchura malacca*

别名: 无

濒危等级: 无危（LC）

形态特征: 小型鸟类，体长10～12cm。整个头、颈、颈侧、颏、喉和上胸黑色，背、肩和两翅覆羽淡栗色，腰和尾上覆羽深栗色富有光泽；长的尾上覆羽羽缘金橘红色或金黄色，尾赤褐或栗红色，羽缘橙黄或金黄色，飞羽淡褐色，外䎗羽淡栗色，内䎗羽缘淡棕黄色，其外表颜色和背相似、有时背部沾灰，下胸和两胁栗色或淡栗色；下胸中部、腹中央、肛周和尾下覆羽黑色或黑褐色；幼鸟头、颈不为黑色，整个上体从头至尾包括两翅覆羽和飞羽表面概为淡褐色，下体皮黄色。虹膜红褐或暗褐色，嘴蓝灰色，脚蓝灰或铅灰色。

识别要点: 脚为蓝灰或铅灰色，整个头、颈和上胸黑色，其余体羽栗色，或下胸和腹中央至尾下覆羽黑色。

生境及分布: 多生活于平原、丘陵地区、活动于农耕地附近的树林、灌丛或池塘的水草上以及筑巢于农田附近的灌木丛中、村寨附近的树上或池塘内的水生植物上。

生活习性: 常成群活动，多成3～5只或10余只的小群，也见单独践兔与其他文鸟混群活动和觅食，秋冬季节有时也成数十只的大群。在小树或灌木枝间跳跃或飞来飞去，也在章丛中和地上活动和觅食，休息时多停息在地边树上或灌木与电线上。性活泼而大胆，不畏人，飞行时呈波浪式前进，叫声尖锐。繁殖期3～8月，窝卵数4～7枚。

斑文鸟 | 英文名：Scaly-breasted Munia
学名：*Lonchura punctulata*

别名： 鳞胸文鸟、鱼鳞沉香算命鸟、小纺织鸟、乌合毕、乌嘴毕仔

濒危等级： 无危（LC）

形态特征： 体长约11cm。雌雄羽色相似。额、眼先栗褐色，羽端稍淡，头顶、后颈、背、肩淡棕褐或淡栗黄色，每片羽毛均有淡色羽干纹和不甚明显的暗栗褐和淡褐横斑；两翅暗褐色，翅上覆羽、初级飞羽次级飞羽羽缘以及三级飞羽缀亮栗褐色；下背、腰和短的尾上覆羽灰褐色，羽端近白色具细的淡栗色横斑和白色羽干纹；长的尾上覆羽和中央尾羽橄榄黄色，其余尾羽暗黄褐色；脸、颊、头侧、额、喉深栗色，颈侧栗黄色，羽尖白色，上胸、胸侧淡棕白色，各羽均具两道红褐或浅栗色弧状横斑，形成鳞片状；下胸、上腹和两胁白色或近白色，各羽具两道暗灰褐或深栗色弧状横斑或"U"形斑，腹中央和尾下覆羽白色或皮黄白色；尾下覆羽亦具两道褐色弧状横斑，但常常被羽毛掩盖而不明显，腋羽、翅下覆羽亮棕皮黄色或红赭色。幼鸟上体淡褐或淡黄褐色，下体皮黄褐色或土褐色，无鳞状斑。虹膜褐色或暗褐色，嘴蓝黑色或黑色、冬季较淡，脚暗铅色或铅褐色。

识别要点： 全身褐色，尤以头部褐色较深，嘴黑色，胸前有鳞状斑纹。

生境及分布： 主要栖息于海拔1500m以下的低山、丘陵、山脚和平原地带的农田、村落、林缘疏林及河谷地区。在云南西部地区，也见于海拔2500m左右的田边灌丛和附近的混交林带。

生活习性： 除繁殖期间成对活动外，多成群，常成20～30只、甚至上百只的大群活动和觅食，有时也与麻雀和白腰文鸟混群。多在庭院、村边、农田和溪边树上以及灌丛与竹林中，也在草丛和地上活动。群结合较紧密，休息时亦多紧紧集聚在一起，有时一棵树上聚集着上百只，若有惊扰，全群立即起飞。飞行迅速，两翅扇动有力，常常发出呼呼的振翅声响，飞行时亦多成紧密的一团。主要以谷粒等农作物为食，也吃草籽和其他野生植物果实与种子，繁殖期间也吃部分昆虫。繁殖期3～8月，窝卵数4～8枚。

丝光椋鸟

英文名：Silky Starling
学名：*Sturnus sericeus*

别名： 牛屎八哥、丝毛椋鸟

濒危等级： 无危(LC)

形态特征： 体长约24cm。雄鸟：上体蓝灰色，整个头和颈白色微缀有灰色，有时还沾有皮黄色，这些羽毛狭窄而尖长呈矛状，披散至上颈，悬垂于上胸。背深灰色，颈基处较暗，往后逐渐变浅，到腰和尾上覆羽为淡灰色；肩外缘白色；两翅和尾黑色具蓝绿色金属光泽，小覆羽具宽的灰色羽缘，初级飞羽基部有显著白斑，外侧大覆羽具白色羽缘；头侧、额、喉和颈侧白色，上胸暗灰色，有的向颈侧延伸至后颈，形成一个不甚明显的暗灰色环。雌鸟：似雄鸟，羽色染褐，黑羽少光泽；头部前部棕白色，后部暗灰色，上体灰褐色，下体浅灰褐色，体羽较雄鸟暗淡。

识别要点： 最鲜明的特征为白头，红嘴，虹膜黑色，脚暗橘黄色。

生境及分布： 主要栖息于海拔1000m以下的低山丘陵和山脚平原地区的次生林、小块丛林和稀树草坡等开阔地带，尤以阔叶丛林、针阔混交林、果园及农耕区附近的稀疏林间较常见，也出现于河谷和海岸。

生活习性： 在迁徙时可结成大群，取食植物果实、种子和昆虫，筑巢于洞穴中。

灰背椋鸟 | 英文名：White-shouldered Starling
学名：*Sturnus sinensis*

别名：噪林鸟、白肩椋鸟

濒危等级：无危（LC）

形态特征：体长19cm。整体外形并非显眼，身体大致为灰色；翅膀黑色、肩羽处有醒目白斑；尾巴黑色但末端为白；嘴、脚亦呈灰色；雄鸟体色较淡，头部颜色亦较白，翼上白斑范围较大。雌鸟体色为偏暗之灰褐色，翼上白斑较小。

识别要点：雄鸟在整翼上覆羽及肩部白色，通体灰色，头顶及腹部偏白，飞羽黑，外侧尾羽羽端白色。雌鸟翼覆羽的白色较少。亚成鸟多褐色。

生境及分布：出现在平原及丘陵之开阔地带，尤其喜好附近有树林之旱田环境，亦在零星住家的周边活动。

生活习性：多半在地面觅食，也到树上采食浆果，杂食性。群聚性强，活泼好动，常与其他椋鸟、八哥混群，并在傍晚前聚集于树枝、屋顶或电线等明显目标上，然后进入树林一起夜栖。繁殖期3～7月，窝卵数4～5枚。

八哥
英文名： Crested Myna
学名： *Acridotheres cristatellus*

别名： 了哥、鹦鸲、寒皋、鸲鹆、鸜鹆、驾鸰、加令、中国凤头八哥、凤头八哥、秦吉了

濒危等级： 无危（LC）

形态特征： 体长25cm。通体黑色；在喙与头部的交接处有着明显的额羽，细看头颈部的体羽，黑色中有绿色的金属光泽闪动；初级覆羽和初级飞羽的基部均为白色，因此在飞行过程中两翅中央有明显的白斑，从下方仰视，两块白斑呈"八"字形；尾羽端部白色。

识别要点： 初级覆羽和初级飞羽的基部均为白色，因此在飞行过程中两翅中央有明显的白斑，从下方仰视，两块白斑呈"八"字形；两块白斑与黑色的体羽形成鲜明的对比。

生境及分布： 栖居平原的村落、田园和山林边缘，夜宿于竹林、大树或芦苇丛，并与其他椋鸟或乌鸦混群栖息。

生活习性： 性喜结群，常立水牛背上，或集结于大树上，或成行站在屋脊上，每至暮时常呈大群翔舞空中，噪鸣片刻后栖息；食性杂，往往追随农民和耕牛后边啄食犁翻出土面的蚯蚓、昆虫、蠕虫等，又喜啄食牛背上的虻、蝇和壁虱，也捕食蝗虫、金龟、蝼蛄等。八哥的植物性食物多数是各种植物及杂草种子，以及榕果、蔬菜茎叶。繁殖期4~8月，窝卵数4~6枚。

鹩哥 | 英文名：Hill Myna
学名：*Gracula religiosa*

别名： 秦吉了、九宫鸟、海南鹩哥、海南八哥、印度革瑞克

濒危等级： 无危（LC）

形态特征： 体长27cm。通体黑色。头和颈具紫黑色金属光泽；眼先和头侧被以绒黑色短羽，头顶中央羽毛硬密而卷曲，雄性成鸟嘴须发达；额至头顶辉黑色，头侧被以绒黑色短羽；头后有两片深黄色肉垂；眼下后方部分裸露；上体的后颈、肩和两翅内侧覆羽均为辉紫铜色；下背、腰及尾上覆羽呈金属绿色；飞羽黑色，第2～7枚初级飞羽内翈横贯白斑，飞翔时更为明显；尾羽黑色，沾辉绿色。颏、喉至前颈紫黑色；前胸铜绿色；腹部蓝紫铜色，腹中央和尾下覆羽羽端具狭窄白色羽缘。雌鸟体色与雄鸟相似。

识别要点： 虹膜暗褐色，外圈白色；嘴峰橘红色；跗蹠柠檬黄色；肉垂及裸露脸部深黄色。

生境及分布： 主要栖息于低山丘陵和山脚平原地区的次生林、常绿阔叶林、落叶阔叶林、竹林和混交林中，尤以林缘疏林地区较常见，也见于耕地、旷野和村寨附近的小块树林中。

生活习性： 常聚3～5只的小群活动，冬季则多集成10～20只的大群。社会性行为极强，若其群中的1只鸣叫，其他鸟则长时间地在附近徘徊鸣叫。鸣声清脆、响亮而婉转多变，繁殖期间更善鸣叫，常常彼此互相呼应。多变，而且能模仿其他鸟类鸣叫，甚至学会简单的人类语言。主要以蝗虫、白蚁等昆虫为食，也吃无花果、榕果等植物果实和种子。果树上的果实成熟期间，尤其是无花果或类似多果肉的果实成熟季节，常和其他嗜吃果实的鸟类大群光临。繁殖期4～6月，窝卵数2～3枚。

灰燕鸥 | 英文名：Ashy Woodswallow
学名：*Artamus fuscus*

别名：灰伯劳、灰色燕伯劳、灰身了我

濒危等级：无危（LC）

形态特征：中等体型，体长18cm。体色偏灰。嘴厚，呈蓝灰色，头、额、喉及背灰色，翼黑，尾黑具狭窄的白色尾端，腰白，下体余部皮黄。与家燕区别在飞行时两翼宽而呈三角形；歇息时两翼伸出尾后。

识别要点：全身大致呈灰色，其中腹部的羽色较浅且稍呈藕色；尾部稍尖。

生境及分布：生活于以棕榈科为主的常绿阔叶林以及营巢于高大树干的洞穴或枝丫处。

生活习性：栖于裸露树枝或其他栖处，做盘旋巡猎飞行以捕捉昆虫，有时飞行于水上。飞行常做燕式冲滑。常群鸟紧贴栖于一处，相互以嘴整理羽毛或一道晃尾。敢于围攻鹰类及乌鸦。

短尾绿鹊

英文名：Short-tailed Green Magpie
学名：*Cissa thalassina*

别名： 青身鹊鸟、海南绿鹊

濒危等级： 无危（LC）

形态特征： 全长32～335cm。上体蓝绿色，枕羽延长成羽冠，中央尾羽显著长于外侧尾羽。自眼先过眼至后枕，有一宽阔黑带，在枕后左右汇合。飞羽棕褐色，内侧飞羽末端染蓝。下体淡蓝绿色，胸羽色较深。雌鸟色淡并偏蓝色。虹膜褐色，嘴亮红色，脚红色。

识别要点： 虹膜褐色；嘴亮红色；脚红色。多变、大声、哀婉的刺耳尖叫"peu-peu-peu"声接以粗声的"chuk"声；也有似责骂的高音叽叽喳喳声。

生境及分布： 热带或热带的湿润低地林和亚热带或热带的湿润山地林。

生活习性： 栖于海拔2000m左右的阔叶林内。杂食性。成对或结小群活动，常发出响亮叫声但少出现。在森林较低层捕食昆虫。

喜鹊

英文名：Black-billed Magpie
学名：*Pica pica*

别名： 鹊、客鹊、飞驳鸟、干鹊、神女

濒危等级： 无危（LC）

形态特征： 体长约45cm。雄性成鸟，头、颈、背和尾上覆羽辉黑色，后头及后颈稍沾紫，背部稍沾蓝绿色；肩羽纯白色；腰灰色或白色相杂。翅黑色，初级飞羽内翈具大形白斑，外翈及羽端黑色沾蓝绿光泽；次级飞羽黑色具深蓝色光泽。尾羽黑色，具深绿色光泽，末端具紫红色和深蓝绿色宽带。颏、喉和胸黑色，喉部羽有时具白色轴纹；上腹和胁纯白色；下腹和覆腿羽污黑色；腋羽和翅下覆羽淡白色，有部分喜鹊全身为灰白色，无黑色。雌性成鸟：与雄鸟体色基本相似，但光泽不如雄鸟显著，下体黑色有呈乌黑或乌褐色，白色部分有时沾灰色。

识别要点： 翅黑色，初级飞羽内翈具大形白斑，外翈及羽端黑色沾蓝绿光泽；次级飞羽黑色具深蓝色光泽。尾羽黑色，具深绿色光泽、末端具紫红色和深蓝绿色宽带。

生境及分布： 喜鹊是适应能力比较强的鸟类，在山区、平原都有栖息，无论是荒野、农田、郊区、城市、公园和花园都能看到它们的身影。喜鹊常结成大群成对活动，白天在旷野农田觅食，夜间在高大乔木的顶端栖息。喜欢把巢筑在民宅旁的大树上，在居民点附近活动。

生活习性： 喜鹊除繁殖期间成对活动外，常成3~5只的小群活动，秋冬季节常集成数十只的大群。白天常到农田等开阔地区觅食，傍晚飞至附近高大的树上休息，有时亦见与乌鸦、寒鸦混群活动。性机警，觅食时常有一鸟负责守卫，即使成对觅食时，亦多是轮流分工守候和觅食。雄鸟在地上找食则雌鸟站在高处守望，雌鸟取食则雄鸟守望，如发现危险，守望的鸟发出惊叫声，同觅食鸟一同飞走。飞翔能力较强，且持久，飞行时整个身体和尾成一直线，尾巴稍微张开，两翅缓慢地鼓动着，雌雄鸟常保持一定距离，在地上活动时则以跳跃式前进。鸣声单调、响亮，似"zha-zha-zha"声，常边飞边鸣叫。当成群时，叫声甚为嘈杂。食性较杂，食物组成随季节和环境而变化，夏季主要以昆虫等动物性食物为食，其他季节则主要以植物果实和种子为食。繁殖期3~5月，窝卵数5~8枚。

灰树鹊 | 英文名：Grey Treepie
学名：*Dendrocitta formosae*

别名：无

濒危等级：无危（LC）

形态特征：体型略大（38cm）的褐灰色树鹊。颈背灰色，具甚长的楔形尾。下体灰色，臀棕色；上背褐色；尾黑，或黑而中央尾羽灰；腰及下背浅灰或白，两翼黑色，初级飞羽基部具白色斑块。

识别要点：所有初级飞羽基部均有一白色斑，在翅上形成明显的白色翅斑，飞翔时更为明显。

生境及分布：甚常见于中国东南部中高海拔400~1200m的开阔林间，但于喜马拉雅山脉分布可至2400m。

生活习性：性怯懦而吵嚷，于地面或树叶间捕食，常在树冠的中上层穿行跳跃。有时吵闹成群或与其他种类混群活动。主要以浆果、坚果等植物果实与种子为食，也吃昆虫等动物性食物。繁殖期4~6月，窝卵数3~5枚。

塔尾树鹊 | 英文名：Ratchet-tailed Treepie
学名：*Temnurus temnurus*

别名：无

濒危等级：无危（LC）

形态特征：体小（30cm）的黑色树鹊。具独特的塔形棘尾，头粗大呈黑色，体羽深灰嘴厚重而下弯。

识别要点：通体黑色，具独特的塔形棘尾。

生境及分布：常见于中南半岛的森林，在中国仅于海南岛有分布。

生活习性：成对或结小群活动，在树冠间来回往返，以昆虫及某些果实为食。飞行扑翼显笨拙。

大嘴乌鸦

英文名：Large-billed Crow
学名：*Corvus macrorhynchos*

别名： 老鸦、老鸹、三荷、乌鸦

濒危等级： 无危（LC）

形态特征： 体长50cm。大嘴乌鸦雌雄同形同色，通身漆黑，无论是喙、虹膜还是双足均是饱满的黑色；除头顶、后颈和颈侧之外的其他部分羽毛，带有一些显蓝色、紫色和绿色的金属光泽。

识别要点： 喙粗且厚，上喙前缘与前额几成直角。额头特别突出。

生境及分布： 大嘴乌鸦对环境的适应能力很强，无论山区、平原均可见到，是我国常见的留鸟。喜欢在林间路旁、河谷、海岸、农田、沼泽和草地上活动，有时甚至出现在山顶灌丛和高山苔原地带。但冬季多下到低山丘陵和山脚平原地带，常在农田、村庄等人类居住地附近活动，有时也出入于城镇公园和城区树上。近年来由于各大城市的"热岛效应"和"垃圾围城"等环境问题的影响，大嘴乌鸦在城市中极为常见，以路旁、公园中的高大乔木为落脚点。

生活习性： 除繁殖期间成对活动外，其他季节多成3~5只或10多只的小群活动，有时亦见和秃鼻乌鸦、小嘴乌鸦混群活动，偶尔也见有数十只甚至数百只的大群。多在树上或地上栖息，也栖于电柱上和屋脊上。大嘴乌鸦主要以蝗虫、金龟甲、金针虫、蝼蛄、蛴螬等昆虫成虫、昆虫幼虫和蛹为食，也吃雏鸟、鸟卵、鼠类、腐肉、动物尸体以及植物叶、芽、果实、种子和农作物种子等，属杂食性。叫声单调粗犷，似"呱－呱－呱"声。粗哑的喉音"kaw"及高音的"awa，awa，awa"声；也作低沉的"咯咯"声。繁殖期3~6月，窝卵数3~5枚。

红胁蓝尾鸲 | 英文名：Orange-flanked Bush Robin
学名：*Tarsiger cyanurus*

别名： 蓝点冈子、蓝尾巴根子、蓝尾杰、蓝尾欧鸲

濒危等级： 低危（LC）

形态特征： 体长13~14cm，体重10~18g。特征为橘黄色两胁与白色腹部及臀成对比。雄鸟的上体灰蓝色；前额眼先和颊部黑色；颏、喉和胸均棕白色；腹和尾下覆羽纯白色；胸侧蓝色，两胁橙色。雌性是橄榄褐色（或普通的棕色）。雌鸟前额和眼先白色沾黄，下体臀部和尾巴羽色似雄鸟。雄鸟比雌鸟羽色艳丽。

识别要点： 橘黄色两胁与白色腹部及臀对比鲜明。

生境及分布： 繁殖期间主要栖息于海拔1000m以上的山地针叶林、岳桦林、针阔叶混交林和山上部林缘疏林灌丛地带，尤以潮湿的冷杉、岳桦林下较常见。迁徙季节和冬季亦见于低山丘陵和山脚平原地带的次生林，林缘疏林、道旁和溪边疏林灌丛中，有时甚至出现于果园和村寨附近的疏林、灌丛和草坡。

生活习性： 繁殖期间主要以甲虫、小蠹虫、天牛、蚂蚁、泡沫蝉、金花虫、蛾类幼虫、蚊、蜂等昆虫成虫和幼虫为食。迁徙期间除吃昆虫外，也吃少量植物果实与种子等植物性食物。常单独或成对活动，有时亦见成3~5只的小群，尤其是秋季。主要为地栖性，多在林下地上奔跑或在灌木低枝间跳跃，性甚隐匿，除繁殖期间雄鸟站在枝头鸣叫外，一般多在林下灌丛间活动和觅食。停歇时常上下摆尾。繁殖期4~5月，窝卵数4~7枚。

鹊鸲 | 英文名：Oriental Magpie Robin
学名：*Copsychus saularis*

别名：猪屎渣、吱渣、信鸟、四喜

濒危等级：无危（LC）

形态特征：体长21cm。雄鸟头顶至尾上覆羽黑色，略带蓝色金属光泽；飞羽和大覆羽黑褐色，内侧次级飞羽外翈大部和次级覆羽均为白色，构成明显的白色翼斑，其他覆羽与背部同色；中央两对尾羽全黑，外侧第4对尾羽仅内翈边缘黑色，余部均白，其余尾羽都为白色；从颏到上胸部分及脸侧均与头顶同色；下胸至尾下覆羽纯白。雌鸟与雄鸟相似，但雄鸟黑色部分被灰或褐色替代；飞羽和尾羽的黑色较雄鸟浅淡；下体及尾下覆羽的白色略沾棕色。

识别要点：飞羽和大覆羽黑褐色，内侧次级飞羽外翈大部和次级覆羽均为白色，构成明显的白色翼斑，其他覆羽与背部同色。下胸至尾下覆羽纯白。

生境及分布：主要栖息于海拔2000m以下的低山、丘陵和山脚平原地带的次生林、竹林、林缘疏林灌丛和小块丛林等开阔地方。单个或成对出没于村落和人家附近的园圃及栽培地带，或树旁灌丛，也常见于城市庭院中。

生活习性：性活泼、好斗，清晨常高踞树梢、墙脊、屋顶上啼鸣跳跃。鸣声婉转动听，长年善鸣，尤其在繁殖季节，雄鸟鸣声更为激昂、多变并长时不停。常在粪坑、厕所、猪牛圈、垃圾堆或翻耕地里觅食，有时也在草地上猎取昆虫。食物包括鞘翅目、直翅目、膜翅目、双翅目、鳞翅目、异翅目、同翅目的昆虫，食蝇蛆、蝇蛹的频率较大，兼食蜘蛛、蜈蚣、小蛙等。在4~9月间兼吃少量草籽和野果。繁殖期4~7月，窝卵数4~6枚。

白腰鹊鸲

英文名：White-rumped Shama
学名：*Copsychus malabaricus*

别名：长尾知渣

濒危等级：无危（LC）

形态特征：体长20~28cm。雄鸟前额、头顶、枕、头侧、后颈、颈侧、背、肩等上体黑色或蓝黑色、具金属光泽，腰和尾上覆羽白色；尾呈突状，约为体长的1倍，除中央两对尾羽全为黑色外，其余尾羽均具白色端斑，且白色端斑愈往外愈宽；翅上覆羽黑色，飞羽褐色或黑褐色，三级飞羽黑色，初级和次级飞羽外翈羽缘稍沾棕黄色；下体颏、喉和上胸黑色或蓝黑色，具金属光泽，下胸至尾下覆羽棕色或棕栗色。雌鸟羽色和雄鸟大致相似，但黑色部分为灰色或蓝灰色、稍沾棕色，飞羽淡褐色，覆羽和飞羽外翈羽缘淡棕色，尾较雄鸟显著为短、黑色，其余似雄鸟。虹膜褐色，嘴黑褐色或黑色，跗、趾和爪棕黄色或肉色。

识别要点：尾呈突状，约为体长的1倍，除中央两对尾羽全为黑色外，其余尾羽均具白色端斑，且白色端斑愈往外愈宽。下体颏、喉和上胸黑色或蓝黑色，具金属光泽，下胸至尾下覆羽棕色或棕栗色。

生境及分布：主要栖息于海拔1500m以下的低山、丘陵和山脚平原地带的茂密热带森林中，尤以林缘、路旁次生林、竹林和疏林灌丛地区较常见。

生活习性：多单独活动，性胆怯，常隐藏在林下灌木丛中活动。善鸣叫，鸣叫时尾直竖，鸣声清脆婉转，悦耳多变，特别是繁殖期间雄鸟鸣叫甚为动听，其他季节多在早晚鸣叫。觅食在林下地上或灌木低枝上。主要以甲虫、蜻蜓、蚂蚁等昆虫为食，大都不食植物。人类住所附近少见。繁殖期4~6月，窝卵数4~5枚。

白尾蓝地鸲

英文名：White-tailed Robin
学名：*Cinclidium leucurum*

别名：尾蓝欧鸲、白尾斑地鸲

濒危等级：无危（LC）

形态特征：雄鸟体大。长约18cm。体羽深蓝色近黑，仅尾基部具白色闪辉；前额钴蓝；喉及胸深蓝；颈侧及胸部的白色点斑常隐而不露。雌鸟褐色；喉基部具偏白色横带；尾具白色闪辉同雄鸟。亚成鸟似雌鸟但多具棕色纵纹。

识别要点：除尾部具白色闪辉，全身深蓝。

生境及分布：多见于灌丛及林中；或在林下的阴暗处及较潮湿的地方；或栖于沟谷林中，或沟谷近旁、多在地上活动以及有时也在矮枝上。

生活习性：性隐蔽，栖于常绿林的隐蔽密丛。繁殖期4~7月，窝卵数3~4枚。

白冠燕尾

英文名：White-crowned Forktail
学名：*Enicurus leschenaulti*

别名： 白额燕尾

濒危等级： 无危（LC）

形态特征： 体长25cm。雌雄羽色相似。前额至头顶前部白色，头顶后部、枕、头侧、后颈、颈侧、背概为辉黑色（雌鸟头顶后部沾有浓褐色）。肩亦为辉黑色具窄的白色端斑。下背、腰和尾上覆羽白色。尾长、呈深叉状，中央尾羽最短，往外侧尾羽依次变长，尾羽黑色具白色基部和端斑，最外侧两对尾羽几全白色。翅上覆羽黑色，翅上大覆羽具白色尖端；飞羽黑色，基部白色，与大覆羽白色端斑共同形成翅上显著的白色翅斑，内侧次级飞羽尖端亦为白色。下体颏、喉至胸黑色，其余下体白色。幼鸟上体自额至腰咖啡褐色，颏、喉棕白色，胸和上腹淡咖啡褐色具棕白色羽干纹，其余和成鸟相似。虹膜褐色，嘴黑色，脚肉白色。

识别要点： 前额至头顶前部白色，头顶后部、枕、头侧、后颈、颈侧、背概为辉黑色（雌鸟头顶后部沾有浓褐色）。

生境及分布： 主要栖息于山涧溪流与河谷沿岸，尤以水流湍急、河中多石头的林间溪流较喜欢，冬季也见于水流平缓的山脚平原河谷和村庄附近缺少树木隐蔽的溪流岸边。

生活习性： 常单独或成对活动。性胆怯，平时多停息在水边或水中石头上，或在浅水中觅食，遇人或受到惊扰时则立刻起飞，沿水面低空飞行并发出"吱，吱，吱"的尖叫声，每次飞行距离不远。繁殖期4~6月，窝卵数3~4枚。

黑喉石䳭 | 英文名：Common Stonechat
学名：*Saxicola torquata*

别名：谷尾鸟、石栖鸟、野翁

濒危等级：无危（LC）

形态特征：中等体型，体长14cm。体羽黑、白及赤褐色。雄鸟头部及飞羽黑色。背深褐。颈及翼上具粗大的白斑，腰白，胸棕色。雌鸟色较暗而无黑色。下体皮黄色。仅翼上具白斑。

识别要点：雄鸟上体深褐；颈有白块斑；下体白而带淡红色。雌鸟淡褐色，羽冠暗色。

生境及分布：主要栖息于低山、丘陵、平原、草地、沼泽、田间灌丛、旷野，以及湖泊与河流沿岸附近灌丛草地。从海拔几百米到4000m以上的高原河谷和山坡灌丛草地均有分布，是一种分布广、适应性强的灌丛草地鸟类。不进入茂密的森林，但频繁地见于林缘灌丛和疏林草地，以及林间沼泽、塔头草甸和低洼潮湿的道旁灌丛与地边草地上。

生活习性：主要以昆虫为食，主要有蝗虫、金针虫、叶甲、金龟子、象甲、吉丁虫、螟蛾、叶丝虫、弄蝶科幼虫、舟蛾科幼虫、蜂、蚂蚁等昆虫，也吃蚯蚓、蜘蛛等其他无脊椎动物以及少量植物果实和种子。常单独或成对活动。平时喜欢站在灌木枝头和小树顶枝上，有时也站在田间或路边电线上和农作物梢端，并不断地扭动着尾羽。有时亦静立在枝头，注视着四周的动静，若遇飞虫或见到地面有昆虫活动时，则立即疾速飞往捕之，然后又返回原处。有时亦能鼓动着翅膀停留在空中，或做直上直下的垂直飞翔。在繁殖期间常常站在孤立的小树等高处鸣叫，鸣声尖细、响亮。繁殖期4～7月，窝卵数5～8枚。

蓝矶鸫 | 英文名：Blue Rock Thrush
学名：*Monticola solitarius*

别名： 亚东蓝石鸫、水嘴、麻石青

濒危等级： 无危（LC）

形态特征： 中等体型（23cm）的青石灰色矶鸫。雄鸟暗蓝灰色，具淡黑及近白色的鳞状斑纹；腹部及尾下深栗或于亚种*M. s. pandoo*为蓝色。与雄性栗腹矶鸫的区别在无黑色脸罩，上体蓝色较暗。雌鸟上体灰色沾蓝，下体皮黄而密布黑色鳞状斑纹。亚成鸟似雌鸟但上体具黑白色鳞状斑纹。

识别要点： 雄鸟上体蓝色，下体蓝色或栗色；雌鸟上体灰色沾蓝，下体皮黄而密布黑色鳞状斑纹。

生境及分布： 主要栖息于多岩石的低山峡谷以及山溪、湖泊等水域附近的岩石山地，也栖息于海滨岩石和附近的山林中，在中国西藏也出现在海拔3900m以上的河石滩灌丛，冬季多到山脚平原地带，有时也进到城镇、村庄、公园和果园中。常停息在路边小树枝头或突出的岩石上、电线、住家屋顶、古塔和城墙巅处。

生活习性： 单独或成对活动。多在地上觅食，常从栖息的高处直落地面捕猎，或突然飞出捕食空中活动的昆虫，然后飞回原栖息处。繁殖期间雄鸟站在突出的岩石顶端或小树枝头长时间的高声鸣叫，昂首翘尾，鸣声多变，清脆悦耳，也能模仿其他鸟鸣。主要以金龟子、步行虫、蝗虫、鳞翅目幼虫、蜂、蜻蜓、叩头虫等昆虫为食，尤以鞘翅目昆虫为多。主要为留鸟，部分夏季迁徙。4月下旬开始繁殖，窝卵数4~5枚。

乌灰鸫 | 英文名：Japanese Thrush
学名：*Turdus cardis*

别名： 日本灰鸫

濒危等级： 无危（LC）

形态特征： 体长约21cm。雄鸟上体纯黑灰；头及上胸黑色；下体余部白色；腹部及两胁具黑色点斑。雌鸟上体灰褐；下体白色；上胸具偏灰色的横斑；胸侧及两胁沾赤褐，胸及两侧具黑色点斑。幼鸟褐色较浓，下体多赤褐色。

识别要点： 上体纯黑灰，下体白色；腹部及两胁具黑色点斑。

生境及分布： 多栖息于海拔500～800m的灌丛和森林中。

生活习性： 栖于落叶林，藏身于稠密植物丛及林子。甚羞怯。一般独处，但迁徙时结小群。

乌鸫

英文名：Eurasian Blackbird
学名：*Turdus merula*

别名： 反舌、黑鸟、中国黑鸫、牛屎八八、百舌、乌吸

濒危等级： 无危（LC）

形态特征： 体长约30cm。雄鸟全身大致黑色、黑褐色或乌褐色，有的沾锈色或灰色；上体包括两翅和尾羽是黑色；下体黑褐，色稍淡，颏缀以棕色羽缘；喉亦微染棕色而微具黑褐色纵纹；嘴黄；眼珠呈橘黄色；羽毛不易脱落；脚近黑色；嘴及眼周橙黄色。雌鸟较雄鸟色淡，喉、胸有暗色纵纹。虹膜褐色；喙橙黄色或黄色、黄褐色。

识别要点： 雄性除了黄色的眼圈和喙外，全身都是黑色。雌性没有黄色的眼圈，但有一身褐色的羽毛和喙。

生境及分布： 主要栖息于次生林、阔叶林、针阔叶混交林和针叶林等各种不同类型的森林中。海拔高度从数百米到4500m左右均可遇见，尤其喜欢栖息在林区外围、林缘疏林、农田旁树林、果园和村镇边缘，平原草地或园圃间。

生活习性： 常结小群在地面上奔驰，亦常至垃圾堆及厕所等处找食。栖落树枝前常发出急促的"吱、吱"短叫声，歌声嚓亮动听，并善仿其他鸟鸣。胆小，眼尖，对外界反应灵敏，夜间受到惊吓时会飞离原栖地。主要以昆虫为食。所吃食物有鳞翅目幼虫、蟀科幼虫以及蝗虫、金龟子、步行虫等双翅目、鞘翅目、直翅目昆虫成虫或幼虫。也吃樟籽（食后将籽核吐出）、榕果等果实，以及杂草种子等植物。繁殖期4～7月，窝卵数4～6枚。

虎斑地鸫 | 英文名：Scaly Thrush
学名：*Zoothera dauma*

别名： 虎鸫、顿鸫、虎斑山鸫

濒危等级： 无危（LC）

形态特征： 体长约30cm。雌雄羽色相似。上体从额至尾上覆羽呈鲜亮橄榄赭褐色，各羽均具亮棕白色羽干纹、绒黑色端斑和金棕色次端斑，在上体形成明显的黑色鳞状斑。翅上覆羽与背同色，中覆羽、大覆羽黑色具暗橄榄褐色羽缘和棕白色端斑。初级覆羽绒黑色，外翈中部羽缘橄榄色，飞羽黑褐色，外翈羽缘淡棕黄色，次级飞羽先端棕黄色，内翈基部棕白色，在翼下形成一条棕白色带斑，飞翔时尤为明显。中央尾羽橄榄褐色，外侧尾羽逐渐转为黑色具白色端斑。眼先棕白色、微具黑色羽端，眼周棕白色、耳羽、颊一头侧、颚纹白色或棕白色微具黑色端斑，耳羽后缘有一黑色块斑。下体颏、喉白色或棕白色、微具黑色端斑，胸、上腹和两胁白色具黑色端斑和浅棕色次端斑，形成明显的黑色鳞状斑；下腹中央和尾下覆羽白色或浅棕白色，腋羽黑色，羽基白色；翅下覆羽黑色，尖端白色，与次级飞羽内基部的白色一起共同形成白色翼下带斑。虹膜暗色或暗褐色，嘴褐色，下嘴基部肉黄色，脚肉色或橙肉色。

识别要点： 上体从额至尾上覆羽呈鲜亮橄榄赭褐色，各羽均具亮棕白色羽干纹、绒黑色端斑和金棕色次端斑，在上体形成明显的黑色鳞状斑。

生境及分布： 栖息于阔叶林、针阔叶混交林和针叶林中，尤以溪谷、河流两岸和地势低洼的密林中较常见，春秋迁徙季节也出入于林缘疏林和农田地边以及村庄附近的树丛和灌木丛中活动和觅食。

生活习性： 主要以昆虫和无脊椎动物为食，也吃少量植物果实、种子和嫩叶等植物性食物。地栖性，常单独或成对活动，多在林下灌丛中或地上觅食。性胆怯，见人即飞。多贴地面在林下飞行，有时亦飞至附近树上，起飞时常发出"噶"的一声鸣叫，每次飞不多远即又降落在灌丛中。也能在地上迅速奔跑，多在林下地上落叶层中觅食。繁殖期5～8月，窝卵数4～5枚。

棕颈钩嘴鹛

英文名：Streak-breasted Scimitar Babbler
学名：*Pomatorhinus ruficollis*

别名： 小钩嘴嘈鹛、小钩嘴嘈杂鸟、小钩嘴鹛、小眉、小偃月嘴嘈杂鸟

濒危等级： 无危（LC）

形态特征： 体长约17cm。头顶橄榄褐色；眉纹白色、长而显著，从额基沿眼上向后延伸直达颈侧；眼先、颊和耳羽黑色，形成一宽阔的黑色贯眼纹，与白色眉纹相衬极为醒目；后颈栗红色，形成半领环状。背棕橄榄褐色，向后较淡，两翅表面与背相同；飞羽暗褐色，外翈羽缘较淡，呈污灰色或灰褐色；尾羽暗褐色微具黑色横斑，尾羽基部边缘微沾棕橄榄褐色；颏、喉白色，胸和胸侧亦为白色具粗著的淡橄榄褐褐色纵纹，有时微带赭色，胸以下为淡橄榄褐色，腹中部白色。虹膜茶褐色或深棕色，上嘴黑色，先端和边缘乳黄色，下嘴淡黄色，脚和趾铅褐色或铅灰色。

识别要点： 具显著的白色眉纹和黑色贯眼纹。上体橄榄褐色或棕褐色或栗棕色，后颈栗红色。颏、喉白色，胸白色具栗色或黑色纵纹，也有的无纵纹和斑点，其余下体橄榄褐色。

生境及分布： 栖息于低山和山脚平原地带的阔叶林、次生林、竹林和林缘灌丛中，也出入于村寨附近的茶园、果园、路旁丛林和农田地灌木丛间，夏季在有些地方也上到海拔2300m左右的阔叶林和灌木丛中。

生活习性： 主要以昆虫成虫和幼虫为食，也吃植物果实与种子。所吃食物主要有竹节虫、甲虫以及双翅目、鳞翅目、半翅目等昆虫，其他还吃少量树木和灌木果实与种子，以及草籽等植物性食物。常单独、成对或成小群活动。性活泼，胆怯畏人，常在茂密的树丛或灌丛间疾速穿梭或跳来跳去，一遇惊扰，立刻藏匿于丛林深处，或由一个树丛飞向另一树丛，每次飞行距离很短。有时也见与雀鹛等其他鸟类混群活动。繁殖期间常躲藏在树叶丛中鸣叫，单调、清脆而响亮，三声一度，似"tu-tu-tu"的哨声，常常反复鸣叫不息。繁殖期4~7月，窝卵数2~4枚。

红头穗鹛 | 英文名：Bufous-fronted Babbler
学名：*Stachyridopsis ruficeps*

别名： 红顶嘈鹛、红顶穗鹛、红头小鹛、山红鼻头

濒危等级： 无危（LC）

形态特征： 体小（12.5cm）的褐色穗鹛。额至头顶或一直到枕棕色；额基、眼先暗黄色，眼周有一圈黄白色；颊和耳羽灰黄或灰茶黄色或多或少缀有橄榄褐色；眼上方浅黄色或橄榄褐色；枕棕红色或橄榄褐色；其余上体包括两翅和尾表面灰橄榄绿色或淡橄榄褐色而沾绿，飞羽暗褐色，外翈羽缘橄榄黄或茶黄色，内侧飞羽外翈羽缘与背同色，尾上覆羽较背稍浅，尾褐色或暗褐色；下体颏、喉、胸浅黄绿色、具细的黑色羽干纹，腹、两胁和尾下覆羽橄榄黄色，有的或多或少还沾有灰色；腋羽和翼下覆羽白色沾黄；虹膜棕红或栗红色，上嘴角褐色，下嘴暗黄色，跗蹠和趾黄褐色或肉黄色。

识别要点： 羽毛呈褐色。顶冠棕色，上体暗灰橄榄绿色，眼先暗黄，喉、胸及头侧浅黄绿色，下体橄榄黄色；喉具黑色细纹。与黄喉穗鹛的区别在黄色较重，下体皮黄色较少。

生境及分布： 主要栖息于山地森林中。分布海拔高度从北向南依次增高：在分布最北界的陕西南部地区，多见于海拔500~700m的低山阔叶林和山脚平原地带，偶尔见于高山森林中；在四川、云南一带多分布在海拔1000~2500m的沟谷林、亚热带常绿阔叶林、针阔叶混交林，以及山地稀树草坡和高山针叶林中；在贵州则主要见于海拔350~1650m的山坡草地和灌丛。

生活习性： 食物主要为鞘翅目、鳞翅目、直翅目、膜翅目、双翅目、半翅目等昆虫，偶尔吃少量植物果实与种子。常单独或成对活动，有时也见成小群或与棕颈钩嘴鹛或其他鸟类混群活动，在林下或林缘灌木丛枝叶间飞来飞去或跳上跳下。鸣声单调，三声一度，其声似"tu-tu-tu"声。繁殖期4~7月，窝卵数4~5枚。

斑颈穗鹛

英文名：Spot-necked Babbler
学名：*Stachyris striolata*

别名：海南嘈杂鸟

濒危等级：无危（LC）

形态特征：体型略小（16cm）的橄榄褐色穗鹛；顶冠及颈背栗色；喉白；髭纹黑；眉纹、额及颈侧黑而具醒目的白点；下体栗褐。虹膜红色，嘴黑色，脚绿黑。

识别要点：顶冠及颈背栗色，喉白色，髭纹黑，眉纹、额及颈侧黑而具醒目的白点，下体栗褐色。

生境及分布：栖息地包括亚热带或热带的湿润低地林、亚热带或热带的（低地）湿润疏灌丛和亚热带或热带的湿润山地林。

生活习性：群栖，藏隐于茂密山区森林的地面及林下覆盖。地方性常见于丘陵、山地森林及竹林。

黑脸噪鹛 | 英文名：Masked Laughingthrush
学名：*Garrulax perspicillatus*

别名：嘈杂鸫、噪林鹛、七姊妹

濒危等级：无危（LC）

形态特征：中型鸟类，体长27～32cm。额、眼先、眼周、颊和耳羽黑色；头顶至后颈褐灰色；背暗灰褐色至尾上覆羽转为土褐色；尾羽暗棕褐色；外侧尾羽先端黑褐色，有时仅中央1对尾羽深褐色；外侧尾羽栗褐色，端部具黑色横斑，越往外侧尾羽；端部黑色横斑愈逐渐融合为1块黑色端斑；翼上覆羽和最内侧飞羽与背同色，其余飞羽褐色；外翈羽缘黄褐色；颏、喉至上胸褐灰色，下胸和腹棕白色或灰白沾棕；两胁棕白沾灰；尾下覆羽棕黄色；腋羽和翼下覆羽浅黄褐色；虹膜棕褐色或褐色。嘴黑褐色，脚淡褐色。

识别要点：头顶至后颈褐灰色，额、眼先、眼周、颊、耳羽黑色，形成一条围绕额部至头侧的宽阔黑带，状如戴的一副黑色眼镜，极为醒目。背暗灰褐色至尾上覆羽转为土褐色。颏、喉褐灰色，胸、腹棕白色，尾下覆羽棕黄色。

生境及分布：主要栖息于平原和低山丘陵地带地灌丛与竹丛中，也出入于庭院、人工松柏林、农田地边和村寨附近的疏林和灌丛内，偶尔也进到高山和茂密的森林。

生活习性：结小群活动于浓密灌丛、竹丛、芦苇地、田地及城镇公园。取食多在地面。性喧闹。特别是秋冬季节集群较大，可达10多只至20余只，有时和白颊噪鹛混群。常在荆棘丛或灌丛下层跳跃穿梭，或在灌丛间飞来飞去，飞行姿态笨拙，不进行长距离飞行，多数时候多是在地面或灌丛间跳跃前进。性活跃，活动时常喋喋不休地鸣叫，显得甚为嘈杂。繁殖期4～7月，窝卵数3～5枚。

小黑领噪鹛

英文名：Lesser Necklaced Laughingthrush
学名：*Garrulax monileger*

别名： 带颈珠笑鸫

濒危等级： 无危（LC）

形态特征： 中型鸟类，体长27~29cm。雌雄羽色相似。前额、头顶、枕橄榄褐色或棕橄榄褐色；后颈棕色或栗棕色，形成一宽阔的橙棕色领环；背、肩等其余上体包括两翅覆羽和尾上覆羽概为橄榄褐色；外侧飞羽外橄榄褐色或灰亮白色；其余飞羽褐色或与背同色；中央两对尾羽和外侧尾羽基部与背同色，其余尾羽黑色具白色或棕色端斑；眼先、眼上下和眼后纵纹黑色，眉纹白色细而长，耳羽灰白色，其上下缘具黑斑或黑纹不明显；颏、喉白色，其后缘微棕；胸、腹亦为白色有时微沾棕色，胸部有一黑色横带，有的向两侧延伸至耳羽后下方；两胁棕色或棕黄色，尾下覆羽淡棕色或淡棕黄色。虹膜黄色，嘴黑褐色、尖端较淡，脚淡褐色或肉褐色，爪黄色或黄褐色。

识别要点： 上体棕色，后颈有一宽阔的橙棕色领环，一条细长的白色眉纹在黑色贯眼纹衬托下极为醒目，眼先黑色，耳羽灰白色，上下缘以黑纹。下体几全为白色，胸部横贯一条黑色胸带。

生境及分布： 主要栖息于海拔1300m以下的低山和山脚平原地带的阔叶林、竹林和灌丛中，尤以栎树为主的常绿阔叶林和沟谷林较喜欢。

生活习性： 喜成群，常呈数只或10余只一起活动，有时亦见与黑领噪鹛及其他噪鹛混群活动。多在林下地上草丛和灌丛中活动和觅食，见人立刻潜入密林深处，不易看见，有时也见一只接一只地鱼贯飞行穿越林间空地，飞行迟缓、笨拙，一般不做长距离飞行。喜鸣叫，常常吵嚷不休，甚为嘈杂。繁殖期4~6月，窝卵数3~5枚。

黑领噪鹛

英文名：Greater Necklaced Laughingthrush
学名：*Garrulax pectoralis*

别名：带半领笑鸫、领笑鸫

濒危等级：无危（LC）

形态特征：体型稍大，全长约29cm。眼先棕色；耳羽白色；色杂发黑纹，且下缘为黑色并延伸到嘴基；上体包括两翅和尾表面概为棕褐色；眼先白色沾棕；眉纹白色、宽阔而显著一直延伸到颈侧；耳羽黑色而杂有白纹；后颈栗棕色，呈半环状；翅上初级覆羽暗灰褐色，飞羽黑褐色，外羽缘以棕褐色，内翈缘以棕黄色；中央1对尾羽全为棕褐色或橄榄棕色，外侧尾羽具黑褐色次端斑和棕色或棕黄色端斑；颏、喉白色沾棕，颧纹黑色，常往后延伸与黑色胸带相连，胸带有的在中部断裂；胸、腹棕白色或淡黄白色，两胁棕色或棕黄色，尾下覆羽棕色或淡黄色。虹膜棕色或茶褐色。嘴褐色或黑色，下嘴基部黄色。脚暗褐色或铅灰色，爪黄色。

识别要点：上体棕褐色。后颈栗棕色，形成半领环状。眼先棕白色，白色眉纹长而显著，耳羽黑色而杂有白纹。下体几全为白色，胸有一黑色环带，两端多与黑色颧纹相接。

生境及分布：栖息地包括亚热带或热带的（低地）湿润疏灌丛、亚热带或热带的湿润低地林、种植园、温带疏灌丛、温带森林和亚热带或热带的湿润山地林。

生活习性：性喜集群，常成小群活动，有时亦与小黑领噪鹛或其他噪鹛混群活动。多在林下茂密的灌丛或竹丛中活动和觅食，时而在灌丛枝叶间跳跃，时而在地上灌丛间窜来窜去，一般较少飞翔。性机警，多数时间躲藏在茂密的灌丛等阴暗处，附近稍有声响立刻喧闹起来，有时一只鸟鸣叫，其他鸟也跟着高声鸣叫起来，鸣叫时两翅扇动，并不断地点头翘尾，直到并未发现可疑物，才又逐渐安静下来；如发现人，在一阵喧闹之后又静悄悄地躲开、逃走，约半小时后又出现在另一树林里。繁殖期4~7月，窝卵数3~5枚。

褐胸噪鹛

英文名: Grey Laughingthrush
学名: *Garrulax maesi*

别名: 红耳笑鸫

濒危等级: 无危 (LC)

形态特征: 中等体型 (27cm) 的深色噪鹛。似黑喉噪鹛但耳羽浅灰，其上方及后方均具白边。海南亚种 *G. m. castanotis* 的耳羽为亮丽棕色，耳羽后几无白色，喉及上胸深褐。

识别要点: 深色噪鹛。似黑喉噪鹛但耳羽浅灰，其上方及后方均具白边。

生境及分布: 栖息地包括亚热带或热带的湿润低地林和亚热带或热带的湿润山地林。该物种的模式产地在越南北部山地。

生活习性: 常隐匿于山区常绿林的林下密丛。

黑喉噪鹛

英文名： Black-throated Laughingthrush
学名： *Garrulax chinensis*

别名： 山呼鸟

濒危等级： 低危（LC）

形态特征： 体长约26cm。雌雄羽色相似。额基、眼先、眼周、颊、颏和喉概为绒黑色；额基黑斑上面紧接一白斑，其后头顶至后颈灰蓝色；外眼后有一大块白斑（除海南亚种外）；颈侧橄榄灰色或棕褐色；背、肩等其余上体橄榄灰沾绿或橄榄褐色沾棕或上体橄榄褐色；两翅覆羽与背同色，飞羽黑褐色，外侧飞羽外 灰色或银灰色，内侧飞羽与背同色；尾暗橄榄褐色或橄榄灰褐色、具黑色端斑，越往外侧尾羽黑色端斑越扩大，到最外侧一对尾羽几全为黑色，中央1对尾羽具不明显的暗色横斑（除海南亚种外）；胸橄榄灰色或橄榄灰褐色，往后转为橄榄褐色，海南亚种胸棕褐色。虹膜棕红或洋红色，嘴黑褐色或黑色，脚角褐色或肉褐色。

识别要点： 额基、眼先、眼周以及颏和喉黑色，额基黑色上面有一白斑，头顶至后颈灰蓝色，其余上下体羽多为橄榄灰沾绿至棕褐色。

生境及分布： 主要栖息于海拔1500m以下的低山和丘陵地带的常绿阔叶林、热带季雨林和竹林中，有时也见在农田地边、村寨附近以及滨海的次生林和灌木林中活动和觅食。栖于竹林密丛及半常绿林中的浓密灌丛。

生活习性： 常成数只或10多只的小群活动，偶尔也见有单独和成对活动的。多在林下灌木丛间跳来跳去，群间个体通过叫声保持联系，社群行为极强，当被冲散后很快又通过叫声聚集在一起。鸟群中如有一只被打伤，其余鸟并不马上逃走，如受伤鸟被捉住发出惊叫，其他鸟似有前来抢救之势。活动时频繁地发出叫声，悦耳动听。除在树木低枝和灌木上跳跃活动外，也常在地面上迅速地跳来跳去，一面扇动着两翅，一面点头，跳一会，又起劲鸣叫，尤其是早晚和早春，这种活动较为频繁。如发现人或突然受到惊扰，有时也飞走，飞行笨拙费力，通常飞不多远又落下。主要以蚂蚁、蝽象、象甲、步行虫等昆虫为食，也吃部分植物果实和种子。繁殖期3～8月，窝卵数3～5枚。

画眉

英文名：Hwamei
学名：*Garrulax canorus*

别名：虎鸫、金画眉

濒危等级：无危（LC）

形态特征：中型鸟类，体长21～24cm。雌雄羽色相似。额棕色；头顶至上背棕褐色；自额至上背具宽阔的黑色纵纹，纵纹前段色深后部色淡；眼圈白色，其上缘白色向后延伸成一窄线直至颈侧，状如眉纹；头侧包括眼先和耳羽暗棕褐色，其余上体包括翅上覆羽棕橄榄褐色；两翅飞羽暗褐色，外侧飞羽，外翈羽缘缀以棕色，内翈基部亦具宽阔的棕缘；内侧飞羽外翈棕橄榄褐色，尾羽浓褐或暗褐色、具多道不甚明显的黑褐色横斑，尾末端较暗褐；颏、喉、上胸和胸侧棕黄色杂以黑褐色纵纹，其余下体亦为棕黄色；两胁较暗无纵纹，腹中部污灰色，肛周沾棕，翼下覆羽棕黄色。

识别要点：上体棕褐色，头顶至上背棕褐色具黑色纵纹，眼圈白色，并沿上缘形成一窄纹向后延伸至枕侧，形成清晰的眉纹，极为醒目（台湾亚种无眉纹）。下体棕黄色，喉至上胸杂有黑色纵纹，腹中部灰色。

生境及分布：栖息于海拔1800m以上的开阔的林地，次生林，灌木，公园和花园。在许多范围它是很常见的。栖息地包括亚热带或热带的（低地）干燥疏灌丛、湿润低地林、（低地）干草原、严重退化的前森林、乡村和城市的公园。

生活习性：生活于中国长江以南的山林地区，喜在灌丛中穿飞和栖息，常在林下的草丛中觅食，不善作远距离飞翔。雄鸟在繁殖期极善鸣啭，声音十分洪亮，杂食性，但在繁殖季节嗜食昆虫；喜欢单独生活，秋冬结集小群活动。性机敏胆怯、好隐匿。常立树梢枝权间鸣啭，引颈高歌，音韵多变、委婉动听，还善仿其他的鸟鸣声、兽叫声和虫鸣。眉性格隐匿、胆小，领域性极强，雄鸟性凶好斗。中型鸟类，体长21～24cm。繁殖期3～7月，窝卵数3～5枚。

红翅鵙鹛 | 英文名：White-browed Shrike-babbl
学名：*Pteruthius flaviscapis*

别名：无

濒危等级：无危（LC）

形态特征：中等体型（17cm）的鵙鹛。雄鸟头黑；眉纹白；上背及背灰；尾黑；两翼黑，初级飞羽羽端白，三级飞羽金黄和橘黄；下体灰白。雌鸟色暗；下体皮黄，头近灰，翼上少鲜艳色彩。虹膜灰蓝色。上嘴蓝黑色，下嘴灰色；脚粉白色。

识别要点：雄鸟头黑；眉纹白；上背及背灰；尾黑；两翼黑。雌鸟色暗；下体皮黄，头近灰，翼上少鲜艳色彩。

生境及分布：活动于阔叶树上的树枝间、灌丛间以及栖息于灌木小枝的顶端。

生活习性：成对或混群活动，在林冠层上下穿行捕食昆虫。在小树枝上侧身移动仔细地寻觅食物。

褐顶雀鹛 | 英文名：Dusky Fulvetta
学名：*Schoeniparus brunnea*

别名： 山乌眉、乌眉、褐雀鹛

濒危等级： 无危（LC）

形态特征： 体型略大（13cm）的褐色雀鹛；顶冠棕褐；下体皮黄。虹膜浅褐或黄红色，嘴深褐色，脚粉红色。

识别要点： 顶冠棕褐，无白色眉纹，两翼纯褐色，下体皮黄。

生境及分布： 包括温带森林、亚热带或热带的湿润低地林、亚热带或热带的高海拔疏灌丛、亚热带或热带的湿润山地林和亚热带或热带的（低地）干燥疏灌丛。栖于海拔400～1830m的常绿林及落叶林的灌丛层。

生活习性： 常成小群，并与其他雀形目鸟类混群活动于低矮灌丛或草丛。

灰眶雀鹛 | 英文名：Grey-cheeked Fulvetta
学名：*Alcippe morrisonia*

别名：白眼环眉、山白目眶

濒危等级：无危（LC）

形态特征：小型鸟类，体长13～15cm。头、颈褐灰色；头侧和颈侧深灰色头顶两侧有不明显的暗色侧冠纹；灰白色眼圈在暗灰色的头侧甚为醒目；上体包括两翅和尾表面橄榄褐色；额、喉浅灰色，胸以下白色。

识别要点：额、头顶、枕、后颈暗灰色或褐灰色，头顶两侧具黑色侧冠纹或侧冠纹不明显，头侧和颈侧灰色或深灰色，眼先稍白，眼周有一灰白色或近白色眼圈。体色为橄榄褐色。

生境及分布：主要栖息于海拔2500m以下的山地和山脚平原地带的森林和灌丛中，在原始林、次生林、落叶阔叶林、常绿阔叶林、针阔叶混交林和针叶林以及林缘灌丛、竹丛、稀树草坡等各类森林中均有分布，在油茶林、竹林、果园等经济林以及农田和居民点附近的小块丛林和灌丛内都见有活动。

生活习性：除繁殖期成对活动外，常成5～7只至10余只的小群，有时亦见与其他小鸟混群，频繁地在树枝间跳跃或飞来飞去，有时也沿粗的树枝或在地上奔跑捕食。常常发出"唧、唧、唧、唧……"的单调叫声。主要以昆虫成虫和幼虫为食，也吃植物果实、种子、苔藓、植物叶、芽等植物性食物。繁殖期5～7月，窝卵数2～4枚。

白腹凤鹛 | 英文名：White-bellied Yuhina
学名：*Yuhina zantholeuca*

别名：绿知目鸟、青奇公

濒危等级：无危（LC）

形态特征：体小（13cm）的橄榄绿色凤鹛。下体灰白，尾下覆羽黄色，冠羽凸显。虹膜褐色，喙和脚角质色。

识别要点：上体橄榄绿，下体灰白色，有明显的冠羽。

生境及分布：活动于小树冠和灌丛顶端，常见于海拔250~1600m的树林。

生活习性：群栖，在中至高层取食，常与莺类及其他种类混群。鸣声为金属般"chit"声。

灰头鸦雀

英文名：Grey-headed Parrotbill
学名：*Paradoxornis gularis*

别名： 金色鸟形山雀

濒危等级： 无危（LC）

形态特征： 小型鸟类，体长16～18cm。雌雄羽色相似。前额黑色；头顶至后颈灰色或深灰色；眼先白色或淡灰色；眼圈白色；眼后、耳羽和颈侧灰色，或淡灰色，眼上有一长而粗著的黑色眉，向前延伸至额侧，与黑色的额部相连为一体，向后延伸在颈侧；背、肩、腰和尾上覆羽红褐色；两翅和尾表面同背；外侧飞羽外翈同背，内翈暗褐色或黑褐色；颏、颊白色，有的颏微具黑点，喉中部黑色；胸、腹等其余下体概为白色。虹膜褐色；嘴橙黄色；脚趾铅褐色或黑褐色。

识别要点： 嘴短而粗厚，橙黄色，似鹦鹉嘴。头顶至枕灰色，前额黑色，有一条长而宽阔的黑色眉纹从黑色的额部伸出沿眼上向后一直延伸到颈侧，极为醒目，眼圈白色，眼后耳羽和颈侧亦为灰色。上体包括两翅和尾表面概为红褐色，颊和下体白色，喉中部黑色。

生境及分布： 主要栖息于海拔1800m以下的山地常绿阔叶林、次生林、竹林和林缘灌丛中。

生活习性： 除繁殖期间成对或单独活动外，其他季节多成3～5只至10多只的小群，有时亦见成20～30只的大群，在林下灌丛或竹丛中活动，性活泼，行动敏捷，频繁地在灌木枝间跳跃或飞来飞去，有时亦飞到树顶活动，偶尔下到地上草丛中觅食。主要以昆虫和昆虫幼虫为食，也吃植物果实和种子。繁殖期4～6月，窝卵数2～4枚。

小白鹭

英文名：Little Egret
学名：*Egretta garzetta*

别名： 春锄、雪客、白鹭鸶、鸶禽、白鸟、白鹤

濒危等级： 无危（LC）

形态特征： 中型涉禽，体长约60cm。体形纤瘦，全身白色；繁殖时枕部着生两条长羽，背、胸均披蓑羽，虹膜黄色；眼先裸露皮肤，夏季粉红色，冬季黄绿色；嘴黑色，冬季下嘴基部黄绿色；胫与跗蹠部黑色，趾黄绿色，爪黑色。

识别要点： 中型涉禽，体形纤瘦，全身白色。胫与跗跖部黑色，趾黄绿色，爪黑色。

生境及分布： 栖息于沼泽、稻田、湖泊或滩涂地。寻食时不结群，而以分散形式或单独在河滩、湖边窥视食物。

生活习性： 呆立不动时，常一脚踏地，一脚缩于腹下，头缩成"S"状，或漫步走动。不时伸长颈部，昂头环顾四周，一有危险，就立即飞走。繁殖前期有飞向较远的湖泊、河川觅食习性。夜晚飞回栖处时呈"V"字队形。繁殖期5～6月，窝卵数3～5枚。

池鹭 | 英文名：Chinese Pond-heron
学名：*Ardeola bacchus*

别名： 沙鹭、花洼子、交胪、紫郚头、红毛鹭、沼鹭、围螺鹭、田牛奴、茭鸡

濒危等级： 无危（LC）

形态特征： 体长约47cm。喙黄色，尖端黑。虹膜为金黄色。翼白色，身体具褐色纵纹。雌雄鸟同色，雌鸟体型略小；繁殖羽的头、颈和胸栗红色，冠羽有几条羽毛端部呈分散状，延伸至背；背紫黑色，肩间有分散的蓝黑色蓑羽并向后伸至尾羽末端；喉部、腹部、两翼和尾上下皆白色。冬羽及亚成体鸟头、颈、胸栗色偏浅与棕黄色纵纹相杂；无长冠羽和蓝黑色蓑羽；背、肩、三级飞羽暗棕褐色，飞翔时两翅和尾的白色与体背褐色对比鲜明。

识别要点： 喙为黄色，尖端黑，繁殖羽的头、颈和胸栗红色，冠羽有几条羽毛端部呈分散状，延伸至背，肩间有分散的蓝黑色蓑羽并向后伸至尾羽末端。

生境及分布： 海拔280～1300m的沼泽、稻田、鱼塘、湖泊河流的浅水处，在水中趟水行走觅食，栖息于竹林、树林的枝干中，有时三五只小群活动。

生活习性： 常结小群涉水觅食，以动物性食物为主，包括鱼、虾、螺、蛙、泥鳅、水生昆虫、蝗虫等，兼食少量植物性食物，常与夜鹭、白鹭、牛背鹭等一起组成巢群，性不甚畏人，通常无声，争吵时发出低沉的"呱呱"叫声。繁殖期5～6月，窝卵数3～6枚。

黑冠（夜）鸦

英文名：Tiger Bittern
学名：*Gorsachius melanolophus*

别名：黑冠麻鹭、暗光鸟

濒危等级：无危（LC）

形态特征：体型小而粗壮的深红褐色及黑色鹭鸟，体长约46cm。嘴粗短而上嘴下弯，额、头顶及冠羽黑色，冠羽长达100mm左右；眉纹、颊、颈及上体均呈栗红色，有密集的黑色横斑；下体锈赤色，有白色纵斑，翅上有大形白色带，尾黑色；成鸟顶及形短的冠羽黑色，上体栗褐色并多具黑色点斑，下体棕黄而具黑白色纵纹，额白并具由黑色纵纹而成的中线。虹膜黄色，眼周裸露皮肤橄榄色，嘴橄榄色，脚橄榄色。

识别要点：嘴粗短而上嘴下弯，额、头顶及冠羽黑色，眉纹、颊、颈及上体均呈栗红色，有密集的黑色横斑；下体锈赤色，有白色纵斑，翅上有明显白色带，尾黑色。

生境及分布：多活动于山区林间的河川、溪涧水库边、稻田、池塘旁及竹林等处，以鱼、虾及水生昆虫为食，在台湾地区喜好在密林的山泉溪涧中及竹林地上活动。

生活习性：性羞怯，夜行性，白天躲藏在浓密植丛或近地面处，夜晚在开阔地进食，受惊时飞至附近树上，主要食物是鱼、虾及蛙类，育雏前期食量较少，食物种类为鱼、虾，育雏中、后期食物种类除鱼、虾之外，还有较多的蛙、蝌蚪、泥鳅及其他水生昆虫。繁殖期5～6月，窝卵数4～5枚。

栗苇鳽 | 英文名：Cinnamon Bittern
学名：*Ixobrychus cinnamomeus*

别名：栗小鹭、独春鸟、葭鳽、小水骆驼

濒危等级：无危（LC）

形态特征：小型鹭类，体长30～38cm。雄鸟上体从头到尾全为栗红色，其中头顶和背、肩部较暗，并缀有紫栗色光彩；翅上覆羽和尾羽栗红色较淡，飞羽较暗；下体、两颊、额、喉、前颈和颈侧皮黄白色，额、喉和前颈中央有一道由棕黄与黑色斑点相杂构成的纵纹；胸和腹棕黄色，微杂以黑褐色纵纹，胸侧杂有黑白两色斑点，肛周和尾下覆羽棕白色。雌鸟头顶暗栗红色，肩背部栗红色，缀有细小白色斑点，下体棕黄色，从颈至胸有数条黑褐色纵纹。虹膜黄色或橙黄色，眼先裸出部黄绿色，嘴黄褐色，嘴峰黑褐色，脚黄绿色。

识别要点：雄鸟上体从头到尾全为栗红色，其中头顶和背、肩部较暗，并缀有紫栗色光彩；雌鸟头顶暗栗红色，肩背部栗红色，缀有细小白色斑点，下体棕黄色，从颈至胸有数条黑褐色纵纹。

生境及分布：低海拔的芦苇丛、沼泽草地、滩涂。水塘、溪流和水稻田中，也见栖于田边和水塘附近小灌木上。

生活习性：夜行性，多在晨昏和夜间活动，白天也常活动和觅食，但在隐蔽阴暗的地方。性胆小而机警，通常很少飞行，多在芦苇丛中通过，或在芦苇上行走。食物主要为小鱼、蛙、泥鳅和水生昆虫，也吃小螃蟹、小蛇、水蜘蛛等。繁殖期5～6月，窝卵数3～8枚。

黄苇鳽 | 英文名：Yellow Bittern
学名：*Ixobrychus sinensis*

别名：水骆驼、小老等、黄小鹭

濒危等级：无危（LC）

形态特征：体长30～40cm。颈短，喙长。羽毛呈黄褐色。雄性的头部和颈部呈棕褐色，头顶黑色。雌性的头、颈和胸部有棕色条纹。幼鸟几乎全身有棕色条纹。

识别要点：体长30～40cm，颈短，喙长。羽毛呈黄褐色。

生境及分布：栖息于平原和低山丘陵地带富有水边植物的开阔水域中。尤其喜欢栖息在既有开阔明水面又有大片芦苇和蒲草等挺水植物的中小型湖泊、水库、水塘和沼泽中。

生活习性：在灌木丛或者高草里用芦苇做巢。雌鸟每次在巢内产4～6枚卵。食物主要是小鱼、两栖动物和昆虫。

绿翅鸭 | 英文名：Common Teal
学名：*Anas crecca*

别名： 小凫、小麻鸭、小蚬鸭、小食鸭

濒危等级： 无危（LC）

形态特征： 体长不及40cm。雄雌异形异色。雄鸟头颈部基色为栗褐色，从两侧眼周开始直到颈侧分布者一条绿色的色带，呈逗号的形状，与栗褐色的底色形成鲜明的对比；嘴基开始有1条淡淡的白色细线延伸到眼前；上背、肩部、两胁远看灰色，进看则为白色底色上密布黑色幼细横纹；下背和腰部褐色，尾上覆羽黑色，翼镜为翠绿色；初级飞羽最外侧1枚白色，当双翅收拢时在上体和下体之间形成一条醒目的白色横带；胸部和上腹部淡褐色，具深褐色的圆斑，尾下覆羽为奶黄色，在臀部形成一块具有黑色绒边的奶黄色块。雌鸟为雄鸟的暗色版本，通体以褐色为基调，不具有雄鸟所具有的"面部大逗号"、"体侧白线"和"奶油屁股"这三大特征，保持了翠绿色的翼镜和小巧的身材。虹膜褐色，喙和足均为灰色。

识别要点： 雄鸟头颈部基色为栗褐色，从两侧眼周开始直到颈侧分布着一条绿色的色带，呈逗号的形状，初级飞羽最外侧一枚白色，当双翅收拢时在上体和下体之

间形成1条醒目的白色横带，胸部和上腹部淡褐色，具深褐色的圆斑，尾下覆羽为奶黄色，在臀部形成一块具有黑色绒边的奶黄色块。雌鸟为雄鸟的暗色版本，通体以褐色为基调，不具有雄鸟所具有的"面部大逗号"、"体侧白线"和"奶油屁股"这三大特征。

生境及分布： 常集群栖息于平静水面，在湖泊、水库、沼泽、河流平缓处常能看到它们的群体。偶尔也见于海岸地区。

生活习性： 冬季喜集群生活，几乎整天取食，晨昏时最频繁，以草籽、稻谷、螺、软体动物为食，白天藏身于近水的草丛和灌丛中睡觉，晨昏时结群飞往附近的水面觅食活动，小群飞行时，常排成有序的"人"字形队列，常可见本物种与体形接近的白眉鸭和其他雁形目动物混群。繁殖期5~7月，窝卵数8~11枚。

凤头蜂鹰 | 英文名：Oriental Honey-buzzard
学名：*Pernis ptilorhynchus*

别名：八角鹰、雕头鹰、蜜鹰

濒危等级：无危（LC）

形态特征：体长50~62cm。头顶暗褐色至黑褐色，头侧具有短而硬的鳞片状羽毛，而且较为厚密，头的后枕部通常具有短的黑色羽冠；上体通常为黑褐色，头侧为灰色，喉部白色，具有黑色的中央斑纹；下体为棕褐色或栗褐色，具有淡红褐色和白色相间排列的横带和粗著的黑色中央纹；初级飞羽为暗灰色，尖端为黑色，翼下飞羽白色或灰色，具黑色横带；尾羽为灰色或暗褐色，具有3~5条暗色宽带斑及灰白色的波状横斑。虹膜金黄色或橙红色，嘴黑色，脚和趾为黄色。

识别要点：头顶暗褐色至黑褐色，头侧具有短而硬的鳞片状羽毛，头的后枕部通常具有短的黑色羽冠，头侧为灰色，喉部白色，具有黑色的中央斑纹，下体为棕褐色或栗褐色，具有淡红褐色和白色相间排列的横带和粗著的黑色中央纹。

生境及分布：息于稀疏的阔叶林、针叶林、混交林、林缘、林外村庄、农田和果园。

生活习性：多见单个在林缘活动，冬季也偶尔集成小群，飞行灵敏，多为鼓翅飞翔。常快速地扇动两翅从一棵树飞到另一棵树，偶尔也在森林上空翱翔，或徐徐滑翔，边飞边叫，叫声短促，像吹哨声。飞行具特色，振翼几次后便做长时间滑翔，两翼平伸翱翔高空。有偷袭蜜蜂及黄蜂巢的怪习，通常在飞行中捕食，主要以黄蜂、胡蜂、蜜蜂和其他蜂类为食，偶尔也吃小的蛇类、蛙、小型哺乳动物和鸟类等动物性食物。繁殖期4~6月，窝卵数2~3枚。

黑耳鸢 | 英文名：Black-eared Kite
学名：*Milvus lineatus*

别名：老鹰、老雕、黑耳鹰

濒危等级：无危（LC）

形态特征：体型略大，体长约65cm。体羽深褐色。尾略显分叉，飞行时初级飞羽基部具明显的浅色次端斑纹。似黑鸢但耳羽黑色，翼上斑块较白。虹膜褐色；嘴灰色，蜡膜蓝灰色；脚灰色。

识别要点：体羽深褐色，尾略显分叉，腿爪灰白色有黑爪尖，眼睛棕红色。

生境及分布：栖息于开阔平原、草地、荒原和低山丘陵地带，也常在城郊、村屯、田野、港湾、湖泊上空活动，偶尔也可至海拔5000m的高山森林和林缘地带。

生活习性：白天活动，常单独在高空飞翔，秋季有时亦呈2~3只的小群。飞行快而有力，通常呈圈状盘旋翱翔，边飞边鸣，鸣声尖锐。主要以小鸟、鼠类、蛇、蛙、鱼、野兔、蜥蜴等动物性食物为食，偶尔也吃家禽和腐尸。繁殖期4~7月，窝卵数2~3枚。

褐耳鹰 | 英文名：Shikra
学名：*Accipiter badius*

别名：棕耳苍鹰

濒危等级：无危（LC）

形态特征：中等体型，体长33cm。上体灰色，下体具赤褐色横斑；第6枚初级飞羽外羽片无缺刻，次外侧的4对尾羽具5道黑褐色横斑；眼先具白色短羽，耳羽淡灰褐色，嘴黑褐色；从下面看淡红褐色的下体与白色的喉和黑色的翅尖也很醒目。雄鸟上体浅蓝灰色与黑色的初级飞羽成对比，喉白并具浅灰色纵纹，胸及腹部具棕色及白色细横纹。雌鸟似雄鸟，但背褐色，喉灰色较浓。虹膜黄至褐色，嘴黑褐色，脚黄色。

识别要点：眼先具白色短羽，耳羽淡灰褐色，嘴黑褐色；从下面看淡红褐色的下体与白色的喉和黑色的翅尖也很醒目，胸及腹部具棕色及白色细横纹。

生境及分布：林缘、稀树草坡、山地、平原森林、农田、草原、荒漠地带、公园、果园、村庄、城市的上空。

生活习性：常在林区外围及平原的空旷地带盘旋，时而轻轻鼓动两翼。视觉敏锐，一旦在空中发现林间和地面猎物，就以箭般速度扑击，用利爪抓住猎物再度起飞，到僻静处撕食，食物为鼠类、小鸟及直翅目昆虫。繁殖期5～7月，窝卵数3～4枚。

凤头鹰 | 英文名：Crested Goshawk
学名：*Accipiter trivirgatus*

别名：凤头苍鹰、粉鸟鹰、凤头雀鹰

濒危等级：无危（LC）

形态特征：中等猛禽，体长36～49cm。上体暗褐色前额、头顶、后枕及其羽冠黑灰色；头和颈侧较淡，具黑色羽干纹；尾覆羽尖端白色，尾淡褐色，尾下覆羽白色，具白色端斑和一道隐蔽而不甚显著的横带和4道显露的暗褐色横带；飞羽亦具暗褐色横带，且内翈基部白色。额、喉和胸白色，额和喉具一黑褐色中央纵纹；胸具宽的棕褐色纵纹，胸以下具暗棕褐色与白色相间排列的横斑。虹膜金黄色；嘴角褐色或铅色，嘴峰和嘴尖黑色，口角黄色，蜡膜和眼睑黄绿色；脚和趾淡黄色，爪黑色。

识别要点：上体暗褐色前额、头顶、后枕及其羽冠黑灰色；头和颈侧较淡，具黑色羽干纹，尾下覆羽白色，具白色端斑和一道隐蔽而不甚显著的横带和4道显露的暗褐色横带，飞羽亦具暗褐色横带，且内翈基部白色。

生境及分布：2000m以下的山地森林和山脚林缘地带，也出现在竹林和小面积丛林地带，偶尔也到山脚平原和村庄附近活动。有时也栖息于空旷处孤立的树枝上。

生活习性：性善隐藏而机警，常躲藏在树叶丛中，日出性。多单独活动，有时也利用上升的热气流在空中盘旋和翱翔，盘旋时两翼常往下压和抖动，领域性甚强。以蛙、蜥蜴、鼠类、昆虫等为主，也吃鸟和小型哺乳动物，主要在森林中的地面上捕食，常躲藏在树枝丛间，发现猎物时才突然出击。繁殖期4～7月，窝卵数2～3枚。

雀鹰 | 英文名：Eurasian Sparrowhawk
学名：*Accipiter nisus*

别名： 黄鹰、鹞鹰

濒危等级： 无危（LC）

形态特征： 体长30～41cm。上体暗灰色，具细密的红褐色横斑，翅阔而圆，尾较长；飞翔时翼后缘略为突出，翅上覆羽暗灰色；眼先灰色，具黑色刚毛，有的具白色眉纹，头侧和脸棕色，具暗色羽干纹；下体白色，额和喉部满布以褐色羽干细纹；胸、腹和两胁具红褐色或暗褐色细横斑；尾下覆羽亦为白色，常缀不甚明显的淡灰褐色斑纹，翅下覆羽和腋羽白色或乳白色，具暗褐色或棕褐色细横斑；尾羽下面亦具4～5道黑褐色横带。虹膜橙黄色；嘴暗铅灰色，尖端黑色，基部黄绿色，蜡膜黄色或黄绿色；脚和趾橙黄色，爪黑色。

识别要点： 上体暗灰色，具细密的红褐色横斑，翅阔而圆，尾较长；飞翔时翼后缘略为突出，胸、腹和两胁具红褐色或暗褐色细横斑；尾下覆羽亦为白色，常缀不甚明显的淡灰褐色斑纹，翅下覆羽和腋羽白色或乳白色，具暗褐色或棕褐色细横斑；尾羽下面亦具4～5道黑褐色横带。

生境及分布： 针叶林、混交林、阔叶林、林缘地带、低山丘陵、山脚平原、农田地边、村庄附近、河谷。

生活习性： 日出性，常单独生活，飞行能力很强，速度极快，能巧妙地在树丛之间穿梭飞翔，通常快速鼓动两翅飞翔一阵后，接着又滑翔一会，喜欢从栖处或"伏击"飞行中捕食。主要以鸟、昆虫和鼠类等为食，也捕食鸠鸽类和鹑鸡类等体型稍大的鸟类和野兔、蛇等。发现地面上的猎物后，就急飞直下，突然扑向猎物，用锐利的爪捕猎，然后再飞回栖息的树上，用爪按住猎获物，用嘴撕裂吞食。繁殖期5～7月，窝卵数3～4枚。

松雀鹰 | 英文名：Besra
学名：*Accipiter virgatus*

别名： 松儿、松子鹰、摆胸、雀贼、雀鹰

濒危等级： 无危（LC）

形态特征： 中等体型（体长约33cm）的深色鹰。似凤头鹰但体型较小并缺少冠羽。成年雄鸟：上体深灰色，尾具粗横斑，下体白，两胁棕色且具褐色横斑，喉白而具黑色喉中线，有黑色髭纹。雌鸟及亚成鸟：两胁棕色少，下体多具红褐色横斑，背褐，尾褐而具深色横纹。亚成鸟胸部具纵纹。 虹膜黄色；嘴黑色；蜡膜灰色；腿及脚黄色。

识别要点： 中等体型的深色的鹰类，缺少冠羽。成年雄鸟上体深灰色，尾具横斑纹，雌鸟两胁棕色少，下体多具红褐色横斑。

生境及分布： 栖息于海拔2800m以下的山地针叶林、阔叶林和混交林中，冬季时则会到海拔较低的山区活动，性机警，人很难接近，常单独生活。喜在6～13m高的乔木上筑巢，以树枝编成皿状。

生活习性： 主要捕食鼠类、小鸟、昆虫等动物。繁殖期4～6月，窝卵数4～5枚，卵为浅蓝白色，并带有明显的赤褐色斑点，孵化期1个月左右。

鹰雕

英文名：Mountain Hawk Eagle
学名：*Spizaetus nipalensis*

别名：鹰、赫氏角鹰

濒危等级：无危（LC）

形态特征：体长70～72cm。上体为褐色，有时缀有紫铜色，腰部和尾上的覆羽有淡白色的横斑，尾羽上有宽阔的黑色和灰白色交错排列的横带；头侧和颈侧有黑色和皮黄色的条纹，喉部和胸部为白色，喉部还有显著的黑色中央纵纹；胸部有黑褐色的纵纹，腹部密被淡褐色和白色交错排列的横斑；跗蹠上被有羽毛，同覆腿羽一样，都具有淡褐色和白色交错排列的横斑；飞翔时翅膀显得十分宽阔，翅膀下面和尾羽的下面的黑色和白色交错的横斑极为醒目。成年鹰雕的上半身呈棕色，下体有白色纹，翅膀很宽，在飞行时呈"V"型。未成熟的鹰雕通常拥有白色的头；头后有长的黑色羽冠，常常垂直地竖立于头上。虹膜金黄色，嘴黑色，蜡膜黑灰色，脚和趾黄色，爪黑色。

识别要点：上体为褐色，有时缀有紫铜色，腰部和尾上的覆羽有淡白色的横斑，尾羽上有宽阔的黑色和灰白色交错排列的横带；头侧和颈侧有黑色和皮黄色的条纹，喉部和胸部为白色，喉部还有显著的黑色中央纵纹；胸部有黑褐色的纵纹，腹部密被淡褐色和白色交错排列的横斑；跗蹠上被有羽毛。

生境及分布：山地森林地带、阔叶混交林、针叶林、低山丘陵、平原地区的阔叶林和林缘地带。

生活习性：经常单独活动，飞翔时两个翅膀平伸，煽动较慢，有时也在高空盘旋，常站立在密林中枯死的乔木树上，叫声十分喧闹。主要以野兔、野鸡和鼠类等为食，也捕食小鸟和大的昆虫，偶尔还捕食鱼类。繁殖期1～6月，窝卵数2枚。

草原雕 | 英文名：Steppe Eagle
学名：*Aquila nipalensis*

别名： 大花雕、角鹰

濒危等级： 无危（LC）

形态特征： 体长71～82cm。全身深褐色。头显得较小而突出，两翼较长，翼指雕展开度较宽，飞行时两翼平直，滑翔时两翼略弯曲，尾型平；由于年龄以及个体之间的差异，体色变化较大，从淡灰褐色、褐色、棕褐色、土褐色到暗褐色都有；下体暗土褐色，胸、上腹及两胁杂以棕色纵纹；尾下覆淡棕色，杂以褐斑。雌雄相似，雌鸟体型较大，虹膜黄褐色和暗褐色，嘴黑褐色，蜡膜暗黄色，趾黄色，爪黑色。

识别要点： 全身深褐色的雕类，头显得较小而突出，两翼较长，翼指展开度较宽，飞行时两翼平直，滑翔时两翼略弯曲，尾型平褐色为主，胸、上腹及两胁杂以棕色纵纹；尾下覆淡棕色，杂以褐斑。

生境及分布： 开阔平原、草地、荒漠、低山丘陵、荒原。

生活习性： 白天活动，或长时间地栖息于电线杆上、孤立的树上和地面上，或翱翔于草原和荒地上空，主要以黄鼠、跳鼠、沙土鼠、鼠兔、旱獭、野兔、沙蜥、草蜥、蛇和鸟类等小型脊椎动物和昆虫为食，有时也吃动物尸体和腐肉，觅食方式主要是守在地上或等待在旱獭和鼠类的洞口等猎物出现时突然扑向猎物，有时也通过在空中飞翔来观察和觅找猎物。繁殖期5～7月，窝卵数1～3枚。

林雕 | 英文名：Black Eagle
学名：*Ictinaetus malayensis*

别名： 树雕

濒危等级： 无危（LC）

形态特征： 全长约75cm。通体黑褐色，眼下及眼先具白斑；头、翼及尾色较深，尾羽较长而窄，呈方形，尾上覆羽淡褐具白横斑，尾羽有不明显的灰褐色横斑；飞翔时从下面看两翅宽长，翅基较窄，后缘略微突出，两翼后缘近身体处明显内凹，因而使翼基部明显较窄，使翼后缘突出，飞翔时极为明显。下体也是黑褐色，但较上体稍淡，胸、腹有粗着的暗褐色纵纹。嘴较小，上嘴缘几乎是直的，鼻孔宽阔，呈半月形，斜状；外趾及爪均短小，且内爪比后爪为长；嘴铅色，尖端黑色，蜡膜和嘴裂黄色，趾黄色，爪黑色，长且微具钩，跗蹠被羽。

识别要点： 通体黑褐色，眼下及眼先具白斑；头、翼及尾色较深，尾羽较长而窄，呈方形，尾上覆羽淡褐具白横斑，尾羽有不明显的灰褐色横斑；飞翔时从下面看两翅宽长，翅基较窄，后缘略微突出，两翼后缘近身体处明显内凹，因而使翼基部明显较窄，使翼后缘突出，飞翔时极为明显。

生境及分布： 山地森林，特别是中低山地区的阔叶林和混交林地区，有时也沿着林缘地带飞翔巡猎，但从不远离森林，是一种完全以森林为其栖息环境的猛禽。

生活习性： 飞行时两翅扇动缓慢，显得相当从容不迫和轻而易举，同时也能高速地在浓密的森林中飞行和追捕猎物，飞行技巧相当高超，有时也在森林上空盘旋和滑翔。不善鸣叫。主要以鼠类、蛇类、雉鸡、蛙、蜥蜴、小鸟和鸟卵以及大的昆虫等动物性食物为食，有时也会捕捉麂或猕猴的幼兽。繁殖期为11月到次年3月，窝卵数1~2枚。

蛇雕 | 英文名：Crested Serpent Eagle
学名：*Spilornis cheela*

别名： 大冠鹫、蛇鹰、白腹蛇雕、冠蛇雕、凤头捕蛇雕

濒危等级： 无危（LC）

形态特征： 大中型鹰类，全长61～73cm。前额白色，头顶具黑色杂白的圆形羽冠，通常呈扇形展开，其上有白色横斑；上体暗褐色，下体土黄色，具丰富的白色圆形细斑；颏、喉具暗褐色细横纹，腹部有黑白两色虫眼斑；飞羽暗褐色，羽端具白色羽缘，翅上小覆羽褐色或暗褐色，具白色斑点，尾黑色，中间有一条宽的淡褐色带斑，尾上覆羽具白色尖端，尾下覆羽白色；虹膜黄色，嘴蓝灰色，先端较暗，蜡膜铅灰色或黄色；跗蹠裸出，被网状鳞，黄色，趾黄色，爪黑色。

识别要点： 前额白色，头顶具黑色杂白的圆形羽冠，通常呈扇形展开，其上有白色横斑。上体暗褐色，下体土黄色，具丰富的白色圆形细斑，颏、喉具暗褐色细横纹，腹部有黑白两色虫眼斑；飞羽暗褐色，羽端具白色羽缘，翅上小覆羽褐色或暗褐色，具白色斑点；尾黑色，中间有1条宽的淡褐色带斑。

生境及分布： 山地森林及其林缘开阔地带，喜在林地及林缘活动，停飞时多栖息于较开阔地区的枯树顶端枝杈上。

生活习性： 多成对活动，在高空盘旋飞翔，以蛇、蛙、蜥蜴等为食，也吃鼠和鸟类、蟹及其他甲壳动物。飞行时常选择晴朗的天气，随上升热气流旋至空中展翅翱翔，此时稍向前倾的宽长双翼下一白色横带清晰明显。常停栖于枯木或密林群居。繁殖期4～6月，窝卵数1枚。

游隼

英文名：Peregrine Falcon
学名：*Falco peregrinus*

别名： 花梨鹰、鸭虎、青燕、那青、鸭鹘、黑背花梨鹘

濒危等级： 无危（LC）

形态特征： 体长41～50cm。翅长而尖，眼周黄色，颊有一粗著的垂直向下的黑色髭纹；头至后颈灰黑色，有的缀有棕色，其余上体蓝灰色，具黑褐色羽干纹和横斑，尾具数条黑色横带；下体白色，上胸有黑色细斑点，下胸至尾下覆羽密被黑色横斑；飞翔时翼下和尾下白色，密布白色横带；腰和尾上覆羽亦为蓝灰色，但稍浅，黑褐色横斑亦较窄；翅上覆羽淡蓝灰色，具黑褐色羽干纹和横斑；飞羽黑褐色，具污白色端斑和微缀棕色斑纹，内翈具灰白色横斑；虹膜暗褐色，眼睑和蜡膜黄色，嘴铅蓝灰色，嘴基部黄色，嘴尖黑色；脚和趾橙黄色，爪黄色。

识别要点： 翅长而尖，眼周黄色，颊有一粗著的垂直向下的黑色髭纹；头至后颈灰黑色，其余上体蓝灰色，尾具数条黑色横带；下体白色，上胸有黑色细斑点，下胸至尾下覆羽密被黑色横斑；飞翔时翼下和尾下白色，密布白色横带，常在鼓翼飞翔时穿插着滑翔。

生境及分布： 栖息于山地、丘陵、荒漠、半荒漠、海岸、旷野、草原、河流、沼泽与湖泊沿岸地带，也到开阔的农田、耕地和村屯附近活动。

生活习性： 飞行迅速，最高时速可达180km/小时，多单独活动，叫声尖锐。通常在快速鼓翼飞翔时伴随着一阵滑翔，也喜欢在空中翱翔。主要捕食野鸭、鸥、鸠鸽类、乌鸦和鸡类等中小型鸟类，偶尔也捕食鼠类和野兔等小型哺乳动物。性情凶猛，对比其体型大很多的金雕、矛隼等，也敢于进行攻击。繁殖期4～6月，窝卵数2～4枚。

红隼

英文名：Common Kestrel
学名：*Falco tinnunculus*

别名：茶隼、红鹰、黄鹰、红鹞子

濒危等级：无危（LC）

形态特征：体长约33cm。雄鸟头顶、头侧、后颈、颈侧蓝灰色，具纤细的黑色羽干纹；前额、眼先和细窄的眉纹棕白色；背、肩和翅上覆羽砖红色，具近似三角形的黑色斑点；腰和尾上覆羽蓝灰色，具纤细的暗灰褐色羽干纹，尾蓝灰色，具宽阔的黑色次端斑和窄的白色端斑；眼下有一宽的黑色纵纹沿口角垂直向下；颏、喉乳白色或棕白色，胸、腹和两胁棕黄色或乳黄色，胸和上腹缀黑褐色细纵纹。雌鸟上体棕红色，头顶至后颈以及颈侧具粗著的黑褐色羽干纹；背到尾上覆羽具粗著的黑褐色横斑；尾亦为棕红色，具9～12道黑色横斑和宽的黑色次端斑与棕黄白色尖端；翅下覆羽和腋羽淡棕黄色，密被黑褐色斑点，飞羽和尾羽下面灰白色，密被黑褐色横斑。虹膜暗褐色，嘴蓝灰色，先端黑色，基部黄色，蜡膜和眼睑黄色；脚、趾深黄色，爪黑色。

识别要点：翅长而狭尖，雄鸟头顶、头侧、后颈、颈侧蓝灰色，具纤细的黑色羽干纹；前额、眼先和细窄的眉纹棕白色。雌鸟上体棕红色，头顶至后颈以及颈侧具粗著的黑褐色羽干纹；背到尾上覆羽具粗著的黑褐色横斑。

生境及分布：栖息于山地森林、森林苔原、低山丘陵、草原、旷野、森林平原、山区植物稀疏的混合林、开垦耕地、旷野灌丛草地、林缘、林间空地、疏林和有稀疏树木生长的旷野、河谷和农田地区。

生活习性：翔时两翅快速地扇动，偶尔进行短暂的滑翔。平常喜欢单独活动，尤以傍晚时最为活跃。飞翔力强，喜逆风飞翔，可快速振翅停于空中。视力敏捷，取食迅速，见地面有食物时便迅速俯冲捕捉，也可在空中捕取小型鸟类和蜻蜓等。经常在空中盘旋，搜寻地面上的鼠类、雀形目鸟类、蛙、蜥蜴、松鼠、蛇等小型脊椎动物，也吃蝗虫、蟋蟀等昆虫。红隼猎食在白天，主要在空中搜寻，或在空中迎风飞翔，或低空飞行搜寻猎物，经常扇动两翅在空中做短暂停留观察猎物，一旦锁定目标，则收拢双翅俯冲而下直扑猎物，然后再从地面上突然飞起，迅速升上高空。有时则站立于悬崖岩石的高处，或旋站在树顶和电线杆上等候，等猎物出现时猛扑捕猎。繁殖期5～7月，窝卵数4～5枚。

（中华）鹧鸪

英文名： Chinese Francolin
学名： *Francolinus pintadeanus*

别名： 中国鹧鸪、赤姑、花鸡、怀南、越雉、鹧鸪、鹧鸪鸟

濒危等级： 无危（LC）

形态特征： 全长约30cm。体形似鸡而比鸡小，羽毛大多黑白相杂，尤以背上和胸、腹等部的眼状白斑更为显著。雄鸟头顶、枕和后颈上部黑褐色，具黄褐色羽缘；前额、头的两侧和后颈栗黄色，并形成一宽带，一直围绕到头顶和后颈上部；眼先和颊白色，其上有一宽的黑色眼上纹从鼻孔开始一直延伸到颈侧，其下有一窄的黑色颚纹；眼圈黑色，耳羽略呈黄色；尾上覆羽横斑常转为黄褐色或栗褐色，并缀以细小黑点；尾羽黑色，中央1对尾羽内外翈均具白色横斑，外侧尾羽仅在外翈具白色横斑；颏、喉白色；胸、腹及两胁黑褐色，内外翈具并排的白色圆斑，愈向后白斑愈大，到最后两侧白斑几相融合。雌鸟和雄鸟大致相似，但黑色眼纹和颚纹常断裂而不连贯；上体近黑褐色，向后转为黄褐色，上背具白色圆形斑，下背、腰和尾上覆羽为白色横斑；上胸黑褐色，满布以淡黄色圆斑；下胸、腹和两胁白色沾黄，缀有少许黑褐色横斑；尾下覆羽栗黄色，无纵纹；其余同雄鸟。虹膜暗褐色，嘴峰黑色，脚橙黄色。

识别要点： 羽毛大多黑白相杂，尤以背上和胸、腹等部的眼状白斑更为显著，前额、头的两侧和后颈栗黄色，并形成一宽带，一直围绕到头顶和后颈上部。雌鸟和雄鸟大致相似，但黑色眼纹和颚纹常断裂而不连贯。

生境及分布： 主要栖息于低山丘陵地带的灌丛、草地、岩石荒坡等无林荒山地区，有时也出现在农地附近的小块丛林、竹林、高山和森林，也栖息于满被草丛、矮树或小松林覆盖的起伏不平的小山坡上，有时也在光秃的岩坡上。

生活习性： 杂食性鸟类，嗜食蚱蜢、蚂蚁及其他昆虫，同时亦食野生果实、杂草种子和植物嫩芽。喜欢单独或成对在干燥的褐露岩坡上活动，清晨和黄昏常下到山谷间觅食，晚上则在草丛或灌丛中过夜，无固定栖息地，每晚都变换栖居位置。飞行快速，常做直线飞行，受惊后多飞往高处。奔跑快速，飞翔力亦强，常作直线短距离飞行，受惊时即飞向高处，隐蔽在灌丛深处，不易发现。鸣声响亮，春天繁殖季节鸣声频繁。在黎明时，雄鸟栖止在较高的山岩或树桩上高声鸣叫。一鸟高鸣，若干雄鸟从不同方向的山顶上响应，此起彼伏。繁殖期3~6月，窝卵数3~6枚，多可达到8枚。

海南山鹧鸪 | 英文名：Hainan Partridge
学名：*Arborophila ardens*

别名： 山赤姑

濒危等级： 濒危（EN）

形态特征： 全长23～30cm。眼先、额、眉纹、颊、头侧以及额、喉均为黑色且连成一片；耳羽白色；前颈及颈侧基部淡橙红具黑斑；黑色眉纹上方散着白点，形成一条白纹向后延伸至后颈；上体橄榄褐色具黑色横斑，双翅沾栗棕色；上胸具橙红色丝状羽毛，下胸灰，微沾棕白色；两胁灰色，具白色羽干纹；腹羽棕白色。雌鸟与雄鸟极相似，唯上胸丝状；羽橙红色稍淡；腹羽微染淡红色；尾部较短，不及两翼长度的一半，跗蹠裸露且突出。虹膜深褐色，嘴灰色，脚深粉红色。

识别要点： 前颈及颈侧基部淡橙红具黑斑，黑色眉纹上方散着白点，形成一条白纹向后延伸至后颈。

生境及分布： 栖息于海拔700～1200m的山地雨林、沟谷雨林和山地常绿阔叶林中。

生活习性： 常成对或结成4～5只的小群，在沟底、坡脚或山坡落叶堆积的地方觅食。夜晚在树上栖息。性情机警，受惊后四散奔逃，并发出急切的叫声，然后静伏不动或飞不多远又落下，钻入草丛、灌丛或竹丛中。通常在林下落叶层较厚的地方刨食，一边刨食一边发出"沙沙"的声响，刨食过后，会在地面留下形状大小较为规则的坑。主要以灌木和草本植物的叶、芽和种子为食，也吃昆虫和蜗牛等动物性食物。繁殖期4～6月，窝卵数2枚。

白鹇 | 英文名: Silver Pheasant
学名: *Lophura nythemera*

别名: 银鸡、银雉、越鸟、越禽、白雉、鷼、鹇雉、闲客、白鹇、哑瑞

濒危等级: 无危（LC）

形态特征: 体长约110cm。雄鸟头上具有长而厚密，状如发丝的黑色羽冠，并披于头后；脸部裸出，呈鲜红色；整个下体都是乌黑色，上体和两翅白色，自后颈或上背起密布近似"V"字形的黑纹；黑纹的多寡、粗细以及显著与否随亚种而不同；尾甚上，白色，尾的长短、其上有无黑纹、黑纹的多少，亦随亚种而不同；尾羽上的黑纹越向后越小，逐渐消失。雌鸟上体棕褐色或橄榄褐色，羽冠褐色，先端黑褐色；脸裸出部小，赤红色；背羽干较淡，边缘较深，飞羽棕褐色，次级飞羽外缀有黑色斑点；中央尾羽棕褐色，外侧尾羽黑褐色，满布以白色波状斑；下体亦为棕褐或橄榄褐色，胸部后缀黑色小斑，尾下覆羽黑褐色而具白斑。虹膜橙黄色或红褐色，嘴角绿色，脚红色。

识别要点: 雄鸟头上具有长而厚密，状如发丝的黑色羽冠，并披于头后；脸部裸出，呈鲜红色；整个下体都是乌黑色，上体和两翅白色，自后颈或上背起密布近似"V"字形的黑纹。雌鸟上体棕褐色或橄榄褐色，羽冠褐色，先端黑褐色；脸裸出部小，赤红色。

生境及分布: 主要栖息于海拔2000m以下的亚热带常绿阔叶林中，尤以森林茂密，林下植物稀疏的常绿阔叶林和沟谷雨林较为常见，亦出现于钊阔叶混交林和竹林内。

生活习性: 成对或成3~6只的小群活动，冬季有时集群个体多达16~17只，由一只强壮的雄鸟和若干成年雌鸟及幼鸟组成，群体内有严格的等级关系。黄昏时，它们在林中树枝上栖息，首先伸长脖颈，四下张望，然后扑动翅膀，飞到树杈上停稳。有时一个群体栖于同一树枝上，相互靠拢，排成一条直线，次日清晨再一一飞到下地活动。性机警，每日活动路线、范围、地点都较固定。晚上成群栖于高树上。杂食性。繁殖期4~5月，窝卵数4~8枚。

原鸡

英文名：Red Junglefowl
学名：*Gallus gallus*

别名：红原鸡、茶花鸡、烛夜

濒危等级：无危（LC）

形态特征：体长约53～71cm。雄鸟上体具金属光泽的金黄、橙黄或橙红色，并具褐色羽干纹。脸部裸皮、肉冠及肉垂红色，且大而显著，两翅短圆；中央1对尾羽特形延长，其羽干易曲，因而呈现镰刀状而下垂；最长的尾上覆羽也很相似，不过较短。脚具长距。跗蹠较中趾连爪为长，并具一长而曲的锐距。雌鸟体型较小，上体大部黑褐色，上背黄色具黑纹，胸部棕色，往后渐变为棕灰色羽毛较暗钝；脸仅局部裸出；头上亦具肉冠，肉冠和肉垂均不发达，红色；喉下无肉垂，脚上亦无距；体羽为形正常，无矛翎，尾羽较短，跗蹠无距，余与雄鸟同。虹膜褐色；嘴角褐色，基部较暗，肉冠小，为洋红色，不具肉垂和距。

识别要点：雄鸟上体具金属光泽的金黄、橙黄或橙红色，并具褐色羽干纹。脸部裸皮、肉冠及肉垂红色，且大而显著，两翅短圆；中央1对尾羽特形延长，其羽干易曲，因而呈现镰刀状而下垂，脚具长距。雌鸟体形较小，上体大部黑褐色，上背黄色具黑纹，胸部棕色，往后渐变为棕灰色羽毛较暗钝；脸仅局部裸出；头上亦具肉冠，肉冠和肉垂均不发达，红色；喉下无肉垂，脚上亦无距；体羽为形正常，无矛翎；尾羽较短；跗蹠无距。

生境及分布：栖息于海拔2000m以下的低山、丘陵和山脚平原地带的热带雨林、常绿和落叶阔叶林、混交林、次生林、竹林，以及林缘灌丛、稀树草坡等各类生境中，有时甚至出现在村落附近的耕地上。特别喜欢在灌丛间活动。

生活习性：除繁殖期外，常成群生活，大多为3～5只或6～7只的小群活动，有时亦集成10～20中的大群。性机警而胆小，看见人或听见声响便迅速钻入林中或灌丛中逃跑，危急时也振翅飞翔，每次飞行数十米至上百米远，落地后又继续潜逃。晚上栖息于树上。杂食性，主要以植物叶、花、幼芽、嫩枝及幼嫩竹笋、草莓、榕果、草子、浆果和种子为食，有时也到耕地啄食谷粒，甚至到村落附近的耕地上与家鸡混群觅食。觅食方式也和家鸡相似，用爪刨和用嘴啄，常常边走边觅食，尤其早晨和傍晚觅食活动最为频繁。除植物性食物外，原鸡也吃各种昆虫等动物性食物。繁殖期2～5月，窝卵数6～8枚。

灰孔雀雉

英文名： Hainan Grey Peacock-pheasant
学名： *Polyplectron bicalcaratum*

别名： 诺光贵

濒危等级： 无危（LC）

形态特征： 雄鸟体长50～67cm，雌鸟体长33～52cm。雄鸟上体乌褐色，头上有蓬乱而延长的发状羽冠，其上杂有细小的黑白相间斑点。后颈有乌褐色翎领，具棕白色横斑；背具近白色较大的点斑，背以下具近白色斑点和横斑；上背、肩和两翅内侧各羽近端部有一金属蓝紫色眼状斑，眼状斑外并围以黑色和白色圈，极为醒目；长的尾上覆羽和尾羽近先端处有一对更大的辉紫绿色椭圆形眼状斑，其外围以灰褐色。初级飞羽乌褐色，外翈微缀细小淡褐色斑点；嘴黑色，脚黑褐色，脚具二短距，脚和趾淡绿角色。雌鸟和雄鸟相似，但羽色较暗，眼状斑亦较少辉亮，眼状斑外的黑圈和白圈不完整，成为一些断裂的斑。

识别要点： 雄鸟上体乌褐色，头上有蓬乱而延长的发状羽冠，其上杂有细小的黑白相间斑点。上背、肩和两翅内侧各羽近端部有一金属蓝紫色眼状斑，眼状斑外并围以黑色和白色圈，极为醒目。雌鸟较雄鸟羽色暗；眼状斑亦较少辉亮，眼状斑外的黑圈和白圈不完整，部羽冠不及雄鸟发达，尾亦较雄鸟短。

生境及分布： 栖息于海拔150～1500m的常绿阔叶林、山地沟谷雨林和季雨林中，也出现在林缘次生林、稀疏灌丛草地和竹林中。

生活习性： 单独或成对活动，在地面上觅食，晚间在树上过夜，性机警而胆怯。雄鸟活动时尤为谨慎，一般是悄然无声，当发现异常情况时，常伫立不动，注意观察，发现危险，立刻惊叫着奔逃，钻入茂密的灌丛或草丛，一般不起飞。当危险临近或紧迫时，则通过飞行逃离。一般飞不多远，通常飞几十米即降落，落地后继续奔跑逃避。一般很少飞到树上，但夜间却在树上栖息。鸣声短促而响亮，且越叫越响亮。主要以昆虫、蠕虫以及植物茎、叶、果实、种子为食，主要在地上取食，多用嘴啄食，偶尔也用脚刨找。繁殖期4～6月，窝卵数2～5枚。

白喉斑秧鸡

英文名：Slaty-legged Crake
学名：*Rallina eurizonoides*

别名： 灰腿斑秧鸡、灰腿秧鸡

濒危等级： 无危（LC）

形态特征： 中等体型（25cm）的偏褐色秧鸡，嘴较短，中趾短于跗蹠；翅圆，第三枚初级飞羽最长，次级飞羽短于初级飞羽；飞羽和翅下覆羽均为暗褐色或黑色，上有白色横纹或斑点；整体背面及胸侧橄榄褐色，颏和喉白色，前颈至上胸主要为红褐色，下胸以下具粗大的黑褐和白色相间的横斑；成鸟两性相似，头顶、颈侧、颊、前颈和上胸红褐色，背橄榄褐色，颏、喉白色，下胸至尾下覆羽有黑褐色和白色相间排列的横纹，其白色横纹较细；翅覆羽和飞羽橄榄褐色，翅上有白色横斑但仅分布在飞羽的内翈和少数覆羽上，此白色横斑在翅折叠时无法看见。虹膜红色至橘红色，嘴绿色，尖端暗褐色。

识别要点： 嘴较短，中趾短于跗蹠；翅圆，第三枚初级飞羽最长，次级飞羽短于初级飞羽；飞羽和翅下覆羽均为暗褐色或黑色，上有白色横纹或斑点。

生境及分布： 栖息于海拔700m以下的水稻田和沼泽地带、森林、灌丛、高草丛、溪流边水源充足的低地，也生活在水稻田、芋田和红树林中。

生活习性： 白天隐藏在草丛中，多在晨昏活动，常单独行动，行走时脚高抬，尾竖起前后摆动。遇有危险迅速逃匿，常在夜晚鸣叫，觅食。部分夜出性，以蠕虫、软体动物、昆虫和沼泽植物的嫩枝、种子等为食。繁殖期6～9月，窝卵数4～8枚。

白胸苦恶鸟

英文名：White-breasted Waterhen
学名：*Amaurornis phoenicurus*

别名： 白胸秧鸡、白面鸡、白腹秧鸡

濒危等级： 无危（LC）

形态特征： 中型涉禽，体长约30cm。上体暗石板灰色，两颊、喉以至胸、腹均为白色，与上体形成黑白分明的对照；下腹和尾下覆羽栗红色，嘴基稍隆起，但不形成额甲，嘴峰较趾骨为短；跗蹠较中趾（连爪）为短，翅短圆；成鸟两性相似，雌鸟稍小，头顶、枕、后颈、背和肩暗石板灰色，沾橄榄褐色，并微着绿色光辉，两翅和尾羽橄榄褐色，第一枚初级飞羽外翈具白缘；额、眼先、两颊、颏、喉、前颈、胸至上腹中央均白色，下腹中央白而稍沾红褐色，下腹两侧、肛周和尾下覆羽红棕色。虹膜红色；嘴黄绿色，上嘴基部橙红色；腿、脚黄褐色。

识别要点： 上体暗石板灰色，两颊、喉以至胸、腹均为白色，与上体形成黑白分明的对照。下腹和尾下覆羽栗红色，嘴基稍隆起，但不形成额甲，嘴峰较趾骨为短；跗蹠较中趾（连爪）为短，翅短圆。

生境及分布： 栖息于长有芦苇或杂草的沼泽地和有灌木的高草丛、竹丛、湿灌木、水稻田、甘蔗田中，以及河流、湖泊、灌渠和池塘边，也生活在人类伴地附近，如林边、池塘或公园，在湖泊周围村落附近水域的水草中，普遍有白胸苦恶鸟活动，也见于近水的水稻田、麦田、紫穗槐和野蔷薇丛中。

生活习性： 一般成对活动，性机警、隐蔽，善于步行、奔跑及涉水，亦稍能游泳，偶作短距离飞翔，行走时头颈前后伸缩，尾上下摆动。平时很少见其飞翔，受惊后多奔跑隐入草丛中或短距离飞行。飞时头颈伸直，两腿悬垂，起飞笨拙，急速扇翅，杂食性，动物性食物有龙虱幼虫、鞘翅目成虫、螟蛾及其幼虫、蚂蚁、鲎虫、蜗牛、螺、鼠、蠕虫、软体动物、蜘蛛、小鱼等；也吃草籽和水生植物的嫩茎和根，另取食砂砾。繁殖期4~7月，窝卵数4~10枚。

董鸡 | 英文名：Watercock
学名：*Gallicrex cinerea*

别名： 凫翁、鹘、鱼冻鸟

濒危等级： 无危（LC）

形态特征： 中型涉禽，体长约34cm。繁殖期雄鸟前额有一长形的红色额甲，向后上方一直伸到头顶，末端游离呈尖形。头、颈、上背灰黑色，头侧、后颈较浅淡；下背、肩、翅上覆羽，三级飞羽黑褐色，向后渐显褐色，各羽具宽阔的灰色至棕黄色羽缘，形成宽的羽斑纹；尾羽黑褐色，羽缘浅淡；初级飞羽和次级飞羽黑褐色，第一枚初级飞羽外翈除末端外均具白色，翼缘亦白；翅上覆羽及内侧飞羽橄榄黑褐色，具宽的棕色羽缘；下体灰黑色，羽端苍白色，形成狭小的弧状纹；腹部中央色较浅，满布以苍白色横斑纹；尾下覆羽棕黄色，具黑褐色横斑；翅下覆羽和腋羽黑褐色，羽端灰白色。雌性额甲较小，不向上突起，呈黄褐色，上体橄榄灰黑色，具宽的棕褐色羽缘形成斑纹；尾羽暗褐色，飞羽暗褐色，第一枚初级飞羽外和翅缘白色；头侧和颈侧棕黄色，颏、喉及腹中央黄白色，下体余部土黄色，具黑褐色波状细纹。非繁殖期雄鸟的羽色与雌鸟相同。

识别要点： 雄鸟头顶有像鸡冠样的红色额甲，其后端突起游离呈尖形，全体灰黑色，下体较浅。雌鸟体较小，额甲不突起，上体灰褐色。非繁殖期雄鸟的羽色与雌鸟相同。

生境及分布： 栖息于芦苇沼泽，灌水的稻田或甘蔗田，湖边草丛和多水草的沟渠。

生活习性： 多在晨昏活动，阴天时可整天活动，站立姿势挺拔，飞行时颈部伸直，平时很少起飞，善于涉水行走和游泳，雄鸟行走时尾翘起，头前后点动。发情期鸣声很像击鼓，清脆嘹亮，单调低沉，略似"咯-咚"，"咯"音长，"咚"音短，有时数声连鸣，多在清晨和黄昏时鸣叫。杂食性，主要吃种子和绿色植物的嫩枝、水稻，也吃蠕虫和软体动物、水生昆虫、蚱蜢等。繁殖期5～9月，窝卵数3～8枚。

黑水鸡

英文名：Common Moorhen
学名：*Gallinula chloropus*

别名：鹬、江鸡、红骨顶、水鸡、泽鸡

濒危等级：无危（LC）

形态特征：体长约24～35cm。黑水鸡成鸟两性相似，雌鸟稍小，额甲鲜红色，端部圆形。头、颈及上背灰黑色，下背、腰至尾上覆羽和两翅覆羽暗橄榄褐色；飞羽和尾羽黑褐色，第一枚初级飞羽外翈及翅缘白色；下体灰黑色，向后逐渐变浅，羽端微缀白色；下腹羽端白色较大，形成黑白相杂的块斑，两胁具宽的白色条纹；尾下覆羽中央黑色，两侧白色，翅下覆羽和腋羽暗褐色，羽端白色。虹膜红色，嘴端淡黄绿色；上嘴基部至额板深血红色；跗蹠前面黄绿色，后面及趾石板绿色，爪黄褐色。

识别要点：额甲鲜红色，端部圆形。头、颈及上背灰黑色，下背、腰至尾上覆羽和两翅覆羽暗橄榄褐色，飞羽和尾羽黑褐色，第一枚初级飞羽外翈及翅缘白色。下体灰黑色，向后逐渐变浅，羽端微缀白色，下腹羽端白色较大，形成黑白相杂的块斑；两胁具宽的白色条纹。

生境及分布：栖息于富有芦苇和水生挺水植物的淡水湿地、沼泽、湖泊、水库、苇塘、水渠和水稻田中，也出现于林缘和路边水渠与疏林中的湖泊沼泽地带，一般不在咸水中生活，喜欢有树木或水植物遮蔽的水域，不喜欢很开阔的场所，垂直分布高度为海拔400～1740m。

生活习性：常成对或成小群活动，善游泳和潜水，频频游泳和潜水于临近芦苇和水草边的开阔深水面上，遇人立刻游进苇丛或草丛，或潜入水中到远处再浮出水面，能潜入水中较长时间和潜行达10m以上，能仅将鼻孔露出水面进行呼吸而将整个身体潜藏于水下。游泳时身体浮出水面很高，尾常常垂直竖起，并频频摆动。除非在危急情况下一般不起飞，特别是不做远距离飞行，飞行速度缓慢，也飞得不高，常常紧贴水面飞行，飞不多远又落入水面或水草丛中。主要吃水生植物嫩叶、幼芽、根茎以及水生昆虫、蠕虫、蜘蛛、软体动物、蜗牛和昆虫幼虫等食物，其中以动物性食物为主。繁殖期4～7月，窝卵数6～10枚。

金眶鸻 | 英文名：Little Ringed Plover
学名：*Charadrius dubius*

别名： 黑领鸻

濒危等级： 无危（LC）

形态特征： 小型涉禽，全长约16cm。上体沙褐色，下体白色，有明显的白色领圈，其下有明显的黑色领圈；眼后白斑向后延伸至头顶相连。夏羽前额和眉纹白色，额基和头顶前部绒黑色，头顶后部和枕灰褐色；眼先、眼周和眼后耳区黑色，并与额基和头顶前部黑色相连；眼睑四周金黄色，后颈具一白色环带，向下与颏、喉部相连，紧接此白环之后有一黑领围绕着上背和上胸，其余上体灰褐色或沙褐色；初级飞羽黑褐色，第一枚初级飞羽羽轴白色，中央尾羽灰褐色，末端黑褐色，外侧一对尾羽白色，内翈具黑褐色斑块；下体除黑色胸带外全为白色。冬羽额顶和额基黑色全被褐色取代，额呈棕白色或皮黄白色，头顶至上体沙褐色，眼先、眼后至耳覆羽以及胸带暗褐色。虹膜暗褐色，眼睑金黄色，嘴黑色，脚和趾橙黄色。

识别要点： 有明显的白色领圈，其下有明显的黑色领圈，眼睑四周金黄色，眼后白斑向后延伸至头顶相连。夏羽前额和眉纹白色，额基和头顶前部绒黑色，头顶后部和枕灰褐色，眼先、眼周和眼后耳区黑色，并与额基和头顶前部黑色相连。

生境及分布： 常栖息于湖泊沿岸、河滩或水稻田边，开阔平原和低山丘陵地带的湖泊、河流岸边以及附近的沼泽、草地和农田地带，也出现于沿海海滨、河口沙洲以及附近盐田和沼泽地带。

生活习性： 常单只或成对活动，偶尔也集成小群，特别是在迁徙季节和冬季，常活动在水边沙滩或沙石地上，活动时行走速度甚快，常边走边觅食，并伴随着一种单调而细弱的叫声。通常急速奔走一段距离后稍微停停，然后再向前走。以昆虫为主食，兼食植物种子、蠕虫等。繁殖期5～7月，窝卵数3～5枚。

白腰草鹬 | 英文名：Green Sandpiper
学名：*Tringa ochropus*

别名：绿扎

濒危等级：无危（LC）

形态特征：小型涉禽，体长20～24cm。是一种黑白两色的内陆水边鸟类。夏季上体黑褐色具白色斑点，腰和尾白色，尾具黑色横斑；下体白色，胸具黑褐色纵纹，白色眉纹仅限于眼先，与白色眼周相连，在暗色的头上极为醒目。冬季颜色较灰，胸部纵纹不明显，为淡褐色；飞翔时翅上翅下均为黑色，腰和腹白色，前额、头顶、后颈黑褐色具白色纵纹；上背、肩、翅覆羽和三级飞羽黑褐色，羽缘具白色斑点；下背和腰黑褐色微具白色羽缘；尾上覆羽白色，尾羽亦为白色；除外侧一对尾羽全为白色外，其余尾羽具宽阔的黑褐色横斑，横斑数目自中央尾羽向两侧逐渐递减，初级飞羽和次级飞羽黑褐色；自嘴基至眼上有一白色眉纹，眼先黑褐色；颊、耳羽、颈侧白色具细密的黑褐色纵纹。颏白色，喉和上胸白色密被黑褐色纵纹；胸、腹和尾下覆羽纯白色，胸侧和两胁亦为白色具黑色斑点。虹膜暗褐色，嘴灰褐色或暗绿色，尖端黑色，脚橄榄绿色或灰绿色。

识别要点：夏季上体黑褐色具白色斑点，腰和尾白色，尾具黑色横斑；下体白色，胸具黑褐色纵纹；白色眉纹仅限于眼先，与白色眼周相连，在暗色的头上极为醒目。冬季颜色较灰，胸部纵纹不明显，为淡褐色，飞翔时翅上翅下均为黑色，腰和腹白色。

生境及分布：繁殖季节主要栖息于山地或平原森林中的湖泊、河流、沼泽和水塘附近，海拔高度可达3000m左右。非繁殖期主要栖息于沿海、河口、湖泊、河流、水塘、农田与沼泽地带。

生活习性：常单独或成对活动，迁徙期间也常集成小群在放水翻耕的旱地上觅食，尤其喜欢肥沃多草的浅水田。常上下晃动尾，边走边觅食。遇有干扰亦少起飞，而是首先急走，远离干扰者，然后到有草或乱石处隐蔽。若干扰者继续靠近，则突然冲起，并伴随着"啾哩－啾哩"的鸣叫而飞。飞翔疾速，两翅扇动甚快，常发出"呼呼"声响。主要以蠕虫、虾、蜘蛛、小蚌、田螺、昆虫等小型无脊椎动物为食，偶尔也吃小鱼和稻谷。受惊时起飞，似沙锥而呈锯齿形飞行。繁殖期5～7月，窝卵数3～4枚。

林鹬 | 英文名：Wood Sandpiper
学名：*Tringa glareola*

别名：林札子

濒危等级：无危（LC）

形态特征：体型略小（20cm）。背肩部黑褐色，具淡棕黄白色点斑，眉纹长；腰白色，尾端有黑褐色横斑；下体白色，胸部具黑褐色纵纹，腹部及臀偏白嘴黑色；飞行时翼下大致为白色，尾部有横斑，白色的腰部及下翼以及翼上无横纹，飞行时脚远伸于尾后；冬季胸部斑纹不明显。虹膜褐色，嘴黑色，脚淡黄至橄榄绿色。

识别要点：上体灰褐色而极具斑点；眉纹长，白色；尾白而具褐色横斑，飞行时尾部的横斑、白色的腰部及下翼以及翼上无横纹为其特征，脚远伸于尾后。

生境及分布：栖息于较宽阔水域附近的沼泽、河滩、水稻田中，喜沿海多泥的栖息环境，但也出现在内陆高至海拔750m的稻田及淡水沼泽。

生活习性：通常结成松散小群可多达20余只，有时也与其他涉禽混群，以水生昆虫、蜘蛛、软体动物、甲壳类为食，兼食少量植物种子。繁殖期5～7月，窝卵数3～4枚。

丘鹬 | 英文名：Eurasian Woodcock
学名：*Scolopax rusticola*

别名：大水行、山沙锥、山鹬

濒危等级：无危（LC）

形态特征：体长约35cm。躯体短粗，喙长，与沙锥近缘。眼睛在头部的位置比其他任何鸟都靠后，视野为360度。耳孔位于眼眶下而非眼后；体羽以淡黄褐色为主，上体具黑色带状横纹；尾羽黑色，并散有锈色红斑，其末端上面黄灰色；下体白色，密布暗色横斑。雌鸟与雄鸟相似。虹膜褐色，嘴基部偏粉，端黑色，脚粉灰色。

识别要点：躯体短粗，喙长，与沙锥近缘。眼睛在头部的位置比其他任何鸟都靠后，视野为360度，耳孔位于眼眶下而非眼后。

生境及分布：大多栖息在潮湿、阴暗、落叶层厚的稠密的混交林和阔叶林中，黄昏常飞到森林附近的湿地、 湖畔、 河边、水田和沼泽地上觅食。

生活习性：独栖，黄昏时最活跃，会蹲伏在枯叶中一动不动，淡黄褐色有斑纹的羽衣与环境一致，直到几乎被人踩上才突然迅速飞走，主要以蚯蚓为食，用脚敲地把蚯蚓引诱到地表，然后用长而敏感的喙（喙尖张开）像镊子一样，将蚯蚓拖出。白天常隐伏林中，很少飞出。如果受惊，只飞过一段很短的距离，就又隐伏在树丛中，取食蚯蚓、鞘翅目、鳞翅目和双翅目等昆虫的幼虫，也吃蜗牛、淡水螺蛳。繁殖期5~7月，窝卵数3~5枚。

第五章

兽类

海南岛属于东洋界华南区，地理气候条件适宜，食物终年不缺，兽类动物资源丰富，系统记载海南岛兽类资源的《海南岛的鸟兽》（广东省昆虫研究所动物室和中山大学物系，1983）报道海南岛兽类为76个种和亚种。吊罗山地处中南部山地林区，兽类资源亦极为丰富。吴毅等（2003）报道海南吊罗山共有哺乳动物8目21科46种，种数占海南省陆生哺乳动物的60.53%，本图鉴收录海南吊罗山自然保护区兽类40种，约占已有文献报道种类的87%。

常见兽类的测量及分类检索名词术语

体重：整体重量。

头体长（HB）：小型动物自吻端至肛孔的直线长度；大型动物自吻端至尾基的直线长度。

尾长（T）：小型动物自肛孔至尾端的直线长度，大型动物自尾基至尾端（不包括尾毛）的直线长度。

耳长（E）：自耳基部缺口至耳壳顶部（端毛除外）的长度；管状耳（如海南兔）自耳基量至耳尖。

后足长（HF）：自跗关节至最长趾端（爪除外）的直线距离（有蹄类到蹄尖）。

前臂长（FA）：从桡骨点至桡骨茎突点的直线距离。

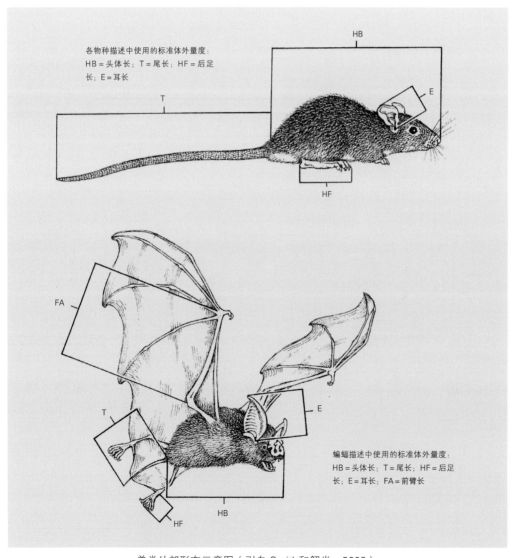

兽类外部形态示意图（引自 Smith 和 解焱，2009）

大蹄蝠

英文名：Great Leaf-nosed Bat
学名：*Hipposideros armiger*

别名：大马蹄蝠、蹄鼻蝠

濒危等级：无危（LC）

形态特征：体型大，头体长80～110mm，尾长48～70mm，后足长13～17mm，耳长26～35mm，前臂长82～99mm。脸部有复杂的鼻叶，前叶呈马蹄形，两侧各有4片附小叶。额部有一大的腺囊。耳大，三角形。背面的毛为灰白色或棕褐色；毛尖、腹面为深棕色；胸部毛基色较深；翼膜为黑褐色或灰黄色。

识别要点：体型大，体重可达60g。脸部有复杂的鼻叶，前叶呈马蹄形，两侧各有4片附小叶。

生境及分布：栖息于森林及山村附近阴湿的山洞石壁上。

生活习性：群居性，集群可达数百只。昼伏夜出，白天隐蔽，黄昏时外出觅食活动，以各种昆虫为食。夏季繁殖，每胎产2仔。

菲菊头蝠 | 英文名：Least Horseshoe Bat
学名：*Rhinolophus pusillus*

别名： 小菊头蝠

濒危等级： 无危（LC）

形态特征： 体型小，头体长38～42mm，尾长13～26mm，后足长6～8mm，耳长13～20mm，前臂长33～40mm。面部结构复杂，马蹄状叶外侧没有附小叶，其中间裂口有两颗小乳突；鞍状叶中间收缩，基部较宽，至顶尖渐窄呈圆形；连接叶三角形；顶叶短且呈戟状。身体毛色呈棕褐，毛基部灰白。

识别要点： 马蹄状叶外侧没有附小叶，其中间裂口有两颗小乳突。尾长约为头体长的1/2。

生境及分布： 栖息于阴暗潮湿的石灰岩洞穴中。

生活习性： 群居性，集群可达1500只。昼伏夜出，白天隐蔽，黄昏时外出觅食活动，以各种昆虫为食。

中华菊头蝠

英文名：Chinese Rufous Horseshoe Bat
学名：*Rhinolophus sinicus*

别名： 鲁氏菊头蝠

濒危等级： 无危（LC）

形态特征： 体型中等，头体长43～53mm，尾长21～30mm，后足长7～10mm，耳长15～20mm，前臂长43～56mm。眼小，耳朵较大但没有耳屏。鼻吻部具鼻叶，马蹄状叶两侧各有一附小叶；鞍状叶两侧缘几乎平行；连接叶侧面线条圆钝；呈三角形的顶叶发达，上部细长。鼻孔开口在马蹄状叶的中央，其周围小叶环绕形成杯状小叶。前肢第二指仅具掌骨，无指骨，足趾各具3节趾节。背毛基2/3为淡棕白色，毛尖浅红棕色；腹面浅棕白色。

识别要点： 有结构比较复杂的马蹄状鼻叶，鼻孔开口在马蹄状叶的中央，其小叶环绕形成杯状小叶。

生境及分布： 栖息于山地外围的洞穴内。

生活习性： 以鳞翅目、鞘翅目昆虫为主要食物。集群大小多变，范围从少数几只到几百只。雌性在繁殖季形成孕妇群。

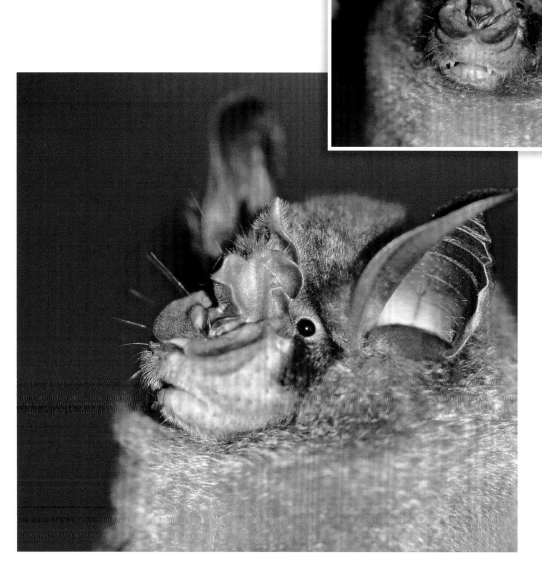

中菊头蝠 | 英文名：Intermediate Horseshoe Bat
学名：*Rhinolophus affinis*

别名：海南菊头蝠、间型菊头蝠、爪哇菊头蝠

濒危等级：无危（LC）

形态特征：体型中等，头体长58～63mm，尾长20～
35mm，后足长11～13mm，耳长15～21mm，前臂长
46～56mm。体重11～14g。鼻叶中马蹄叶较大，附小
叶十分退化；鞍状叶提琴状；连接叶低而圆；顶叶成
契形。体背为茶褐色和暗褐色，胸腹毛色稍淡，耳，
翼膜暗褐色。尾长约为头体长的一半。

识别要点：尾长约为头体长的一半。两侧股膜具毛；
第四与第五掌骨约等长。

生境及分布：栖息于从海平面至海拔2000m的山洞中。

生活习性：集小群生活，两性均有栖宿地，有少许或
无空间隔离。昼伏夜出，白天隐蔽，黄昏在林间树丛
内捕食昆虫，觅食几乎接近地面。1年中多次发情，有
两个高峰期。每胎产1仔。

灰伏翼 | 英文名：Chinese Pipistrelle
学名：*Hypsugo pulveratus*

别名： 中华伏翼、多尘油蝠、黑褐伏翼

濒危等级： 近危（NT）

形态特征： 体型较小，头体长44～47mm，尾长37～38mm，后足长7～8mm，耳长12～14mm，前臂长33～36mm。体重4g左右。鼻吻部不具鼻叶。耳正常，有较发达的耳屏，两耳基部分开。第二指具正常的掌骨和一短小的指骨，第三指具3指节。背毛色暗，近乎浅黑棕色；腹毛近乎棕色。

识别要点： 体型小。鼻吻部不具鼻叶。背毛色暗，近乎浅黑棕色；腹毛近乎棕色。

生境及分布： 居住于森林地区岩洞及附近人工建筑物之内。

生活习性： 食虫性蝙蝠，以蚊、飞蛾等昆虫为食。

南长翼蝠 | 英文名：Small Long-fingered Bat
学名：*Miniopterus pusillus*

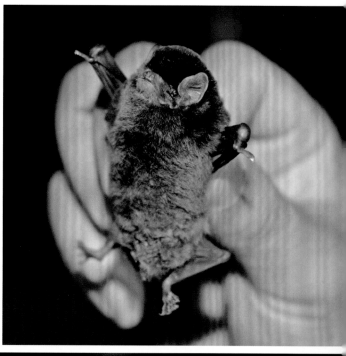

别名： 无

濒危等级： 无危（LC）

形态特征： 体型较小，头体长45～48mm，尾长40～48mm，后足长7～8mm，耳长10～11mm，前臂长39～42mm。体重7～9g。眼睛细小；耳朵短小呈三角形，耳屏短钝而向前微曲；静止时翼尖反摺突于翼外。体毛短而呈丝绒状，背毛为黑褐色，毛基色深于毛尖；腹毛灰黑色，毛端浅褐色；头颈部毛色与体色一致。

识别要点： 体毛短而呈丝绒状。翼膜只达关节，翼尖长。前臂第三指第二指节的长度为第一指节的3倍以上。

生境及分布： 栖息在石灰岩洞中。

生活习性： 在开阔区域觅食，包括一些较小的溪流上方。

普通长翼蝠

英文名：Schreber's Long-fingered Bat
学名：*Miniopterus schreibersii*

别名：大长翼蝠、狭翼蝠

濒危等级：无危（LC）

形态特征：体型较大，头体长67～78mm，尾长50～62mm，后足长9～12mm，耳长12～14mm，前臂长47～50mm。体重15～28g。鼻正常。耳短圆，耳屏细长。翼膜狭长，第三掌骨最长，其指骨的第二指节长为第一指节的3倍。体被暗黑褐色，头部毛明显短于体背；腹毛稍浅，黑褐色；耳和翼膜黑褐色。

识别要点：第三掌骨最长，其指骨的第二指节长为第一指节的3倍。

生境及分布：栖息于较深的石洞内，偶见于建筑物或树缝中。

生活习性：高度集群，某些栖宿地可聚集上万个体。黄昏外出觅食，以各种昆虫为主食。有"独特"的快速和飘忽不定的飞行方式。每胎产1仔，当雌性外出觅食时，会将幼仔留在公共育幼场。

中华鼠耳蝠 ┃ 英文名：Large Myotis
学名：*Myotis chinensis*

别名：大鼠耳蝠

濒危等级：无危（LC）

形态特征：体型较大，头体长91~97mm，尾长53~58mm，后足长16~18mm，耳长20~23mm，前臂长64~69mm。体重60g以上。吻较长，吻鼻背侧平滑，似鼠。耳长，耳屏较宽阔。翼膜宽大，第三指的第一指节大于第二指节。尾较长，约等于前臂长。体被毛整体黑褐色，毛基黑色；腹面毛灰褐色。

识别要点：吻鼻背侧平滑，似鼠。尾长约等于前臂长。

生境及分布：栖息于从低地到丘陵地区的岩洞中，有时同果蝠居同一洞穴。

生活习性：群居性，冬季集小群，夏季集大群。交配期为9~10月，次年6月产仔。

犬蝠

英文名：Greater Short-nosed Fruit Bat
学名：*Cynopterus sphinx*

别名： 短鼻果蝠、短吻果蝠、犬面果蝠

濒危等级： 无危（LC）

形态特征： 头体长80～90mm，尾长7～12mm，后足长16～19mm，耳长18～21mm，前臂长66～83mm。体重40～53g。吻较短，无鼻叶。耳长而薄，无耳屏，耳缘苍白色。前肢第二指具爪，翼膜宽，连接于第二趾末端。胫部背面大部被毛，股间膜明显但狭窄，有距。有外尾但极短。毛被稀疏，体背黑褐色；耳、足深黑色，耳边缘灰白色；翼膜和股膜茶褐色；腹毛浅灰褐色；颈侧、咽喉部灰黄色；趾爪深褐色。

识别要点： 吻较短，无鼻叶。耳长而薄，无耳屏，耳缘苍白色。

生境及分布： 栖息于低地森林地区和农业区的岩洞、浓密树叶或果林中。

生活习性： 集小群生活，一只雄性保护着含有若干只雌性和幼仔的栖宿地。白天隐蔽，夜间觅食各种水果、花和树叶等，是多种植物的重要授粉者和种子传播者。每年产仔2次，每胎产1仔。

海南新毛猬 | 英文名：Hainan Gymnure
学名：*Neohylomys hainanensis*

别名： 海南毛猬

濒危等级： 濒危（EN）

形态特征： 头体长132～147mm，尾长36～43mm，后足长24～29mm，耳长17～22mm。体重52～70g。吻尖长，耳大，卵圆形，耳孔呈三角形。头部毛鼠灰色而稍带棕黄色；体背毛鼠灰色与棕黄色相杂，背脊从头顶至尾基部有一条黑色纵纹，前深后淡，有些至臀部即行消失；腹部毛基浅灰色，毛端乳白色；四肢内侧毛染有黄色；尾毛上面灰黑色，下面白色，尾长约等于后足长。

识别要点： 体形似鼠，吻尖长，背脊有1条黑纵纹。

生境及分布： 栖息于较高海拔的热带雨林以及次生林，多见于杂木林下，尤其喜欢在枝丫朽木堆积的砍伐迹地上或乱石堆附近出没。

生活习性： 营地栖穴居生活。夜行性，白天隐蔽，夜间活动，行动不甚敏捷。食虫为主，以鞘翅目昆虫居多，间有少量种子和植物叶片。

五指山麝鼩 | 英文名：Wuchi Shrew
学名：*Crocidura wuchihensis*

别名： 海南小麝鼩

濒危等级： 无危（LC）

形态特征： 体型最小的麝鼩。头体长55～65mm，尾长35～42mm，后足长10～13mm，耳长6～9mm。体重3.5～6g。口须长，往后超出耳基部甚远。背毛暗灰棕色，个别毛基部石板灰色，但接近末端浅棕色，有时尖端银灰色；腹毛更显灰色；四足背面浅白色，侧面明显有棕色；尾棕色，沿半截处有长针毛。

识别要点： 体型小，吻尖长，毛色较为深暗。四足背面浅白色。

生境及分布： 栖息于海拔较高的森林中。

生活习性： 知之甚少，仅知标本采于海拔1300～1500m森林中。

臭鼩

英文名：Asian House Shrew
学名：*Suncus murinus*

别名：尖嘴老鼠、臭老鼠、骚鼠、喷嘞鼠

濒危等级：无危（LC）

形态特征：中国最大的鼩鼱。头体长119～147mm，尾长60～85mm，后足长19～22mm。体重约50g。吻部尖长，明显超出下颌的前方，有很多柔软的触须。耳较大而圆，明显露于毛被外，有皱褶。尾长超过体长的一半，尾基部粗大，末端则尖细，尾上散布很多粗长毛。体侧面中央具1对麝香腺，能分泌黄白色具特殊臭味的黏液，腺体处的毛细短。全身毛稠密，毛短而柔软，体色变化从背部浅黑色到浅棕色到浅蓝色，腹面颜色稍淡。

识别要点：略似鼠而鼻吻尖长，多触须。体稍扁而尾粗大，覆有稀疏长毛。体侧有腺体，分泌特殊臭味。

生境及分布：栖息于平原田野及村落民房中，尤于厨房、草垛、柴堆、小屋等阴暗处多见。

生活习性：穴居性，住地洞或杂乱堆下。夜行性，以昆虫等动物性食物为主，偶尔捕食蛙类和蛇类，有时亦吃植物种子和果实。无集中繁殖季节，每次产1～5仔，平均3～4仔。

华南缺齿鼹 | 英文名：Insular Mole
学名：*Mogera insularis*

别名：海南缺齿鼹、鼹鼠

濒危等级：无危（LC）

形态特征：体型小，头体长87～137mm，尾长3～14mm，后足长5～18mm。体重35～81g。背腹毛为密短绒毛，黑色有光泽，只有足和尾尖散布有浅白色的毛。吻甚尖长，眼小如粟米大；无耳壳，耳孔藏于毛中；前肢粗短，指掌宽阔，具强爪，掌心外翻；后肢较细弱，爪小。尾甚短。

识别要点：体型小。体被短密绒毛，黑色有光泽。吻尖，眼小，无耳壳，尾短。前肢粗壮，指掌外翻。

生境及分布：栖息于山地丘陵的森林或林缘地带。

生活习性：终生营地下生活，多在土壤疏松、腐殖质层厚且湿润的土中。昼夜均活动，晨昏最为活跃。肉食性，以地下昆虫及其幼虫、蛹和蠕虫等为食。每年产仔2次，每次产3～5仔。

海南兔 | 英文名: Hainan Hare
学名: *Lepus hainanus*

别名: 草兔

濒危等级: 易危（VU），国家Ⅱ级

形态特征: 小型兔，头体长350～394mm，尾长45～70mm，后足长76～96mm，耳长76～98mm。体重1250～1750g。头小而圆。耳通常比后足长，向前折可超过鼻端。体背毛较柔软，头顶和体背毛淡棕色或棕黑色，腹毛多为乳白色，体侧混杂有淡棕色或浅棕白色；耳上缘毛长，棕黄色，下缘毛短，白色，形成一白边；颊部纯白色，颈下棕黄色，前肢棕褐色，后肢内侧棕黄色，外侧白色；四肢趾掌为乌棕色；尾的上面黑色，下面纯白色。

识别要点: 体型较小。颊部毛纯白色，尾上面黑色，下面纯白色。

生境及分布: 主要栖息于丘陵平野的灌丛低草坡中，在地势较平坦、干爽、草木丛堆间杂地带较多，高山地区少见。

生活习性: 喜居草丛，从未见挖洞。性胆小，主要在夜间活动。草食性。

中国穿山甲

英文名：Chinese Pangolin
学名：*Manis pentadactyla*

别名：穿山甲、鲮鲤、陵鲤、龙鲤、麒麟
濒危等级：极危（CR），国家Ⅱ级
形态特征：头体长423～920mm，尾长280～350mm，后足长65～85mm，耳长20～26mm，颅全长72～94mm。体重2.4～7kg。体形狭长，身体背面、四肢外侧和尾全都覆有棕色鳞甲，身体鳞片15～18行，沿尾缘有16～19片鳞甲，腹面泛白色，没有鳞甲。头呈圆锥状，眼小，吻尖，舌长，无齿；四肢粗短，足具5趾，并有强爪；前足爪长，尤以中间第3爪特长，后足爪较短小；尾扁平而长，背面略隆起。鳞片之间杂有硬毛，两颊、眼、耳以及颈腹部、四肢外侧、尾基都生有长的白色和棕黄色稀疏的硬毛，绒毛极少。雌体有乳头1对。
识别要点：体被鳞甲，头细、眼小、舌长、无齿，趾爪强健有力。

生境及分布：栖息在丘陵山地的树林、灌丛、草莽等各种环境，极少在石山秃岭地带。
生活习性：独居，擅长挖掘洞穴。夜行性，捕食蚂蚁和白蚁。善爬树和游泳。冬季在洞深3～4m处度过。夏末至初秋繁殖，通常每胎产1仔。受到威胁时将身体蜷缩成球形以自卫。

黄胸鼠 | 英文名：Orietal House Rat
学名：*Rattus tanezumi*

别名： 黄腹鼠、长尾吊、屋顶鼠

濒危等级： 无危（LC）

形态特征： 头体长105～215mm，尾长120～230mm，后足长26～35mm，耳长17～23mm。体重75～200g。口鼻较尖，耳朵长而薄，向前拉能盖住眼部。背毛毛基颜色深灰，尖端棕褐色，背部杂有较多的黑色长毛，故较暗；腹毛呈灰黄色，胸部黄色较深，腹部基毛浅黄色，背腹毛色分界不明。足侧面和趾浅白色，但在中间有与众不同的暗灰棕色斑。尾长大于或等于头体长，鳞环清晰，单一的棕色或沿体下侧接近基部的毛色稍淡。雌性多5对乳头。

识别要点： 腹毛灰黄色，胸部黄色较深。前足背面有1块深暗灰棕色斑。尾棕色。

生境及分布： 主要栖息在房屋内，临近村舍的田野中偶有发现，家栖的主要害鼠之一。

生活习性： 群居，可挖洞穴居。食性杂，以植物性食物为主，偏好于含水分较多的食物，有时也吃动物性食物。繁殖能力强，全年可繁殖3～4次，每胎最多可产14仔。

黄毛鼠

英文名： Losea Rat
学名： *Rattus losea*

别名： 小黄腹鼠、田鼠、黄哥仔、黄毛仔
濒危等级： 无危（LC）
形态特征： 头体长120～185mm，尾长128～175mm，后足长24～32mm，耳长18～21mm。体重22～90g。耳被暗黄色密毛。吻短，灰白色。体背黄褐色或棕褐色；腹部毛基灰色，毛端灰白色，偶染黄色，与背部没有明显的分界线；足背灰白色，无任何暗色痕迹；尾等长或略短于头体长，尾上暗褐色，尾下略淡。雌性有5对乳头。

识别要点： 体型较小。背毛黄褐色或棕褐色，腹部毛基灰色。足背灰白色无任何暗色痕迹。
生境及分布： 适应性强，栖息于草地、灌丛、红树林、农田和房舍等多种环境中。主要农业鼠害之一。
生活习性： 群居，多挖洞穴居。昼伏夜出，以黄昏前后和凌晨活动最为频繁。杂食性，主要以谷物、蔬菜和其他植物种子为食，也吃小鱼、虾、蟹及软体动物等。繁殖力极强，全年均可繁殖，每胎产2～15仔。

褐家鼠 | 英文名：Brown Rat
学名：*Rattus norvegicus*

别名： 大家鼠、白尾吊、沟鼠

濒危等级： 无危（LC）

形态特征： 最大的一种家鼠。头体长205～260mm，尾长190～250mm，后足长38～50mm，耳长19～26mm。体重230～500g（有的可达1kg）。耳较短，向前折不达眼后角。体背淡灰褐色或棕褐色，腹毛灰白色，毛端白色；尾粗短，短于头体长，上下两色明显，上部深棕色，下部浅灰白色；后足背面白色。雌性有6对乳头。

识别要点： 体型大。腹毛灰白色，足背白色，尾上下两色明显。雌性有6对乳头。

生境及分布： 栖息于居民区、农田和河流附近。全球数量最多的鼠类之一。

生活习性： 群居，多挖洞巢居。夜行性为主。食性杂，常见于阴沟、垃圾堆内寻找食物或在仓库中盗食粮食等。全年均可繁殖，每年平均产仔6～10次。

黑缘齿鼠 | 英文名：Indochinese Forest Rat
学名：*Rattus andamanensis*

别名：无

濒危等级：无危（LC）

形态特征：头体长128~185mm，尾长172~222mm，后足长32~36mm，耳长20~25mm。体重125~155g。毛被长而厚密，背毛有各种深浅的棕色，有淡棕色和黑色毛尖的混杂毛，沿着背中线有明显的黑色长针毛；腹毛明显与背毛有别，纯奶油白色或偶有毛基浅灰色的小斑点；尾显著比身体长，上下均深棕色；足背面深棕色。雌性有6对乳头。

识别要点：毛被长而厚密，背中线有明显的黑色长针毛。尾比体长，上下均深棕色。雌性有6对乳头。

生境及分布：栖息于农业耕地、灌丛和房屋四周。

生活习性：知之甚少，仅知其以夜行性为主。

针毛鼠 | 英文名：Indomalayan Niviventer
学名：*Niviventer fulvescens*

别名： 刺毛黄鼠、黄褐鼠

濒危等级： 无危（LC）

形态特征： 中小型鼠类。头体长131～172mm，尾长160～221mm，后足长30～34mm，耳长16～21mm。体重60～135g。背毛颜色变化较大，从暗淡的赭色到明亮的茶橘色都有；腹毛浅黄白色，与背毛明显可分；尾长大于头体长，上面深棕色，下面浅棕白色；背毛中有许多刺状针毛，针毛基部为白色，尖端为褐色，越靠近背部中央针毛越多，所以背部中央棕褐色调较深；前后足背面亦为白色。雌性有4对乳头。

识别要点： 背毛中刺状针毛较多。腹毛浅黄白色，与背毛明显可分。雌性有4对乳头。

生境及分布： 陆栖性，栖居在山区田间的丘陵和坡面灌草丛、山谷小溪旁、树根、岩石缝以及竹林下干燥的地方。

生活习性： 栖洞穴或石缝中。夜行性，活动范围广。杂食性，取食种子、浆果、昆虫等。繁殖能力强，4～8月均可繁殖，每胎1～7仔。

缅甸山鼠 | 英文名：Indochinese Mountain Niviventer
学名：*Niviventer tenaster*

别名：印支家鼠

濒危等级：无危（LC）

形态特征：头体长120～189mm，尾长174～234mm，后足长32～35mm，耳长23～26mm。体重53～140g。背毛浅黄棕色，间杂有深棕色针毛；腹毛白色，与背毛区别明显；尾背面棕色，但毛尖经常有白色斑点，腹面淡棕色，与背面没有明显分界。耳在本属中明显大。

识别要点：尾背面棕色，但毛尖经常有白色斑点。耳明显大。

生境及分布：栖息于山地森林中。

生活习性：夜行性为主，穿棱于地面，以及低矮的树藤间。

倭松鼠 | 英文名：Maritime Striped Squirrel
学名：*Tamiops maritimus*

别名：花松鼠、海南隐纹松鼠、金花鼠、豹鼠

濒危等级：无危（LC）

形态特征：小型松鼠。头体长105~134mm，尾长80~115mm，后足长25~30mm，耳长9~17mm。体重31~65g。体长与尾长几乎相等。耳壳显著，背面有白色束毛。体背部棕褐色，腹部黄灰色，尾上部和两侧为黄黑色，尾下部黄色较浓。眼下部有1条灰白色纹，可达耳后下方，但不与背部侧面亮条纹相连。体背可见5条纵纹，正中一条纵纹明显呈黑色，最外侧纹为浅黄色，其内为黑色或棕黑色纵纹所嵌。皮毛短，耳具白色束毛。

识别要点：体小，毛短。眼下面的灰白条纹与背部侧面的亮条纹不相连。体背正中央有1条明显的黑色纵纹，最外两侧纵纹为淡黄色。

生境及分布：数量多，广泛栖息于各种林型。以中海拔及中低海拔的林区为主。

生活习性：穴居为主，巢穴多作于自然洞穴或旧鸟巢。昼行性，活动规律不明显，常3、5成群在树间跳跃活动。植食性为主，喜食种子、坚果及浆果等。多在春秋两季繁殖，每年产仔两次，每胎2~5仔。

赤腹松鼠 | 英文名：Pallas's Squirrel
学名：*Callosciurus erythraeus*

别名： 大尾鼠、红胸松鼠、乌眼眶

濒危等级： 无危（LC）

形态特征： 中型松鼠，头体长175～240mm，尾长146～267mm，后足长41～55mm，耳长18～23mm。体重280～420g。体背面呈橄榄黄色，腹毛鲜红色、褐紫色、棕色或暗黄色；两颊及吻部颜色较浅呈灰黄色，前后足背面亦为橄榄黄色，但黑色明显加深。尾毛色与体同，仅尾后半部分有黄黑相间的环状，尾端毛长，为灰黄色或黑色。

识别要点： 尾长等于或大于头体长。体背橄榄黄色，腹部鲜红色、褐紫色、棕色或暗黄色。

生境及分布： 栖息于不同海拔的热带和亚热带森林，有时可在亚高山针叶林或针阔缓交林带出现。

生活习性： 穴居性，巢穴作于枯树或古木洞中，或在高树枝上用树叶做巢，全年使用。多在晨昏活动，有一定活动路线。杂食性，觅食水果、坚果、农作物、小型脊椎动物及鸟卵等。多在夏季产仔，每胎多产2仔。

巨松鼠 | 英文名：Black Giant Squirrel
学名：*Ratufa bicolor*

别名： 树狗、黑果狸、藤狸、黑猺

濒危等级： 近危（NT），国家Ⅱ级

形态特征： 大型松鼠，头体长360~430mm，尾长400~510mm，后足长84~91mm，耳长30~38mm。体重1300~2300g。头小，耳有明显的毛簇；四肢短。体背面以及四肢外侧、足背面和尾均全黑色；眼下从嘴侧起有一黑色宽斜纹，额部通常有2黑色斑点，眼眶黑色；体腹面和四肢内侧鲜黄色或橙黄色，两颊黄色，耳及其短毛簇均黑色。

识别要点： 大型松鼠。体背面黑色，腹面鲜黄色或橙黄色。耳有蓬松短毛簇。尾比体长。

生境及分布： 栖息于热带森林，一般生活于中海拔地区，在高海拔地区较罕见。

生活习性： 典型的树栖动物，以树枝叶营巢于高树枝丫上，少见住于树洞中，但能利用树洞藏身。昼行性为主，单只或成对活动，很少集群，活动范围较广，有固定路线。植食性，以种子、松果、野果、嫩芽、花蕊等为食。春季和秋季繁殖，每年产仔2次，每次产1~3仔。

霜背大鼯鼠

英文名： Indian Giant Flying Squirrel
学名： *Petaurista philippensis*

别名： 海南鼯鼠、飞鼠、飞狸、巨鼯鼠

濒危等级： 无危（LC）

形态特征： 大型鼯鼠，头体长410~610mm，尾长550~691mm，后足长65~90mm，耳长45~47mm。体重1300~2350g。体两侧具皮膜，能滑翔。身体背毛暗栗色到黑色，带白色毛尖；腹毛黄褐色到米黄色，相对稀疏；尾很长，全黑色；耳黑色。幼体背毛以棕黄色为主。眶间凹陷明显。

识别要点： 体型大，体躯两侧有皮膜。体背暗栗色到黑色，腹毛黄褐色到米黄色。

生境及分布： 栖息于原始热带雨林沟谷地带以及针叶、阔叶混交的山林中。

生活习性： 树栖性，巢穴多作于高大乔木的树洞或枯木中。夜行性，傍晚时刻出洞活动，滑翔能力强；植食性，主要以各种植物的花朵、果实为食。雌性多在夏季产仔，每次多产1仔。

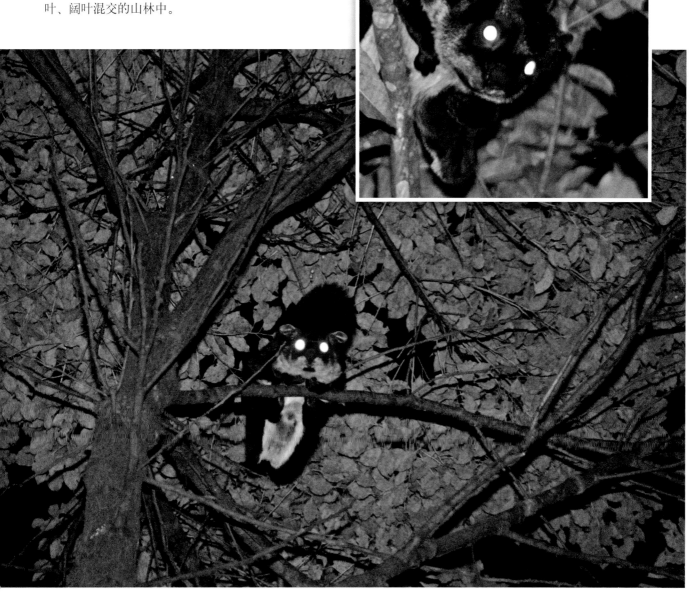

帚尾豪猪 | 英文名：Asiatic Brush-tailed Porcupine
学名：*Atherurus macrourus*

别名：扫尾豪猪

濒危等级：无危（LC）

形态特征：小型豪猪，头体长345～525mm，尾长139～228mm，后足长64～75mm，耳长30～36mm。体重2～4kg。身体呈深褐色，体腹面较浅。全身被有扁刺，刺上有纵沟，背部扁刺上端黑色，下端较淡，另有少数圆柱形的刺，上端白色，基部有褐色夹杂。尾有鳞，远端有白色软棘，呈刷状。爪粗短，略为弯曲。

识别要点：全身被有扁刺，尾长，末端有白色刷状软棘。

生境及分布：栖息于中海拔地区的密林、沟谷地带的树林和林区砍伐迹地的作物地带。

生活习性：穴居，在树根下或溪流岸旁挖洞筑巢。夜行性，多成对活动，有较固定活动路线。植食性，觅食根、块茎等。雌性每年繁殖2胎，每次产1～2仔。

北树鼩

英文名：Northern Tree Shrew
学名：*Tupaia belangeri*

别名：树鼩、尖嘴松鼠

濒危等级：无危（LC）

形态特征：头体长160～195mm，尾长150～190mm，后足长36～45mm，耳长12～20mm。体重110～185g。外形似松鼠，但吻部尖长。尾毛蓬松并向两侧分开，故尾形平扁。上体橄榄绿色或橄榄褐色；腹中央灰黄色，两侧淡灰白色；眼周、口角淡棕色；喉较深，茶黄色；四肢外侧及尾背与背部相似，四肢内侧和尾下乳黄色。

识别要点：外形似松鼠，但吻部尖长。尾毛蓬松并向两侧分开，尾形平扁。

生境及分布：栖息于热带和亚热带森林中，从低海拔到海拔3000m的山地均可见。

生活习性：昼夜活动，尤以晨昏最活跃。善攀援，半地栖和半树栖生活，具领域性。杂食性，食果实、种子以及昆虫、小型脊椎动物和鸟卵。每年3～8月交配，雌性每年产仔1～2次，每胎产2～4仔。

猕猴
英文名：Rhesus Macaque
学名：*Macaca mulatta*

别名：猢狲、黄猴、恒河猴

濒危等级：无危（LC），国家Ⅱ级

形态特征：体型中等，头体长430～600mm，尾长150～320mm，后足长140～167mm，耳长30～40mm。体重5～10kg。颜面瘦削，头顶没有向四周辐射的漩毛，额略突；眉骨高，眼窝深，有两颊囊。肩毛较短，尾较长，约为体长之半；四肢均具5指（趾），有扁平的指甲。身上大部分毛色为灰黄色和灰褐色，腰部以下为橙黄色，有光泽。面部、两耳多为肉色；臀胝发达，多为红色肉红色，雌猴色更赤。

识别要点：体背毛上半部棕褐色，腰部以下至尾基部及下肢内侧棕红色，腹面淡灰黄色。头顶无漩毛。具颊囊。臀部的胼胝明显。

生境及分布：栖息于森林、林地、海岸灌丛以及有灌丛和树木的岩石地区。

生活习性：集群生活，群体大小从几头到几十头不等，年长体壮的雄性为首领。昼间活动，以植物性食物为主，偶尔取食昆虫和鸟卵。繁殖季节不明显，雌性每年产仔1次，每次产1仔。

海南长臂猿 | 英文名：Hainan Gibbon
学名：*Nomascus hainanus*

别名：海南黑长臂猿、乌猿、人熊

濒危等级：极危（CR），国家Ⅰ级

形态特征：头体长480～540mm，耳长33～40mm，体重7～8kg。成年雄体的毛色全黑；雌体棕黄色以至带金黄色光泽，仅在头顶到后头留下1块黑斑。幼体出生时与母亲颜色类似，至1岁时变为雄性一样的黑色，但之后雌性的体色又变成棕黄色。前肢几乎可以触地，手指掌比脚指掌长。无颊囊，尾退化。

识别要点：雄性黑色，雌性黄色，前肢比后肢长，无颊囊和尾。

生境及分布：栖息于海拔800～1200m的热带原始森林中。为全球最濒危的长臂猿，2014年其种群数量仅为23只。

生活习性：营完全树栖生活。家族性群居，主食野果、嫩枝叶等。领域性强，小的家庭繁殖群保卫各自的领地，防止其他家庭侵入。雌性每隔几年繁殖1胎，每胎产1仔。母猿怀抱幼仔生活两年。

豹猫 | 英文名：Leopard Cat
学名：*Prionailurus bengalensis*

别名：山狸、野猫、铜钱猫、狸猫、抓鸡虎

濒危等级：无危（LC）

形态特征：头体长360～660mm，尾长200～370mm，后足长80～130mm，耳长35～55mm，颅全长75～96mm。体重1.5～5kg。体型似家猫，但更为纤细，腿更长；头形圆。全身背面体毛为浅棕色，布满棕褐色至淡褐色斑点；从头部至肩部有4条棕褐色条纹；两眼内缘向上各有1条白纹；耳背具有淡黄色斑，胸腹部及四肢内侧白色，斑点较小；尾背有褐斑点或半环，尾端黑色或暗灰色。

识别要点：体型似家猫，身上遍布棕褐色至淡褐色斑点，从头部至肩部有4条棕褐色条纹。

生境及分布：栖息于丘陵地区的树林、竹林或灌木草丛中，也见于郊野或村庄附近较大的园林处。

生活习性：独居或雌雄成对生活。夜行性，午夜前最为活跃。善攀援，不树栖。肉食性为主，以小型脊椎动物为主。雌性多在春季产仔，每次产2～3仔。

云豹

英文名：Clouded Leopard
学名：*Neofelis nebulosa*

别名： 乌云豹、龟纹豹、荷叶豹、什豹
濒危等级： 易危（VU），国家 I 级
形态特征： 头体长700~1080mm，尾长550~915mm，后足长220~225mm，耳长45~60mm。体重16~32kg。

皮毛基色是均一的浅黄色到灰色，背部和体侧有独特的云朵状花斑，两条间断的黑色条纹从脊柱延伸到尾基部；颈上有6条纵纹，始于耳后；四肢和腹侧有大的黑色椭圆形斑块；口鼻部、眼睛周围和胸腹部为白色；鼻尖粉色，有时带黑点；圆形的耳朵背面有黑色圆点；四肢黄色具长形黑斑，内侧颜色黄白，亦有少数明显的黑斑；尾毛与背部同色，基部有些纵纹，尾端有数个不完整的黑环，端部黑色。

识别要点： 身体覆盖有大块的深色云状斑纹。

生境及分布： 栖息于海拔较高的热带、亚热带原始林或常绿丛林地区。

生活习性： 独居或成对活动。夜行性为主，在早晚或夜间觅食。肉食性，凶猛敏捷，捕食有蹄类及其他小型哺乳动物和鸟类。雌性平均每次产3仔。

椰子狸 | 英文名：Common Palm Civet
学名：*Paradoxurus hermaphroditus*

别名：棕榈狸、椰子猫、花果狸、香猫

濒危等级：无危（LC）

形态特征：头体长470~570mm，尾长470~560mm，后足长67~85mm，耳长42~58mm。体重1150~3300g。体形似小灵猫，吻短。全身大部分为棕黄色，体侧有黑色的斑点；头部黑褐色，前额有鲜明白斑；眼上后方及眼下和耳基部有白斑；自额背至尾基部有5条明显的黑色纵条纹；腹面灰黄色，部分个体腹面呈棕色；四肢黑褐色，唯前肢外侧有少许棕黄色毛；尾深棕黑色，近基端约1/3段呈棕黄色。

识别要点：吻短，体背有5条显著的黑色纵条纹；尾长超体长，深棕色。

生境及分布：栖息于山地热带和亚热带密林中，也见于次生林和种植园。

生活习性：独居或成对活动，昼伏夜出，冬季偶也日间出没。树栖性，住树洞或占据巨松鼠等动物的巢穴，多在树上活动和觅食。主要在夏季繁殖，雌性每次产3~4仔。

红颊獴 | 英文名：Small Indian Mongoose
学名：*Herpestes javanicus*

别名：赤面獴、树（皮）鼠、日狸、竹狸

濒危等级：无危（LC）

形态特征：头体长250~370mm，尾长240~270mm，后足长50~65mm，耳长12~27mm。体重0.6~1.2kg。体形瘦小而细长，外形略似黄鼬。耳朵低而宽圆，耳孔能关闭。四肢短小而粗壮，爪弯曲而有力，不能收缩，适于挖掘洞穴。尾基粗，尾尖细，尾毛蓬松。背部、四肢和尾都是淡棕灰色，腹部栗色，而眼周和颊部的毛都是棕红色。

识别要点：外形像黄鼬，体毛淡棕灰色，两颊棕红色。

生境及分布：栖息于干旱森林、草地和次生灌丛森林，也见于人类居住地和农业区。

生活习性：穴居，会挖洞。地栖性，多日间活动，行动机警。食性杂，主要以动物性食物为主，善于捕食毒蛇和鼠类。一年四季均可繁殖，雌性每年产仔1次，每次产2~6仔。

黑熊 | 英文名：Asian Black Bear
学名：*Ursus thibetanus*

别名：熊、狗熊、黑瞎子

濒危等级：易危（VU），国家Ⅱ级

形态特征：头体长1160~1750mm，尾长50~160mm，后足长190~340mm，耳长115~180mm。体重54~240kg。体肥壮，四肢粗，头宽吻较短，鼻端裸出，眼小，耳长而显著，被有长毛，胸部有一倒"人"字形白斑；尾极短。前后足均具5趾，爪弯曲，前趾爪较后趾爪粗壮。前足的腕垫宽大，与掌垫相连，掌垫与趾垫间生有栗棕色的毛。全身黑色，鼻和面部栗棕色，眉额部有稀疏的白毛，下颌白色。颈侧毛相当长，形成显著的毛冠到颈侧下方。

识别要点：体黑色，胸部有一倒"人"字形白斑；颈侧毛相当长，形成显著的毛冠到颈侧下方。

生境及分布：栖息于山区原始林或原始次生林中，在深山沟谷多巨石处，以及阴湿过熟林下枯枝杂乱的地带容易见到。

生活习性：没有固定住所，随食物季节性变化而有垂直迁徙现象。多单独出没，但雌性在育幼后期，母子一同活动；昼夜均活动，但在早晚较活跃。杂食性，以植物性食物为主，也吃无脊椎动物和小型脊椎动物。在北方有冬眠现象，但在海南岛没有冬眠。雌性多在冬季或次年春季产仔，每胎多产2仔。

黄腹鼬 | 英文名：Yellow-bellied Weasel
学名：*Mustela kathiah*

别名：香菇狼、松狼

濒危等级：无危（LC）

形态特征：头体长205～334mm，尾长65～182mm，后足长22～46mm，耳长12～21mm。体重168～250g。体毛短，背腹毛的分界线明显。体背面从吻端经眼下、耳下、颈背到背部及体侧、尾和四肢外侧均呈棕褐色；体腹面从喉、颈下腹部及四肢内侧呈沙黄色；四肢下部浅褐色；嘴角、颏及下唇为淡黄色。

识别要点：腹毛黄色与背毛分界明显，背面棕褐色，腹面沙黄色。

生境及分布：栖息于森林、山地灌丛、荒野草丛或田野，亦见于村庄附近的烂木草堆中。

生活习性：独居或成对生活，具领域性。早晚及夜间活动。肉食性，以鼠类为主食，兼食鸟类、蛙类、蜥蜴、昆虫等。雌性在晚春和早夏产仔，每胎3～18仔。

鼬獾

英文名：Chinese Ferret Badger
学名：*Melogale moschata*

别名： 白鼻狸、白额狸、山獾、猪仔狸
濒危等级： 无危（LC）
形态特征： 头体长305～430mm，尾长115～215mm，后足长45～65mm，耳长20～40mm。体重500～1600g。体躯粗短。鼻端尖而裸露，似猪鼻，鼻垫与上唇间被毛；耳小而圆；四肢短，前爪长约是后爪的2倍。头体及四肢背面灰褐色；头部的额、顶和颈背有白斑或纵纹；从耳间的头顶到肩部有一苍白色条纹纵贯，然后逐渐变细，至背中部时消失；腹毛浅黄色；尾毛颜色与体毛一致，尾尖及毛基白色。

识别要点： 猪鼻，头顶和面部有明显大白点。背脊深棕色至灰棕色，有一苍白色条纹自头顶纵贯至背中部。
生境及分布： 栖息于亚热带森林、草地和农业区。
生活习性： 穴居，居住于天然石洞或自己挖的土穴中。独居，有一定的家域。夜行性，天黑始外出活动。杂食性，以蚯蚓、虾、蟹、昆虫等动物性食物和果实、根茎等植物性食物为食。5～10月交配，雌性平均每胎产2仔。

小爪水獭

英文名： Asian Small-clawed Otter
学名： *Aonyx cinerea*

别名： 水獭

濒危等级： 易危（VU），国家Ⅱ级

形态特征： 头体长400～610mm，尾长290～350mm，后足长75～95mm，耳长20～25mm，体重2～4kg。全身咖啡色。两颊、颊部、喉部为浅黄色；毛尖白色，通体毛富于光泽；四肢和尾与体同色；腹部色较淡。头部宽圆，吻部更短，眶间较宽且短。身体长而呈圆柱形，尾长而有肌肉，覆有毛，适于游泳。足部趾间具发达的蹼，趾爪极小。

识别要点： 外形似水獭，但较小；鼻垫后上缘被毛呈一横列；趾爪极小。

生境及分布： 栖息于小溪、池塘、稻田、湖沼、沼泽、红树林及淡水湿地。

生活习性： 集小群生活，以4～12只为常见。主要在白天和晨昏活动，有领域性。以水生动物为食，捕食螃蟹、贝类、甲壳动物、昆虫及蛙类等。一夫一妻制，雌雄共同抚养后代。雌性每年产仔2次，平均每胎产4仔。

野猪

英文名：Wild Boar
学名：*Sus scrofa*

别名：山猪

濒危等级：无危（LC）

形态特征：头体长90~180cm，尾长200~300mm，后足长250~350mm，耳长75~120mm。体重在50~200kg。体躯健壮，四肢粗短。头较长，耳尖而小，吻部突出似圆锥体，其顶端为裸露的软骨垫（也就是拱鼻）；足有4趾，且硬蹄，仅中间2趾着地；尾巴细短；犬齿发达，雄性上犬齿外露，并向上翻转，呈獠牙状；背直不凹，尾比家猪长。个体棕褐或灰黑色，皮肤灰色，且被粗糙的暗褐色或者黑色鬃毛所覆盖。幼崽带有条状花纹。

识别要点：吻部突出似圆锥体，犬齿发达，雄性上犬齿外露。背脊鬃毛较长而硬。

生境及分布：适应性强，栖息于各种阔叶林、灌丛、高草坡、沼泽等地，并侵入到山村农地区域。

生活习性：游荡生活，除处于繁殖期的雌性外无固定巢窝。集小群或单独活动，多在黄昏和夜间活动。杂食性，植物性和动物性均有取食，并经常盗食农作物。雌性多在春夏季产仔，每胎产4~10仔。

赤麂 | 英文名：Red Muntjac
学名：*Muntiacus muntjak*

别名： 黄猄、黑脚麂、吠鹿、黄鹿、印度麂

濒危等级： 无危（LC）

形态特征： 头体长98～120cm，尾长170～200mm，后足长166～235mm，耳长69～100mm。体重17～40kg。脸部狭长，前额至吻部毛色微黑，自眶下腺至角分叉处每侧有一条较阔而明显的额腺，额腺较长而最后交叉在一起成"V"形。四肢细长。体毛赤褐色，背毛颜色较深，显暗褐色。雄兽有角，单叉型，角短而直向后伸展，角基长、角尖向内弯，两尖相对。雌兽无角，但其额顶与雄兽生角相应部位微有突起，且着生特殊成束的黑毛，如同角茸。

识别要点： 赤褐色小型麂。雄性具角，角小分单叉。犬齿发达。

生境及分布： 主要生活于树林、草灌丛中，尤喜居稀疏灌丛、稀树草坡地带。

生活习性： 独居或有时结成2～4头的小群。多在夜间或清晨、黄昏觅食，习性胆小谨慎，受惊时能发出极为响亮的类似狗吠的叫声，故又称吠鹿。草食性，吃树的枝条、树叶、草及果实等。全年均可繁殖，雌性每年产仔1～2次，每次产1仔。

水鹿 | 英文名：Sambar
学名：*Rusa unicolor*

别名：黑鹿、春鹿、水牛鹿、山牛、山马
濒危等级：易危（VU），国家Ⅱ级
形态特征：头体长180~200cm，尾长250~280mm，耳长180~220mm。体重185~260g。面部稍长，鼻吻部黑色裸露；耳朵大而直立；眼眶下腺特别发达，泪窝较大。被毛黑褐色，有黑棕色背线，成年雄性在颈部和背部有长的鬃毛；腹面呈黄白色；臀周围呈锈棕色，无臀斑；尾端部密生蓬松的黑色长毛；幼崽通常无斑点。雄性的角通常3叉，雌性无角。

识别要点：颈部沿背中线具直达尾部的深棕色纵纹，尾毛黑色，雄鹿角3叉。
生境及分布：栖息于较高海拔而广阔的阔叶林、混交林、稀树草场等。
生活习性：无固定巢穴，有季节性垂直迁徙的现象。集小群活动。夜间和晨昏活动，有一定的活动路线。植食性，以青草、树叶和浆果为食。多在冬春季节交配，雌性每次产1仔。

费梁，叶昌媛，江建平，2012. 中国两栖动物及其分布彩色图鉴[M]. 成都：四川科学技术出版社.

广东省昆虫研究所动物室，中山大学生物系，1983. 海南岛的鸟兽[M]. 北京：科学出版社.

江海声，2006. 海南吊罗山生物多样性及其保护[M]. 广州：广东科学技术出版社.

乐佩琦，陈宜瑜，1998. 中国濒危动物红皮书：鱼类[M]. 北京：科学出版社：5-246.

刘昊，石红艳，玉刚，2010. 中华鼠耳蝠的分布及研究现状[J].绵阳师范学院学报，29(11)：66-73.

刘绍龙，王力军，吕顺清，等，2004.中国小树蛙属一新种海南冬季两栖爬行动物调查[J]. 四川动物，
    23(3)：202-206.

吕顺清，王力军，史海涛，2005. 海南岛蜥蜴类多样性[J]. 四川动物，24(3)：312-314.

史海涛，蒙激流，熊燕，等，2001. 海南陆栖脊椎动物检索[M]. 海口：海南省出版社：1-320.

史海涛，熊燕，王力军，等，2005. 海南陆栖脊椎动物野外实习指导[M]. 海口：海南出版社.

史海涛，赵尔宓，王力军，2011. 海南两栖爬行动物志[M]. 北京：科学出版社：1-285.

史海涛，2011. 中国贸易龟类检索图鉴[M]. 北京：中国大百科全书出版社.

汪松，解焱，2004. 中国物种红色名录·第一卷：红色名录[M]. 北京：高等教育出版社.

吴毅，江海声，彭洪元，等，2003. 吊罗山保护区哺乳动物物种多样性初步研究[J]. 广州大学学报
    （自然科学版），2(6)：505-511.

张孟闻，宗愉，马积藩，1998. 中国动物志·爬行纲·第一卷：总论，龟鳖目，鳄形目[M]. 北
    京：科学出版社：1-213.

赵尔宓，黄美华，宗愉，等，1998. 中国动物志·爬行纲·第三卷：蛇亚目[M]. 北京：科学技术
    出版社：522.

赵尔宓，赵肯堂，周开亚，等，1999. 中国动物志·爬行纲·第二卷：有鳞目，蜥蜴亚目[M]. 北
    京：科学出版社.

赵尔宓，1998. 中国濒危动物红皮书：两栖类和爬行类[M]. 北京：科学技术出版社.

赵正阶，2001. 中国鸟类志：雀形目·上册[M]. 吉林：吉林科学技术出版社.

赵正阶，2001. 中国鸟类志：雀形目·下册[M]. 吉林：吉林科学技术出版社.

郑光美，2011. 中国鸟类分类与分布名录[M]. 2版. 北京：科学出版社.

中国水产科学研究院珠江水产研究所，1986. 海南岛淡水及河口鱼类志[M]. 广州：广东科学技术
    出版社：1-372.

中国水产科学研究院珠江水产研究所，1991. 广东淡水鱼类志[M]. 广州：广东科学技术出版社：
    1-589.

SMITH A T，解焱，2009. 中国兽类野外手册[M] 长沙：湖南教育出版社

FRANCIS C M, 2008. A guide to mammals of Southeast Asia[M]. Princeton：Princeton University Press.

GILL F B, 2007. Ornithology [M]. New York：W. H. Freeman and Company.

MACKINNON J, PHILLIPPS K, 2000. A field guide to the birds of China[M]. Oxford: Oxford University Press.

WILSON D E, REEDER D M, 1993. Mammal Species of the World：A Taxonomic and Geographic
    Reference[M]. 3rd ed. Johns Hopkins University Press：Baltimore.

---

* "什"为海南方言，音"扎"（zhā）。